可持续城市设计（原著第二版）

可持续城市设计

（原著第二版）

[英] 亚当·里奇　　编著
　　　兰德尔·托马斯

上海现代建筑设计（集团）有限公司　译

中国建筑工业出版社

著作权合同登记图字：01-2010-8159号

图书在版编目（CIP）数据

可持续城市设计（原著第二版）/（英）里奇，托马斯编著；上海
现代建筑设计（集团）有限公司译. —北京：中国建筑工业出版社，
2012.10
  ISBN 978-7-112-14503-4

  Ⅰ.①可… Ⅱ.①里…②托…③上… Ⅲ.①城市规划–建筑设计
Ⅳ.①TU984

  中国版本图书馆CIP数据核字（2012）第167229号

责任编辑：董苏华
责任设计：赵明霞
责任校对：陈晶晶　刘　钰

可持续城市设计
（原著第二版）
［英］亚当·里奇　编著
　　　兰德尔·托马斯
上海现代建筑设计（集团）有限公司　译
＊
中国建筑工业出版社出版、发行（北京西郊百万庄）
各地新华书店、建筑书店经销
北京嘉泰利德公司制版
北京缤索印刷有限公司印刷
＊
开本：880×1230毫米　1/16　印张：15¼　字数：500千字
2014年10月第一版　2014年10月第一次印刷
定价：**99.00**元
ISBN 978-7-112-14503-4
　　　（22563）

版权所有　翻印必究
如有印装质量问题，可寄本社退换
（邮政编码100037）

目　录

序
（原著第二版）

在英国皇家环境污染专业调查委员会 2007 年的一篇名为《城市环境》(The Urban Environment) 的报告中，提及了本书第一版的幕后工作团队。我们发现，城市设计的最佳实践通常都不错，但数量却寥寥无几。我们应该让这些好的城市设计成为寻常所见，特别是考虑到当今世界上一半以上的人口居住在城市里。

像本书这样的读物在传播最佳实践方法中扮演了关键的角色，并在营造可持续社区的过程中作用显著。我们知道应该做些什么，本书为我们提供了国内外深刻的案例，并展示了它们是如何完成的，以便普及最佳实践。

从英国既有建筑的存量来看，具有巨大的降低碳排放的余地，并支持诸如新建住宅和商业楼宇等低能耗建筑物的建造。但是，这也不仅仅是和建筑有关。我们需要通过降低私家车的使用来营造低碳的生活方式。在规划系统中计划好的变革能够提供实实在在的机会，更好地整合我们城市区域可持续发展的经济、社会和环境目标。

同样，在建筑外部，包括绿地和河流在内的天然和半天然的城市环境，能提供重要的美学和社会益处。此外，这些场所的整修和管理能够通过创建实现生物多样性的湿地和栖息地的方法来达到抑制洪峰的作用。正因为气候变化会导致更多难以预测的天气形势，上述类型区域的重要性不应被低估。

本着在第 19 章中提到的 2010 年温哥华冬奥会和残冬奥会的精神，英国政府正在计划使 2012 年伦敦奥运会成为史上第一届"可持续的"奥运会，对主要工程项目设定了新标准，也可能为可持续设计和城市区域的使用设定新的标准。本书提供了启发性和实用的"技术"阐述了可实现的成果，不光是为了英国的奥运会，更是为了全世界的城市。

约翰·劳顿爵士
(Sir John Lawton)
英国皇家环境污染专业调查委员会主席

前言
（原著第二版）

当本书第一版于 2002 年完成时，我们感觉自己犹如先行者。然而近年更新的需求使我们感到可持续城市设计已很普遍。公众对于环境可持续、"绿色"概念的认识和接受程度正悄无声息地与过去发生着截然不同的变化，而话题也由因人类排放温室气体，尤其是二氧化碳所造成的气候变化所主导。

2005 年，包括纽约、墨尔本、巴黎和北京在内的全球 18 大城市的市长们齐聚伦敦，共商如何通过合作来展示全球领导层对于实现城市二氧化碳排放量降低的方法。时至 2007 年，这一团体已经扩展为一个包括 40 座城市的政府代表在内的庞大组织，但是挑战依旧：他们如何将方案付诸实施呢？

本书将帮助阐释如何迈向实施的途径。既有众多专家多年的研究，重要的是，也有那些能够传达他们思想的具体实践，这些将会吸引市长、规划制订者、从业人员和学生们的兴趣。本书分为两大部分。第一部分介绍了可持续城市设计的主要概念和问题；第二部分由一系列展现概念在真实生活中应用的案例研究所组成。在本书的最后，还有附录和一些实用的术语表。

图 0.1 是本书中一个案例研究的鸟瞰图（参见第 17 章）。它展示了第一部分中讨论的可持续城市设计所包含的关键要素。城市设计人员必须考虑一系列新的解决措施以使其真正的可持续。这一个案例与其他几个案例分析共同描绘了英国和全球可持续城市设计中的最佳经验方法。

图 0.1 可持续城市设计的环境备忘录

图例 *

2. 城市规划与设计   6. 能源和信息

3. 交通   7. 材料

4. 城市景观和自然风貌   8. 水

5. 建筑设计   9. 废弃物和资源

---

* 原书没有 1。——译者注

阿尔伯特·爱因斯坦曾说过："我们不能使用制造问题所用的同样思考方法来解决这些问题。"我们希望本书能够激励您承担起引导城市复兴的挑战，并为您指引方向。可持续城市的数量屈指可数，我们希望多多益善。

致谢
（原著第二版）

如果没有 Max Fordham 有限责任公司的 Jennifer Wendruff 的辛勤耕耘，本书的第二版也无法与读者们见面了。

同样来自 Max Fordham 有限责任公司的 Jess Hrivnak 和 Simon Howard，贡献了他们的时间和技艺，同样付出努力的还有来自联络团队的 Joe Walker、John 和 Juliet Baptiste-Kelly 和 Kitty Lux，我们要向他们表示感谢。

对所有为本书作出贡献的人们，我们深表感激，并对他们为本次版本升级所付出的耐心工作表示谢意。Caroline Mallinder 继续在支持着我们的工作，同样，还有 Taylor & Francis 出版社的高级项目编辑们——Katherine Morton，驾轻就熟地指导我们完成出版过程。

最后，但同样重要的，David Bodenham 仍旧接受着他那张绵羊照片而引发的捐赠，他将会把善款捐给一个名为 Svetlogorsk 之友的慈善组织。

致谢

（原著第一版）

对于一名编者而言，向这样一本著作的参编人员表示感谢是一件很荣幸的事情。如果我要向对本书作出过贡献的所有人说点什么的话，我想说，这本杰作的诞生有赖于同仁们（包括很多其他专家）和客户们的支持，他们为我们营造了一个改革的氛围，这使得我们能够朝着可持续城市设计迈出第一步。

金斯顿大学和建筑学会对我们的帮助很大。前者，尤其是 Trevor Garnham，就其个人而言，为我们筹备了一次关于可持续设计的会议，使得本书中的很多章节能够成文。而建筑学会的 Michael Weinstock，接受了我在一些关于城市设计讲座中的想法。金斯顿大学和建筑学会中的学生们也为本书的撰写工作提供了大量的协助。

没有我的同事们的悉心关照、耐心细致的工作和精湛的技艺，本书也无法付梓。首先，且最应当感谢的是 Seemi Gopinathan 先生，紧接着是 Cassius Taylor-Smith、Oak Taylor-Smith、Emma McMahon 和 Kitty Lux。Tony Leitch 将一些粗放的草图转化成了精致的图形。SPM 出版社的 Caroline Mallinder 和 Michelle Green 具有很强的理解能力和工作热情，并全程全情投入。

我 要 感 谢 Miriam Fitzpatrick、Trevor Garnham 和 David Lloyd-Jones，他们非常认真地阅读了手稿，并且寄给我很多写得很好的资料，丰富了我们的参考文献，并润色文字以使文本更臻完美。虽然如此，书中毋庸置疑地还会有些错误，那是因为编者个人能力有限。Nick Baker 和 Koen Steemers 慷慨地贡献出他们的时间来为我解决一些技术上的问题。

本书的灵感来源于 Paul 和 Percival Goodman 的《共同体》（Communitas），以及 Lewis Mumford 的《历史上的城市》（The City in History）这两本书，没有一个编者能像我那样可以获得如此良好的指导。Paul Klee 的在图中所描绘的"自然和人造的方法"终有一天将会引导到我生活的城市。在此为了一头大象我还要向另一位艺术家——Rembrandt 致歉（这可能是 Rembrandt 的一幅著名作品——译者注）。

最后，我还要象征性地向 Dave Bodenham 致谢，因为他允许我们使用他那张令人心生愉悦的绵羊的照片。他将把这张照片的版权收益捐献给切尔诺贝利核电站爆炸事故的幸存者们。如果您愿意进行捐赠，请与他联系：bodenham@hotmail.com。

兰德尔·托马斯

本书说明

　　本出版物的目的是为相关人员、专业人员、学生们提供（或以任何其他方式）关于城市的概要，并没有穷尽各种可能，也非为某事物定性，读者需要利用各自的专业判断决定是否采用本书信息。

　　建议读者参阅目前所有的建筑规程，英国标准或其他实用导则，卫生和安全等法则，以及在所有材料和产品中标注的更新信息。

第一部分 可持续城市设计概念

第1章 导言

亚当·里奇

可持续性

可持续性首先和诗意、乐观与愉悦相关，而能源、二氧化碳、水和废弃物则次之。按照路易斯·康（Louis Kahn）的观点："可计量之物不过是不可计量之物的仆人。"[1] 不可计量的至少与可计量的同样重要，而在理想状态下，二者将实现共同的发展。"可持续性"，这一18世纪的作家乔纳森·斯威夫特（Jonathan Swift）创造的术语，是一种最谦卑的提法。

本书探讨的首要问题是如何使城市的环境具有可持续性。当你阅读这句话的时候，我们已经史无前例地到达了一个里程碑：目前地球上超过一半的人口——33亿人，居住在城市里。[2] 城市为人类提供了巨大的居住、就业、娱乐和利益机会，这吸引着大多数人。但是也会产生拥堵、噪声和污染等问题，这些问题将使很多人远离城市，或者至少使那些有机会选择居住地的人们迁徙。通过设计，这些问题都可以获得部分的解决，但从根本上讲还是要依靠有效的权衡和取得适当的平衡。

至关重要的是，我们在城市的形式、交通、景观、建筑、能源供给，以及所有其他活跃在城市生活中的方方面面都向可持续演进。这将使城市变得更适宜人居住，而移除那些先前为汽车之城而设定的政策。为行人、自行车族和公共交通建造道路是可持续性发展的重要一环。

城市必须为了栖息在其中的生物的多样性（包括人类）而变得更绿色。大自然充满活力和稳定的生态系统，是未来城市的典范。然而，除了生态系统所提供的差异性、多样性、冗余性和丰富性，我们还需要诗意、奇思、活力与动感。亚里士多德的观点是，城市的设计应该使人们感到安全和快乐。[3]

本书旨在激励而非设定规矩。规划、空间和形式上的观念是许多既有想法的潜台词，但是我们的环境正在饱受来自人类的摧残，人们对于他们的解决之道和"脱口而出"的术语，还有那些因过度开发而导致的过度受限行为显得过于自信。然而，本书的参编人员相信，设计出一种整合的方法是必需的。稠密的人口与其活动方式是相关的，景观影响着建筑，噪声影响着特定的通风系统和能源的使用。相应地，目前的能源使用导致了大气污染激增和发电厂二氧化碳排放过量，这些都影响着我们的健康。类似地，建筑形式影响着日光的获得，这既影响能源使用，还影响我们的健康。城市是一个综合系统的特定定义，上述事例仅是一张内部关联且互相影响的纠缠关系网中的一小缕线索（small strands）。

本书中有一些贯穿始终的主题。一是合适的解决方案通常有赖于一种对于环境的理解：包括环境、历史和社会等。二是一定规模的解决方案可能比个体建筑的要有效得多——一定规模可以是街区、居住区、城市，或一个区域。三是资源需求较少的解决方案可能会更健全。于是，对于能源而言，第一步就是要减少需求，然后再研究如何满足需求。就城市和城镇中的活动而言，有力的解决方案是建立密集的步行社区，这对于公共或私人交通都没有较高的需求。还有一种观点认为被动式的解决方案是最好的。在城市范围内活动的事物趋于缺少活力且需要更多维护，当你看到无论是汽车、伦敦地铁的自动扶梯，还是供暖系统的气泵就知道这是事实。

本书分为截然不同的两大部分。第一部分纵览了影响可持续性城市设计的主要问题，并讨论了需要用以解决这些问题的工具和资源。第二部分以工程案例分析为特点，展示了这些问题是如何成功地通过一些专业人士的介入而得以解决。我们的研究对象实质上是气候温和的城市，即那些没有严寒酷暑极端气候的城市，我们的研究重点已转移到新建筑上，部分原因是因为绝大多数参编人员能在新建筑项目中获得开发出新方法的机会。改善既有建筑是一项莫大的挑战，所以，幸运的是，本书中探讨的一些想法（第18章）可以应用在既有建筑更新项目中。我们的案例分析取材于英国、欧洲大陆及其以外地区，如伦敦南华科地区（第11章）、瑞典马尔默地区（第16章），以及加拿大温哥华地区（第19章）。这些工程中的大多数都处于棕色地带，那些地区的新建筑通常引导居住区的再生改造。提高建筑密度有助于帮助我们减少二氧化碳排放放量，而这也要部分依靠我们的能力来创造性地对土地、建筑和一些好的做法进行循环利用。

相关文献通常涉及可持续性的三个相互依存的方面：社会、经济和环境。本书将专攻环境。对于这一方面的关注是自然而然产生的——因为这是大多数参编人员工作的领域。当然，一本（可读懂的）书也应有有限的篇幅，并选择自己的关注点。可持续性的成功有赖于社会环境，开发其社会维度通常是一个艰巨的进程。人们会说，环境是最容易搞定的一个方面（尽管有些公司和政府部门对环境改善的做法颇有抵触），因为环境相对容易判断，比如说：是否已经降低二氧化碳的排放远比一个方案是否成功促进了经济复苏更为容易判断。我们同样要尽量避免发生概念上的误解，即将上述三个方面简单地等同于"三重底线"，通过将可持续性降低为一个简单的经济因素而使其意义和作用弱化。然而，过渡到一个可持续的未来必然需要付出代价，比如，尼古拉斯·斯特恩爵士（Sir Nicholas Stern）[4]对降低温室气体做法的代价进行了评估，但这忽略了可持续性中的一些不可见却同样重要的方面，比如个体性。

按照最人本主义的方式，个体性为不可预期、不同寻常和以它为中心的事件创造了空间。如果社会倡导个体性，那么每个陷于平庸的人都会发现外面的世界其实是和所有城市的历史中心如圣彼得堡、巴黎和伦敦一样具有多样化。这一在城市设计、景观和个体建筑中体现的独特性主题将会在本书中反复出现。德蒙福特大学女皇大楼的独特塔楼造型（图1.1）就是一

图1.1　德蒙福特大学女皇大楼，莱斯特

个实例。该建筑的结构是城市再造的标志，而且还具有功能，充当通风系统的重要组成部分。

城市必须具有丰富的相互联系，否则就会变得不可持续。比如：一座为步行者和骑车族设计的城市需要在道路形式和建筑上具有更多视觉上的差异性和多样性，以及更多的"偶然性"（从音乐感上而言），因为这样的城市中节奏缓慢，人们在心灵上有更多的渴求，也能够吸收更多信息。我们需要发展城市中的节奏感，包括在那些我们能够享有的空间，这一节奏将是运动和停留。这将帮助我们回到为人类而非为汽车设计的城市中来。

一座城市的"偶然性"包括其与众不同的景致，如同伦敦市内这处狭窄的街道（图1.2），整合了不同年代建造的建筑前、后立面及规模上的戏剧性变化。一个小小的景致便暗示了真正城市内的差异性和多样化。"偶然性"是历史名城中常见的形式，但却被习惯了从一种超乎现实的俯视角度设计与规划常规形式的现代规划者们认为是极其讨厌的事情。这些都是我们历史、记忆和财富的一部分。它们告诉我们，没有任何东西的设计是速成的，并且向我们强调了时间感。令人欣喜的是，马尔默市西港的不规则街道规划是现

图 1.4a–f　城市空间

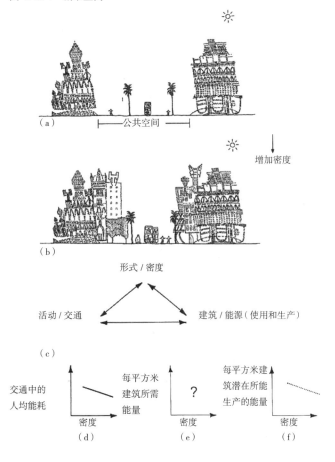

图 1.2　英国伦敦中部的狭窄街景

图 1.3　展现瑞典马尔默市西港街道形式的平面图

代规划的例外，其中的网格是由主创建筑师克拉斯·萨姆（Klas Tham）设计的，形状宛如"一张晾晒在外，被风干后扭曲变形的渔网"[5]（图 1.3，参见第 16 章）。

在许多城市地区，公共空间，包括公园和街道，占据了土地总面积的一半之多。建筑为我们提供了居住和工作场所，也配备了商业、工业和娱乐设施。建筑之间的空间（图 1.4a–1.4b）则为我们提供了生命力、阳光、舒适和得以进行活动和休憩的空间。景观是必需的——植物能够安抚我们，并能改善微气候。我们的开敞空间则是野生生物的家园，从而促进了物种的多样性。还包括菜园和为废弃物处理提供场所的芦苇床。

环境可持续性中三大关键因素的内部关系可以被直观地视为一种三角关系（图 1.4c）。第一个顶点代表形式／密度，第二个代表活动／交通，第三个则代表建筑／能源（使用和生产）。我们才刚刚开始思考这些因素（还有其他比如景观和私密性的社会概念）是如何一同发生作用的。这种共同作用产生于这种内部关系的初始阶段，在本书中，我们将描述一些已经采取的前期步骤。

城市的形式将影响到交通和建筑中的能源使用。有一些观点认为，随着人口密度的增加，人均交通能耗就随之减少（图 1.4d），但是对于建筑所需的能源（图 1.4e）以及建筑本身能够产生的能源（图 1.4f），又会发生些什么变化呢？这些都是环境可持续性的重要话题——也是我们最终要回到的问题。

背景

有足够的科学证据表明，地球的温度正在不断升高，且会随着人类的活动持续下去。这些人类活动，尤其是我们为建筑、交通、制造业和农业系统燃烧煤、油和气等化石燃料的行为，导致了大气中二氧化碳含量升高，从而导致全球变暖。全球变暖可能导致的负面影响（可能超过其正面影响）包括激增的风暴现象、洪水、干旱和某些可能对生态系统产生的破坏。气候变化影响着我们所有人——我们必须快速反应以减少其对我们的影响，实现从基于化石燃料系统到基于可再生能源系统的转变。大多数关于气候变化的文章关注点在于其减缓方式，也就是说，未来在降低气候变化的影响上，人类能做些什么？基于气候将会因二氧化碳排放而变暖的这一前提，我们同样必须考虑城市和其中的居民将如何适应全球变暖可能带来的影响？尽管在本书中，很多适应方法都是针对新建筑的，但是它们也同样适用于既有建筑。

在城市地区，因生产和城市热量集聚 [6]，会产生热岛效应。城市温度较之其周边环境，会高出几度。图 1.5 展示了 2000 年 8 月无风的某日凌晨两点相对于乡村温度而言的伦敦市内温度情况。温差超过了 6℃，且在 2003 年的夏天测出达到 9℃ 的温差。[7]

热岛效应会导致温度持续升高，超过历史纪录；当地空气污染可能加剧；排水系统可能需要加以改造以适应长期的强降水，夜间的冷却通风系统也会在某些时候失效。全球变暖还可能会引起社会、政治和经济的瓦解，所以事先采取所谓的"警惕原则"是明智的，这指的是从现在开始，即使还缺乏有力的科学依据支撑，我们仍应该采取行动避免可能发生的严重环境破坏。[8] 因此，我们应该把精力花在设计我们的城市上，

图 1.5　伦敦在晴朗夜晚的热岛效应（单位：℃）

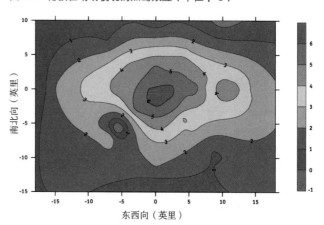

使其成为一个能够降低二氧化碳排放量和其他温室气体的环境。科学技术和"如何抵御气候变化"的理论俯首即是，我们只需要采取行动、获得更多的政府支持和更多的个体主观能动性。

2006 年，英国末端能耗的 21% 用在工业上，29% 用在民用设施上，38% 用在交通运输上，12% 用在服务业上（包括农业）。[9] 当然，在上述所有方面，大部分的能源还是用在了建筑上——在欧盟，建筑占据了大约 40% 的能耗。[10] 表 1.1 显示了 2006 年英国一次能源的供给情况。[11]

必须赶紧加大可再生能源的使用力度，政府正在（缓慢地）对此进行回应：比如在英国，有一个目标是

2006年一次能源消耗	表1.1
消耗百分比（a）	
煤	18.7
气	38.4
油	33.2
电力折算为一次能（主要为核电）	7.9
可再生和废弃物	1.8
合计	100

（a）年均总能耗量为 $9.7 \times 10^6 GJ$

图 1.6　位于伦敦库珀斯路的一个小型城市系统（第一、二期）

预期入住量：664

占地面积：16900m²（1.69hm²），总建筑

　　面积：12500m²

住户：154（每公顷 91 户，每公顷 367

　　间居室）

食物中的能量（a）：761700kWh/a

用以生产和运输食物的能量（b）：3322700kWh/a

降水量 600mm/a（c）：10140 m³/a　　　　　　用水：24236m³/a（d）

货物中的能量
(l)

植物吸收 CO₂(e)：
1083kg/a

生活废弃物（j）
a. 347936kg/a
b. 727196kWh/a（k）

人类废弃物
30kg/a(i)

住房产生的 CO₂
247672kg/a(m)

交通运输中消耗的能
量（f）3762224kWh/a

建筑边界的风能

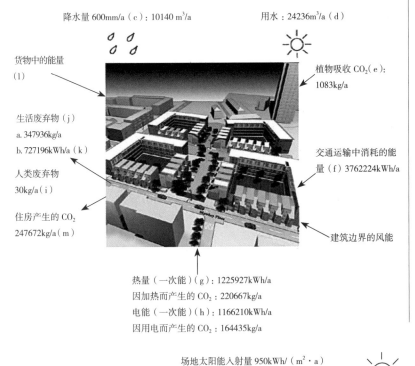

热量（一次能）（g）：1225927kWh/a
因加热而产生的 CO₂：220667kg/a
电能（一次能）（h）：1166210kWh/a
因用电而产生的 CO₂：164435kg/a

场地太阳能入射量 950kWh/（m²·a）
　（水平表面）（附录 A）
　16055000kWh/a

建筑物边界的风能
830kWh/（m²·a）
（附录 B）

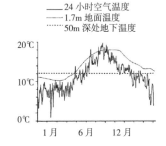

注释

（a）这是基于梅兰比（Mellanby）的数据（1974年）[14]得到
　　的食物中所含能量的大致数字；

（b）食物运输中的能量基于皮斯（Peace）的数据
　　（1997年）[15]；

（c）降水数量是一个大致平均数；

（d）使用节水方法（参见第8章），可能降低日常生活
　　用水量至每人每天100L或24236m³/a；

（e）粗略估计，库珀斯路的草地和小树可能吸收50%
　　的 CO₂排放，而农田和森林地区每平方米每年可吸
　　收0.55kgCO₂，碳吸收量是基于1490m²的种植面积
　　和479m²的草地面积估计而得的，即1969m²的总面
　　积，大约是场地面积的11%[16]；

（f）一个普通英国人在交通上的能耗大约为5666kWh/a，
　　该数值的82%左右来自汽车出行，5%来自轨道交通
　　而7%由公共汽车贡献。[17]这个平均值对于在像库珀
　　斯路的城市环境中是相对较低的；

（g）燃气提供的能量：1103334kWh/a；因此一次能为
　　1225927kWh/a[18]；

（h）电力提供的能量：349863kWh/a，因此一次能量为
　　1166210kWh/a[19]（注：假设提供的能量即为使用的
　　能量）；

（i）这是热值，按食物热值的4%估算[20]；

（j）日常生活废弃物：普通人524kg/a（参见第9章）；

（k）废弃能含量[21]；

（l）此处未标注。该术语包括货物中的能源（报纸、罐
　　头、包裹等）。完整的调查中需要考虑一些细微的内
　　容，包括未能被消耗的食物部分，如：蔬菜瓜果的
　　皮、骨头等；

（m）每人每天从一种能源形式中摄取10000kcal的能量，每
　　人每年排放373kg的二氧化碳。

—— 24 小时空气温度
- - - 1.7m 地面温度
······ 50m 深处地下温度

20℃

10℃

0℃

1 月　　　6 月　　　12 月

到 2010 年，可再生能源要满足 10% 的用电需求，这是英国在欧盟 22.1% 的目标中所占的份额。2003 年，伦敦的默顿行政区（Borough of Merton）颁布政策要求当地新建的非住宅设施必须使用 10% 的可再生能源，成为了英国国内第一个制定这种规划政策的政府部门，许多部门随后纷纷效仿。[12]伦敦市长现在针对全市所有新建项目也发布了一个类似的规定。如何在城市中增加可再生能源的使用呢？稍后会提到，特别是在第 6 章。

城市是一个复杂的系统

　　在开始思考城市之前，思考一下系统是很有用的，就像生态学家们所做的，考虑整个自然系统中的能源流动。一个系统可以被定义为"定期互动和互相依存而形成的联合整体"。[13] 图 1.6 显示了在伦敦南瓦克地区库珀斯（Coopers Road）（参见第 11 章）的新建房屋是如何被看做一个小型城市系统，并在图中体现了大致的能源和材料流向。实现可持续性简单而有用的方法是观察每一种流向，并提出问题：它从哪儿来？它怎么到达那儿？谁来影响它？它有什么作用？它又去向何处？显然，这种方法在更大的系统中会更有效，因为在能源和环境的语境下，区级地区是处于城市整个的环境中，而城市又是区域中的一部分，区域功能又是在国家甚至国际层面发挥作用。然而，这也为我们提供了一种思考问题的方法。城市和区域在历史上就相伴相生，这层关系

必须谨慎地加以对待以便维持其中微妙的平衡。

在库珀斯路，大约25%的一次能源用在建筑上，40%用在交通运输上，35%用在食物上（同样可以参阅第15章）。资源是一组机会的集合，在第6章和附录A中会更为详细地讨论。如直射太阳辐射是1600000kW/a，但我们的系统效率不可能是百分之百，假设效率是10%，则我们能从太阳能中获得160000kW/a的能量，这相当于目前节能建筑采暖所需的一次能源的1.5倍。这做法鼓舞人心，但是仔细观察这些数字，我们会发现，要想实现城市中的高度可持续性不是那么容易。比如：二氧化碳的排放量高，而固碳量低；降水少而用水量高。在全球层面上，地球上年均获得的太阳辐射是全球年均一次能源消耗量的7500倍之多。[22]

需求可以被视为场地的"环境足迹"（参见"术语表"），面临的挑战是随着时间降低这种需求，而增加我们身边能同时产生能源的"足迹"，如图1.7所示。

如何让城市随着时间的推移而改变，并形成一个清晰、连贯的改善策略，发展这种设计思路是有帮助的。当然，我们需要为我们的行为制订时间表。乐观主义者认为在2010年可以实现环境友好型城市。现实主义者认为在2050年才能实现。我们最好还是不告诉你悲观主义者的想法吧。贯穿全书有一个实用的建议，关于如何降低我们人类对环境的影响并探索我们的机会。

与此相融合的，是对如何"看待"城市场地的理解。最好是将它看做是一个对价值的完全分析，包括居住区的社会层面（会见场所、交通路线、安全区域）、循环路线（用于行人和车辆）、历史价值、历史纪念碑、重要场所、雄伟建筑、有趣地形、树木等。这一问题已被描述为"自我认识"[23]，它在城市层面和场地层面上显得同等重要。人类对于环境的主要关注将在下文中提及。

场地分析

太阳能是我们研究的起点，长期以来，哲学家和建筑师们都在尝试寻找一种"最佳"的形式，这种形

图 1.7　涉及的生态"足迹"

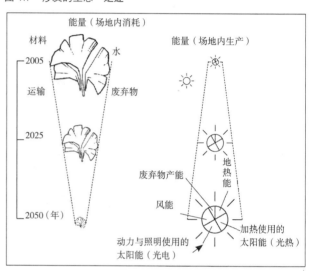

式会给居住者带来有阳光、空气和空间的健康环境。在20世纪，勒·柯布西耶、弗兰克·劳埃德·赖特和卢贝金（Lubetkin）受此种观点影响较大。这其中的关键因素是：最大化利用太阳能。为实现这一目的，有必要了解一些日照几何学的知识。

图1.8所示为巴里·弗拉尼根（Barry Flanagan）的那匹欢快的小马在剑桥大学的花园里留下影子，当时为9月22日正午时分，太阳高度角大约是38°。图1.9所示，是巴黎那神秘的名为"魔鬼通道"的地方。和伦敦市内类似高度的建筑（大约14m）一样，间隔大约9m，从东到西以轴线形式贯穿起来，在9月的正午，这种建筑的绝大多数南立面会获得日照（当然，9月份每天的较早和较晚时刻，还有临近年底的时候，外立面会被阴影遮住）。

城市设计者们需要考虑太阳路径是有很多原因的，从富有诗意的光影效果，到保证底层起居室有日光，到确保安装在屋顶上的太阳能光伏板是不被遮挡的。幸运的是，在建模模拟城市环境方面已取得了巨大的进步。图1.10所示，为旧金山金融区部分建筑的年均太阳辐射分析。[24]

图 1.8　马与影

图 1.9　巴黎"魔鬼通道"

附录 A 中对于日照几何学有更为详细的介绍。在第 5 章和第 6 章里会特别提到规划设计中对太阳能的考虑，在斯通布里奇镇的案例分析中也会提到（详见第 17 章）。其他需要考虑到的主要因素还有风、空气质量、噪声、温度、雨水和生物多样性。

穿堂风具有潜在的益处。它能够在建筑中协助进行自然通风（参见第 5 章），清除污染物和热，还能成为一种潜在的能源（参见第 6 章）。城市环境还可能恶化风对人类生活的不利影响。[25] 瑞典马尔默市不规则街道形式（图 1.3）的形成理由之一就是为了降低海风吹向厄勒海峡（Öresund）地区所造成的影响。在第 14 章中提到了在英国曼彻斯特 Contact 剧院进行的风洞试验（目前其城市环境正处于研究阶段）使得我们能够创造一个更容易接受的环境，无论是对建筑还是对人（如行人和闲人）而言。

空气质量影响着我们的生活舒适度、我们的健康和我们利用自然通风的能力。居住在加州或全球其他城市的人们明白：污染程度过高还能够遮蔽阳光，降低日光通透度。

至于温度，正如我们所见，城市气候正在变暖。

在城市内存在着微气候，通过设计的干预，人类具有在冬季寒冷的气候条件下创造艳阳天和温暖空间的巨大潜力，并能在夏季提供荫凉。同样，利用地面和空气之间的温差（图 1.6）冷却和加热也是一个低碳排放量的方式。第 6 章和附录 A 中会提到更多的细节。

一个地区的雨水是一种稀缺的资源，但是最近在英格兰部分地区发生的事情则表明，如果不对雨水加以控制，还是可能会出现洪水泛滥的危险。在第 4、8、9 章中，会提到更多的信息，在第 18 章中，德特福德码头项目描述了控制可能发生的洪水险情的设计思路。

声音和噪声几乎是城市生活的决定性特征。第 5 章和附录 D 会对其进行深入探讨。

设计师和制度制订者在选择未来用以构筑城市的材料时，需要获得更有用的信息。第 7 章描述了一些重要的因素，以及一些减少材料浪费的技术。

显然，人类对于环境的影响不只是能源和材料流中的一环，它还可能造成生物多样性衰减。因为物种的数量会随着可用土地面积增加而增加，而随着建筑物的拔地而起，土地的流失也日益严重。我们需要弱

图 1.10 旧金山金融区建筑表面的年太阳辐射量

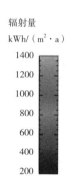

辐射量
kWh/（m²·a）

1400
1200
1000
800
600
400
200

化这些影响，并维持（或者我们希望增加）生物多样性，这会在第 4 章中详细谈到。

人类的城市

当然，城市设计仅仅是本书内容的一部分。我们还需要协调对于可持续未来的憧憬预期和现代生活标准之间的关系。将环保主义与苦行僧般的生活习惯联系在一起的做法已成为了过去。

可持续性渗入到人类日常生活的程度将会成为我们城市成功的关键。本书中概括出的许多解决方案都要求我们改变日常生活的一些习惯，无论是个人行为，还是群体行为。

我们可通过促进人与人之间的交流、制定出新的社会准则等的催化作用，使得向"更绿色"的生活方式的转变得以实现。法律、潮流、经济，甚至只是纯粹地和邻居攀比都可以成为上面提到的催化作用的一部分。比如，当英国的家居装修商店开始存储如太阳能热水器和风涡轮机这样的微型产能技术设备时，公众对能源的态度就会受到影响。调查建议，家庭产能几乎不可能不影响他们的观念行为。"微型发电技术似乎为家庭主妇提供了一个契机使他们更积极地介入能源使用问题。家庭主妇们将这一生产的快乐和自给自足描述为：'就像自己种菜一样。'"[26]

结论

可持续城市设计对 21 世纪而言是至关重要的——说我们的健康、福祉和未来取决于此也不为过。实现向可持续、太阳能社会的过渡需要我们所有人的努力——每个人都应该分享在环境、社会和经济活动中获得的利益（太阳能在此指的是广义上的可再生能源，包括能够从太阳能中有效剥离出来的风能和生物质能）。

我们需要发展灵活的方法来"塑造"和设计我们未来的城市。土地使用规划可以降低交通需求，因而降低了二氧化碳排放，同样地也增加了场地对太阳能利用的可能性。

从部分层面上来说，可持续城市设计是需要综合考虑的。有许多理由支撑发展高密度、混合功能及多样化的城市。但是这样的城市需要解决好那些变化中的城市形式和生活方式概念之间、公共交通和私人小汽车之间、公共能源补给分配和私有控制之间、人造环境和更多自然环境之间以及其他众多的潜在矛盾。这一挑战是关于我们的未来的——这是要求很高的，但也是令人激动的。结果不会是简单的一个解决方案，而是许多个方案。如果我们成功了，结果可能会是很清晰的，但是更有可能的是我们的城市将变得"非常含糊"。[27]

拓展阅读

Boardman B, *et al.* (2005) '40% House', ECI Research Report 31, Environmental Change Institute, University of Oxford. Available: http://www.eci.ox.ac.uk/lowercf/40house.html

Girardet, H. (1999) *Creating Sustainable Cities*. Dartington: Green.

IPCC (2007) *Intergovernmental Panel on Climate Change, Fourth Assessment Report: Climate Change 2007*. Geneva: IPCC. Available: http://www.ipcc.ch/ipccreports/assessments-reports.htm

Jenks, M. (2005) *Future Forms and Design for Sustainable Cities*. Oxford: Elsevier.

Lawton, J. (Chair) (2007) Royal Commission on Environmental Pollution, Twenty-Sixth Report, *The Urban Environment*. London. Available: http://www.rcep.org.uk/urbanenvironment.htm

Low, N. (2005) *The Green City Sustainable Homes, Sustainable Suburbs*. London: Routledge.

New London Architecture (2006) *Sustainable London, Addressing Climate Change in the Capital*. Exhibition pamphlet.

Rogers, R. (1997) *Cities for a Small Planet*. London: Faber & Faber.

Urban Design Group (2007) *Urban Design: Topic: Adapting to Climate Change*. Issue 102. London: UDG.

Urban Task Force (1999) *Towards an Urban Renaissance*. London: E&FN Spon.

（上述网站访问时间：2008 年 2 月 2 日）

第 2 章　城市规划设计

帕特里克·克拉克

引言

本章力求描绘出能形成有吸引力的、成功的、可持续的城市环境基础的规划设计原理。基本的布局和设计原理可有助于营造强健的城市形态，在这种城市形态中，创新设计和新出现的建筑业和技术服务业能够得以繁荣。为此要激发形成更广泛的认识，这也是本章的目的。

关键的出发点是认知：从广义上来讲，城市区域内的人、货物的运动方式决定了建筑物的布局、功能。这种运动方式的改变，将使指导区域发展和城市区域更新的指导设计原则也相应为之改变。

如今，汽车的出现将已建立的城市空间结构内、外翻转了，工作、休闲和购物都从传统城市中心撤出到那些利用小汽车即可轻松到达的郊区。于是，根据车流、车速来设计城市道路。然后要求建筑退后至人行道，让出停车空间。或许，这将史无前例地成为儿童们不再能够在家附近的街道上安全玩耍的年代了。

眼下，为了减少我们对于私家车的依赖，为了将步行、自行车和公共交通重新塑造成为城区内更好的交通方式，我们再一次投入到变革中（图 2.1）。在各层面考虑规划与设计包括很多内容，从我们如何思考城镇结构和定位发展，到我们如何布局单个街区、设计其中的建筑。

本章中多次讨论的核心是基于这种观念：为私家车而设计会将我们带进未知的领域（常伴随灾难性后果），许多历史先例可以指导我们创造行人空间、自行车空间、公共交通空间而非无处不在的机动车空间。

图 2.1　在当今社会背景下的斯特拉斯堡到达城区的传统交通方式：有轨电车

事实上，具有讽刺意味的是，在我们花费大量能量寻找达到更高密度、混合功能环境的方法的同时，我们周围已经不知不觉间出现了很多表现出相同特质、能够成功满足后代需求和愿景的场所。

这引出本章第二个主要的论点：场所的设计跟不上人们的需求和技术变革。由于需求变化和技术变革，基于特定功能设计的场所和建筑面临废弃的危险。

图 2.2   纽卡斯尔（Newcastle）市杰斯蒙德（Jesmond）健全、
可持续的维多利亚郊区

图 2.3   多城市中心结构的可步行社区

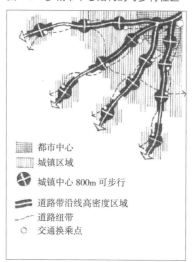

在创建空间时要记住一点，一条街道也许有着上千年的历史，而一栋楼的存在却可能只有 200 年。公共设施和楼宇服务甚至可能只有区区的 25 年。在大楼存在期间这些设施和服务能随着科技进步而升级是至关重要的。

如图 2.2 所示，维多利亚居民区的许多邻里建筑都已采用不同的办法来实现空间加热，并通过土地细分实现居住面积的改变。这些地区比专门为汽车设计的地方更符合大量汽车保有量的要求。如今，这些地方的密度以及街道布局的特征足以支持公共汽车和电车的发展，并已做好了迎接这些交通方式回归的准备。

可持续城市架构

考虑可持续城市的架构首先要考虑的是城区：即城镇或者它的郊区和沿海港口贸易区。城镇依赖沿海港口贸易区以获得食物、水分、新鲜空气和开阔的空间，更长远来说，也许还要依靠生物质或者自然风来获得能源。沿海港口贸易区以城镇为市场出售商品，获取劳动力和服务，但同时也受到城市垃圾和污染的困扰。

在城镇层面上，步行社区或城中村在创建可持续城市架构中提供了基础建筑模块。这就引出了多中心城市架构的概念：城镇组成了层次分明又相互交错的社区网络，各个社区集中在一个城镇、区域或者当地中心（决定于城区的规模）。在这里，人们可以方便地获得日常生活所需的设施和服务。[1] 界定社区以中心周围的步行距离为准，通常为 800m，相当于 10 分钟步行的路程。

图 2.3 说明了这个概念与大都市区域的关联性，在这个概念中，随着城市向外扩张，吞没村镇，多中心城市结构可明显地发展，并且沿着新建铁路线将产生新的城市中心。图 2.3 显示了"中心和路线"模型，这在伦敦、伯明翰、曼彻斯特等城市中都可得到验证。在此模型中，镇中心是主要的社区焦点，但也有沿城市中心之间发展的线性社区，特别是沿主要路线。在其他地方，不同的结构反映了地理、地貌和经济的差异。例如，在贝尔法斯特（Belfast），线性结构的社区沿着从周围城镇到市中心的主干道发展。此架构将在第 12 章进行深入描述（图 12.2）。

无论在哪种情况下，所有的市区都不会超出步行区中心范围。通常，远离市中心的区域（即那些距市中心超出步行距离的地区）面积比例随距市中心距离的增大而增大，反映了人口密度的降低和更广泛的城市扩张路线。

可步行社区

图 2.4 更详细地描述了典型社区的特点，由此可得到一系列的城市规划原则：

- 商店和服务倾向于位于直通社区中心的主要街道上，周围聚集着活动空地，围绕着火车站等重要的公共设施。街道周边的商务及娱乐服务的分布是以该社区中心的规模及功能、社区人口密度（以及购买力）和周围社区中心的竞争为衡量标准的。

- 学校、医务中心和公共场所等社区设施分布在社区周围，更明显地反映出当地人聚居的特性，以及他们对空间的进一步需求。

- 社区提供了各种各样的住房，既满足居住空间要求又具有经济可承受性及使用权，这在很大程度上，为混合功能社区提供了基础，而不仅仅是一个狭隘的社会关注点。

- 居住密度最大的地方是城镇或者城区的周边，沿着通向社区中心、公园、亲水平台以及其他景观的主要交通干道，密度在步行可到达的区域边缘慢慢降低。

- 私家车、公交车（有轨电车）、自行车与行人使用同样的交通线路，它是穿过城区中心而不是绕过或穿过居住区。

图 2.4 也强调了许多关于既有社区的适应发展和改变的能力问题：

- 在已有零售、商务区、行政中心和内部综合居住区间的"断裂带"或"交接区域"往往最有发展的潜力。在那些区域，土地往往很少或者短期使用，反映了对未来土地最佳利用的不确定或者投机性、分区发展规划的过时或对规划方案如新道路交通的不明确。

图 2.4　可步行社区属性 [2]

道路连接型大都市 / 其他

轨道连接线

交通换乘点（火车、汽车、私家车、自行车、步行）

主干路沿线高密度区域

800m 步行区域中心（可被道路形态、隔断简化）

社区设施

城市公园（吸引更多的人）

可渗透地面和步行系统

正因为如此这些区域往往在新建住房和混合功能发展上富有潜力。

- 在城镇 / 区域中心或沿城市发展路线的区域使用集约发展规划的可能性最大。这些区域经常会有集约使用特质，并最大可能地提供一系列的用途，包括商业、办公、休闲、居住。

规划设计的启示和机遇

这个可行走社区的理想化概念为不同层次上的规划和设计进行思考，尤其是关于新发展和城市管理方法如何加强和促进可持续的城市架构上提供了理论基

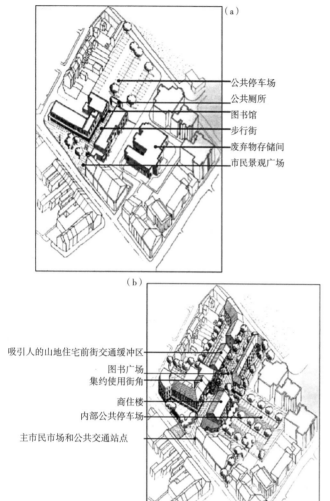

（a）

公共停车场
公共厕所
图书馆
步行街
废弃物存储间
市民景观广场

（b）

吸引人的山地住宅前街交通缓冲区
图书广场
集约使用街角
商住楼
内部公共停车场
主市民市场和公共交通站点

图 2.5a-b 既有区域中心更新[3]

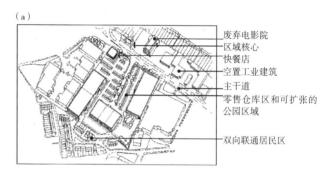

（a）

废弃电影院
区域核心
快餐店
空置工业建筑
主干道
零售仓库区和可扩张的公园区域

双向联通居民区

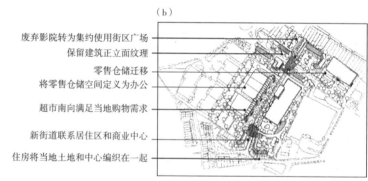

（b）

废弃影院转为集约使用街区广场
保留建筑正立面纹理
零售仓储迁移
将零售仓储空间定义为办公
超市南向满足当地购物需求
新街道联系居住区和商业中心
住房将当地土地和中心编织在一起

图 2.6a-b 零售公园再规划转型为新区域中心[4]

础。包括以下几点：

● 将新的购物、娱乐和商务发展引入已有的中心，保证非中心区域的发展不会影响现有城区中心的活力。

● 通过扩展公共设施与服务的范围，改进生活环境质量来提高现有城区中心的吸引力。图 2.5a-b 展示了南安普敦其中一个线状社区重要区域中心的改进潜力。这种思想还可以延伸到强调人群集中的区域上，例如改善非机动车车道、公共空间、游乐场所以及通过设计精美的指示牌和街道设施来提高街区辨识度。

● 通过发展合理的城市密度，为现有中心周围的新建住房供给和其他公用设施创造尽可能多的机会。

● 抓住一切机遇，在目前远离本地公共设施与服务的地区创造新的当地中心区。图 2.6a 和图 2.6b 表明，如何通过重新规划邻近且独立存在的个体公园，把本地中心区的核心发展成一片综合的城市建筑。同样，通过城市扩展规划的设计同时为新旧社区服务也是有可能的。[5]

街道和街区

社区开发结构采用由流线确定的街区形态。这样的街区安排形式是为了让行人能直接在包括区域中心和公共交通流线及停靠站等重要设施和景区之间直接穿行。这种道路类型是开放的，为任何一个目的地的制定提供选择。总体上，街区越来越小，距离市中心越来越近以优化分散行人。

图 2.7　不考虑路边停车需求，场地容积率从 10 户住宅增长到 32 套公寓[6]

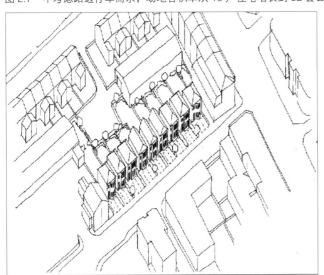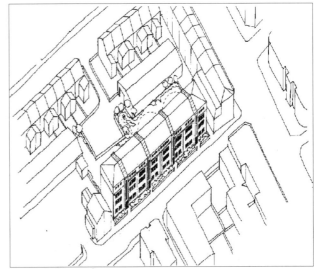

个体街区采用面朝其他街区和街道的线状形态。为了建成具有活力的街区，街区门窗面向街道，从而形成富有活力的街区立面。在居住区，花园（无论是私人的还是共用的）由墙和建筑正立面围合而成。

对于街道和街区的规模没有硬性的规定。重要的是，要依据其职能和环境进行设计。也就意味着从宽广的大街到私密的入户道路，有不同的街道宽度。尽管如此，还是可以总结出许多重要的指导原则：

● 位于拐角的场所设计要识别出两条线路相交节点的元素，同时要确保转变后立面的活泼，为公众所接受。公寓设计规模大，对那些在角落空间很难安排的花园没有需求，较容易设计。

● 街区方位要首先考虑太阳能利用潜力。最好东西向排布街道以最大化利用太阳能，但也要考虑其他设计要求，如提供可直接到达当地配套设施的路线、提供前后排建筑有呼应关系的健全的环境脉络，这里需做好两者权衡。建筑高度和建筑间距的变化可减少建筑阴影，增加体块之间的阳光区域。

● 根据阳光确定朝向也影响住处的室内布局。例如，将重要的起居室布置在向阳一侧，也就意味着得将厨房和浴室布置在街道一侧的前方，另一侧的背部。

● 街区住所设计之初就必须多加考虑。服务设施、仓储空间、非机动车道、家庭投递箱所需空间、满足家庭隐私要求等方面，在这个阶段都应该考虑到。

● 街道空间应该能满足各种各样的功能需求：居住、购物、泊车、驾车、步行、骑车、乘坐公共交通，甚至需要一条安静的街道供儿童嬉耍。

优化开发密度

通过设定合适的城区、郊区开发密度来高效利用土地，维持当地服务配套设施，对新设计方式具有重要的推动作用。这里特别用"合适的"这个词汇，是因为开发密度会根据不同地块的地理位置、可达性、环境及所提供的住宅类型而发生变化。事实上，开发密度应是基于上述因素和其他因素进行创造设计的结果而不是一个固定的设计需求，这是一个重要的设计

图 2.8 场地内步行距离内的服务设施、市政设施分布图暗示了对于高密度停车场布局决策 [7]

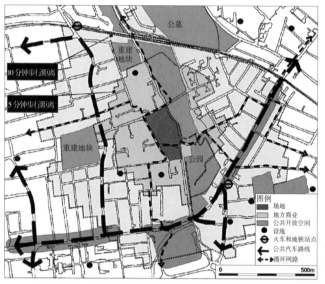

原则。针对此背景，为了创造更高效利用土地和能源的有吸引力和可持续的环境，将会体现一些规划设计原则：

● 停车位的需求对于开发密度和质量有着主要的影响。在最大 1hm² 的小场地里，车辆都停在地面上，对于开发密度和质量的影响尤为明显。在一些案例中，住户停车位需求从 2 减少为 1 可增加地块容量的 50%；图 2.7 表明停车位供给方式不同，地块容量和城镇风貌也随之不同。

● 对大场地而言，街道停车位布局和街道网络效率的高效性是关键因素。假设联排别墅的每个住户大约拥有一个停车位，若采用传统的街道网格，可将道路、停车位场所面积所占比例从 35%—40% 减少到 20%。

● 新社区市政设施的需求要考虑目前既有的供应能力，这点是重要的。例如：一个区域内城市露天空地已能很好地服务市民，就不必再去营造更多的露天空间。更实际的做法是，寻求资金改善现有的街道空间和游乐区。

当思考合适的开发密度和停车位等级时，在可步行社区的思维中又可找到出发点。这个出发点就是理解场地是如何与周围环境相融合的。例如：当地的商店、学校、露天场所如何布局？公共交通、有轨电车、火车站点如何布局？他们最终为谁服务？步行 5 分钟可到哪儿？ 10 分钟又能到哪儿？

图 2.8 展示了如何利用这种方式在远离伦敦市中心的一个 3hm² 场地内构建步行社区。在此案例中，市政设施和公共交通的可达性等级已比先前粗略估计得到的情况好多了。

这为减少各种等级的泊车位、不再创建公共空间的提议奠定了基础。实际上，之前设计为工业用途的场地，再形成居住街道空间，有一定困难，可利用此分析方法确定步行者需求线（可参图 2.9）。在定义场地的更新开发结构中，此需求线提供了重要的起点。由此产生的开发概念可参见图 2.10。

一些密度估计法则

城市区域开发密度可以反映城市与公共露天场所、滨水区域这一类的城市、城镇、当地中心、公共交通网络和其他市政设施及便民设施区域的亲和力水平。例如开放的空间和水域。在伦敦附近的 70 个地块上，我们设计了不同的住房、公寓混合密度，不同等级的停车位；对这些案例进行研究，分析其开发密度数据；基于此得出住房开发密度矩阵（图 2.11）。它标出了从远离市政设施和公共交通设施的每公顷 35 个住户到可达性很高的市中心每公顷 400 个住户一系列的开发密度。

前面的讨论着重于用规划用语来说就是"净住房密度"，即住房面积占以居住为主要开发目的的土地面积（居间或地板面积）的比例。但显而易见的是，城镇需要提供一系列用于其他功能、住宅附近或者公共交通可到达的诸如购物、就业及休闲的场所。某个城镇的镇域密度或者区域密度包含非住房使用面积，应比住宅建筑净密度低得多。一个重要的原则是：可通过包括公园和公共开放空间的当地高质量市政设施来

图 2.9　城市更新为连接周围社区到本地商业和露天开放空间提供了机遇[8]

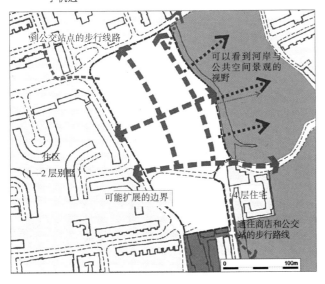

图 2.10　城镇混合布置住宅和公寓，每公顷 110 住户，每个住户 0.6 个停车位[9]

调整过高的住宅建筑净密度，这不仅降低了城区密度，而且让徒步到达本地市政设施及便利设施的人口达到最大比例。[10]

更宽泛的议题及要点

　　本章主要关注城市环境结构，对于规划一个更具可持续性的未来，这是个重要的基础要素，但仅仅依靠这点无法实现可持续这一目的。本书各章节将就更详细的设计考虑进行探讨，从而带来了许多更宽泛的议题，包括以下几点：

● 创建混合型多功能社区。战后住房规划留下了许多教训，其中一条就是市场和社会供给之间的分裂促使社会分化为贫富两个极端，进而强加给后代不可估量的经济成本和社会成本影响。所以必须吸取教训，重新创造更广泛的混合住房机会，避免住房类型和周期集中化。

● 市政设施和配套服务的供给应满足一系列的需求。原始的镇外购物中心对于那些拥有汽车的人来说容易到达，但他们缺乏城镇中心或热闹街道的特色，对社会热点、特征和奇闻轶事的了解程度较低；一条街道应含有高端商场、二手市场、文化群体、便利店、酒店等，且交通便捷。

● 使他们参与到本地社区讨论之中，讨论他们如何看待权利和对未来的期望。对话应该坦诚，开放，且反映民众观点，并能够改变规划设计。

● 提供高质量的公共交通服务，这是降低汽车依赖性的基本前提。第 3 章指出寻找扭转几十年来公共交通亏损的主要挑战和潜力。

● 当地优秀市政设施与配套服务之间的交互性。如果人们打算步行到达当地的便利设施，那么这些设施必须满足他们的步行要求，也要满足有车族的需求。这点也适用于学校、公共空间、游乐场、本地购物场所以及这些场所之间的步行通道。

● 要意识到长期的管理维护和初期的设计同样重要。新的开发设计须考虑管理维护，不仅仅是选择材料和风景地点，还要明确规定谁长期负责什么？谁将

图 2.11 当地市政设施和公共交通方式不同可达性等级下的地块密度模型指南[11]

设定	公共交通可达性等级表		
	0 to 1	2 to 3	4 to 6
郊区	$150–200hr/hm^2$	$150–250hr/hm^2$	$200–350hr/hm^2$
3.8–4.6hr/d	35–55dph	35–65dph	45–90dph
3.1–3.7hr/d	40–65dph	40–80dph	55–115dph
2.7–3.0hr/d	50–75dph	50–95dph	70–130dph
市区	$150–250hr/hm^2$	$200–450hr/hm^2$	$200–700hr/hm^2$
3.8–4.6hr/d	35–65dph	45–120dph	45–185dph
3.1–3.7hr/d	40–80dph	55–145dph	55–225dph
2.7–3.0hr/d	50–95dph	70–170dph	70–260dph
市中心	$150–300hr/hm^2$	$300–650hr/hm^2$	$650–1100hr/hm^2$
3.8–4.6hr/d	35–80dph	65–170dph	140–290dph
3.1–3.7hr/d	40–100dph	80–210dph	175–355dph
2.7–3.0hr/d	50–110dph	100–240dph	215–405dph

关键词

缩写词

hr	=适于居住的空间
d	=住所
hm^2	=公顷
dph	=每公顷上的居住面积
hr/hm^2	=每公顷上的居住用地面积

地块设置定义

中心区域 =往往是开发密度极高、多种不同用途混合，大型建筑空间较多，通常建筑4—6层，国际都市或重要城镇中心800m步行可达的区域

城镇区域 =往往是拥有较高开发密度，联排别墅、大厦体块较多，多种不同用途混合，多2—4层，中型建筑空间，区域中心或主干道沿线800m步行可达的区域

郊区区域 =往往开发密度较低，独立别墅或者半独立别墅较多，居住建筑占主要空间，建筑2—3层，小型建筑空间

可达性定义：

公共交通可达性等级是用来衡量步行到公共交通节点的时间

注：

3.8—4.6 通常是联排别墅；

3.1—3.7hr/d通常是联排别墅或公寓；

2.7—3.0hr/d通常是公寓。

担负运营维护的费用？

● 利用对新开发的愿景，来激发改善现有区域。这需要杰出的设计，但它也需要从一系列的开发计划中汇总，继而将当地的公益金用在社区发展计划上。这有助于促使公众对于开发和改造形成一个更积极的态度；现在开发项目越来越多，从一些针对提升民众生活环境的大型地块开发项目到生态环境、社区市政设施改善的项目。对于这些开发项目而言，这种态度极为重要。在小地块区域更新开发中也要重视这些方式。

讨论了这么多话题，我们可以清楚地认识到，可持续规划设计不能仅用一个原则来设计。要强调吸取规划、城市设计、建筑学、景观设计、工民建、社区咨询开发及其更多相关学科技巧的整体有机设计，才能成功。

拓展阅读

CABE (2001) *Better Places to Live: By Design*. London: Thomas Telford Publishing. Available: http://www.cabe.org.uk/publications.aspx

Department for Transport (2007) *Manual for Streets*. London: Thomas Telford Publishing. (Note, this document supersedes Design Bulletin 32 and its companion guide *Places, Streets and Movement*.) Available: http://www.dft.gov.uk/pgr/sustainable/manforstreets/pdfmanforstreets.pdf

Department of Transport, Local Government and the Regions/Commission for Architecture and the Built Environment (2000) *By Design: Urban Design in the Planning System – Towards Better Practice*. London: Thomas Telford Publishing. Available: http://www.communities.gov.uk/documents/planningandbuilding/pdf/158490

English Partnerships and the Housing Corporation (2002) *Urban Design Principles, Urban Design Compendium*. London: English Partnerships. Available: http://www.urbandesigncompendium.co.uk

English Partnerships and the Housing Corporation (2007) *Delivering Quality Places, Urban Design Compendium 2*. London: English Partnerships. Available: http://www.urbandesigncompendium.co.uk

Greater London Authority (2004) *The London Plan: Spatial Development Strategy for Greater London*. Available: http://www.london.gov.uk/mayor/strategies/sds/london plan/lon plan all.pdf

Rudlin, D. and Falk, N. (1999) *Building the 21st Century Home: The Sustainable Urban Neighbourhood*. Oxford: Butterworth-Heinemann.

Urban Villages Group (1992) *Urban Villages*. London: Urban Villages Group.

（上述网站访问时间：2008 年 2 月 2 日）

第3章　交通

罗伯特·索恩，威廉·菲尔默－桑基，安东尼·亚历山大

引言

移动是人性原始的冲动；旅行丰富了我们的阅历，使我们结交到新朋友并保持身心健康。而食物和其他供给的运输则是保持城市生活结构的命脉。这些都与交通紧密相关。不仅如此，交通不仅是到达目的地的一种手段，其本身也是城市生活中的一项重要内容，而且其行为本身在很多时候也与其所担负的使命同样重要。

简而言之，交通是可持续的，也是持续性的活动，任何居民定居点，无论是乡村还是城市，都离不开它。最近几年的问题是交通的方式——机动车交通，这种方式开始在城市中主导我们的生活。贸易范围的扩大（尤其是国际贸易）、商务旅行的增加及旅游业的发展使人们经过的路程及货物运输的距离成几何级数增长。[1] 自20世纪80年代以来，一种城市发展模型在英国兴起，促使私人汽车的使用超过了公共交通，人们上下班及上学、购物等必要的交通距离已增长了40%。无限制地使用小汽车必然导致交通拥堵，而尝试增加更多的道路和基础设施只能暂时缓解这一问题，因为任何网络总是在最慢的地方产生瓶颈。2000年，许多城市汽车的平均时速比100年前的马车还要慢，约为16km/h。[2]

由19世纪工业革命引领的巨大社会变革是由那些稳定维持工厂运转的机器和新的机械化交通工具所支撑的，如火车、轮船、有轨电车以及后来的汽车、卡车乃至最终出现的飞机。它们把燃料和原材料运进来，再将商品运出去。人口的流动性也比以往任何时候都要高，而到了21世纪人与物的这种流动性已经过量。虽然由此带来了自由、进步与经济增长，但也同时潜伏着危险——虽然当时无法预见——导致了现在的气候变化，破坏着工业革命带来的成果。

工业文明的基础是通过开采与消耗化石燃料（煤、石油与天然气）获得的能源与材料，但与此同时造成的温室气体——二氧化碳的排放是目前全球变暖的一个重要影响因素。2006年，英国的地面交通共向大气排放了9.68Mt二氧化碳，航空运输排放量为22.78Mt[3]。尽管目前交通的碳排放量没有发电站那么大，但降低交通运输总体的碳排放强度也是应对气候变化挑战的重要组成部分。

这只不过为过度使用交通所造成的社会、经济与环境问题增加了一个新的、更清晰的层面，这一点长期以来都是公认的。当行程变得更长、更慢、更浪费能源，也就变得无趣与无聊。开车出行的人（英国70%的人开车上下班[4]）与那些走路或骑车的人相比明显缺乏运动，走路或骑车还可以延长寿命（表3.1）。虽然开车可以使人产生一种驾驭感，但对那些没有车的人来说，不仅没有享受到这种好处，还要忍受汽车带来的环境影响。

交通对健康影响的性质与数据（伦敦）[5]　　表3.1

影响	数据
公路交通事故，死亡人数（2000年）	286
公路交通事故，伤亡总数（2000年）	46003
公路交通噪声扰民百分比（1991年，大不列颠数据）	63
一个70kg的人开车消耗的热量（kcal/h）	80
一个70kg的人以5km/h速度走路消耗的热量（kcal/h）	260
一个70kg的人以7km/h速度走路（快走）消耗的热量（kcal/h）	420
与总人口平均相比，走路或骑车的人估计寿命延长时间（年）	2

来源：*Informing Transport Health Impact Assessment in London*，AEA Technology / NHS Executive London, 2000, and TFL, 2001

图 3.1 交通拥堵：对经济不利

在世界范围内，每年有 120 万人死于车祸，有 5000 万人因车祸受伤。[6] 交通带来的噪声[7]与空气污染也对健康[8]不利（空气质量参见附录 C）。每一个因素，当然还有拥挤（图 3.1），都会产生常被人们忽视的经济成本，这也是那些受影响家庭所承受巨大痛苦的根源。

可持续交通的定义

可持续交通可以通过多种方式定义。首先，它应该"满足当代人的需求，同时不破坏后人满足其需求的能力"。[9]更直接地，它应该能改善人们身心健康，提供社会交往的机会，并丰富城市生活体验。

要实现这些目标需要在三方面加以改变。首先要减少交通需求，减少总的交通距离，特别是那些去工作、学校与商店等必需的交通路程，它们目前占了所有超过 1 英里（约 1.6km）路程交通的 46%。[10]第二，需要改变我们的交通模式。也就是短距离出行用走路或骑车代替开车，而远距离的则借助于公共交通。这样的改变，特别是使用自行车可以大大节省出行时间。在伦敦的调查显示，在各种类型的出行路程中，骑车均比自驾或使用公共交通更便捷；如在市中心的一段 2.7km 的路程，骑车需要 20 分钟，开车或公共交通则要花费 30 分钟。[11]第三，也是最后一点，我们要想办法让汽车排放更少的（或者最好零排放）有毒气体和二氧化碳。

在做这些努力时，我们不能孤立地来看待交通。就像本书一直呈现的，可持续性的许多问题的多重影响与解决措施会相互影响与作用，在解决某一方面问题的同时很有可能会对其他方面产生反作用。为了减少交通流量，城市地区应该在一个区域内进行混合功能规划。区域规划是将郊区与商务区和零售商场分割开，再用道路将它们连接起来；混合功能的城市形态与此不同，它借鉴了前汽车时代的聚居形式，因此在根本上就很少依赖汽车。在同一个区域提供了满足各种不同基本需求的设施，不仅缩短了家与工作、零售商店或娱乐场所之间的距离，也减少了开车的需求，还能创造出更好的区域服务质量，人们不需要开车到其他地方就可以满足所有需求。然而对外联系仍然是重要的，与外部没有很好联系的区域经济会不景气；空间的孤立很快会导致社会孤立。另一个极端是，如果一个区域以交通为主导同样会不景气。谨慎地考虑交通联系形式的特点有利于长期的可持续发展。

实现向可持续交通模式的转变取决于当地的具体情况。可持续的交通系统必适用于其所在城市的各项条件，并能满足城市更广泛的需求。对公共交通资金的监管，城市拓扑结构或形式的适用性，为人们必需的点对点出行提供的服务等，都是成功实现交通"模式转变"，让人们放弃自驾出行的关键。许多国家都有鼓舞人心的案例，从延用废弃铁轨的高速公共交通，到设计适用于骑车乘客搭乘的公共交通系统以鼓励混合出行模式（图 3.2）等。

在交通方面使用清洁能源的努力往往是以汽车上的新技术应用为主导，特别是在美国，整个 20 世纪的城市发展在很大程度上依赖于汽车。燃油效率更高的汽车，所谓的低排放量汽车（LEVs），如 LPG，以及零排放汽车（ZEVs），如那些使用电、氢气或生物质能的汽车，在使用时产生很少甚至不产生碳排放。这些都是汽车制造部门正在进行的技术革新中的一部分。

许多低排放或零排放的汽车起初都是为了解决空气污染的问题而设计出来的，例如：减少烟雾（加

图 3.2　附有自行车架的公共汽车鼓励多模式可持续交通

图 3.3　一个典型的尽端式道路社区：20 世纪低密度延伸式郊区

利福尼亚州），或针对不断上涨的燃油价格（日本），但如今这些新技术都已跃升为低碳交通的主力军。然而，对于它们究竟有多"绿色"的合理质疑依旧存在。使用电力、氢气或生物柴油的汽车在使用时可以不产生或产生少量的排放，但至关重要的是它们在其整个燃料供应链上的碳排放强度和其他环境影响也很低。仅仅将碳排放从一个汽车尾气管转移到煤电厂的烟囱也许会改善一个地区的空气质量，但对解决由二氧化碳排放造成的全球变暖无益。清洁能源能否依靠生物质燃料也尚不明确，农业用地不种食物而转变为生产燃料正引发巨大的社会与环境问题。

从根本上实现可持续社区的最好方法是在城市规划时确保居住地、工作地、商店、休闲及社会公共空间都可以通过步行、自行车或高质量的公共交通便捷地到达，从而从根本上降低整个区域的碳排放。因此通过公共或私人交通方式与更广阔区域的联系，不再是每日必需的事情，而更多地成为一种商业或休闲的机会。

城市设计重点

在过去的 100 年里，随着人们的认识不同而变化的土地利用政策塑造了现代城市的发展，而机动

车交通的出现对城市发展的影响最大。当人们感到城市空间过于拥挤且不健康，而郊区又有土地可用时，城市规划就鼓励疏散向城郊发展。人们开始从不健康的市中心转向新的、低密度的城市边缘或城郊定居（图 3.3）。

汽车保有量在 20 世纪后半叶的增加，加剧了人们从市中心向市郊扩散的趋势。汽车工业需求的急剧增加主导了城市规划和新定居者的分布，城市规划者因而开始寻找降低拥堵的方法。这也导致了住宅与商店更加分离，因为人们发现更容易在一个地方买到所有需要的物品并把它们用汽车运回家。本地商店被那些因为需要大量停车空间而只能开在城市边缘的超级市场所代替。现在我们可以清楚地看到这些向市郊扩散的结果并不是我们所希望的自由，而是加剧了的污染、拥堵、在交通上花费更长的时间以及城市中心的衰退。现在世界各地的城市形态确切地说都是围绕汽车制定的规划政策的结果。

这些规划政策亟待转变。最近英国政府的导向也已重视这一点，鼓励那些便于发展公共交通的地区进行高密度的开发，并通过在同一区域混合安排居住、工作、学校、商业与休闲设施来减少交通距离。[12] 今后的发展应该以集中为基础而非扩散。如

图 3.4　Osbaldwick 社区

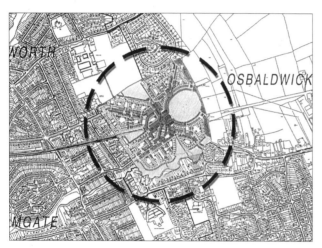

图 3.5　"Le tram arrive！"斯特拉斯堡的电车已于 2008 年 1 月延伸到奥斯特瓦尔特（Ostwald）的郊区

第 2 章所述，步行可达的区域或者叫 "ped-sheds"，应该包含各种常用功能的混合以满足那些生活基本需求，减少开车外出的必要性。例如英国约克市 Osbaldwick 的新社区规划即满足 5 分钟步行圈的要求（图 3.4）。

　　城市密度与交通的关系是至关重要的。第一考虑因素是停车位面积。平均每个停车位占地 $11.52m^2$，而大量的汽车保有量直接影响空间的物理设计与其生态足迹。通常，最大限度创造可销售单元的需求也意味着这些停车空间减少了空间其他功能安排的可能性，如花园、行道树等。汽车俱乐部可以使这种情况得到改观，他们提供汽车共享服务，当会员需要用车时可以借用，如今在英国很多城市（包括伦敦、布里斯托尔、牛津和爱丁堡）运行得非常成功。[13] 生态区域机构（BioRegional）关于贝丁顿社区（第 15 章）的调查研究显示，使用燃油汽车转变为使用汽车俱乐部的电动汽车是减少个人碳排放唯一最有效的方法。汽车俱乐部的一辆车最多可以满足 12 个人的需求，这些人本来会使用私人汽车。这样释放出的宝贵空间可以用作其他用途，也可以用来增加住宅总建筑面积。然而，在新开发地区使用俱乐部车的人更多的是那些根本就没有车的人，也就是说汽车的总数还是在上升，只是上升得比较缓慢罢了。一些

公共交通覆盖人口[14]				表3.2
	小型公共汽车	公共汽车	有轨汽车	轻轨	铁路
站间距	200m	200m	300m	600m	1000m+
服务半径	800m	800m	800m	1000m	2000m+
每个站点覆盖人口	320-640	480-1760	1680-3120	4800-9000	24000+

商人还发现使用俱乐部车比自己的车更有利。紧临主要火车站的汽车俱乐部使来访的商业人士可以驾车去那些其他公共交通方式很难到达或更花时间才能抵达的地方参加会议。

　　第二方面，扩展地方公共交通网络受其相连接区域发展密度的影响（图 3.5 和表 3.2）。一定数量的潜在使用者必须居住在距车站或停靠点步行距离以内，以使服务设施能更好地被使用从而使经济可持续发展。精确的密度与服务区域随着公共交通类型不同而不同，但是区域设计至少应设有一个常规

图 3.6　在旺兹沃斯（Wandsworth）功能混合的大楼

公共交通服务点。

　　在密度高的市中心，功能的混合可以通过竖向安排来达到，比如，底层商业、楼上办公、顶层是公寓（如图 3.6）。这种混合布局保证了那些空间总是有人活动的并充满活力的。单一使用权的发展导致了大量未曾预料的问题，英国一些重新装修的房产开始寻求功能的混合。例如，在一些塔楼较低的几层，目前正安排一些商业与社区设施如医务中心或老人社区中心入驻，从而在一天的不同时间吸引更多的人进入到这些空间里。

　　水平向的功能混合是 19 世纪和 20 世纪早期前汽车时代典型的方式。这种方法的功能混合确保了一定范围内的服务设施都在合理的范围内（如图 3.7），因此也就鼓励了自行车或步行出行，给社会交往提供了新的机会。将主要的工作中心和零售商店置于靠近公

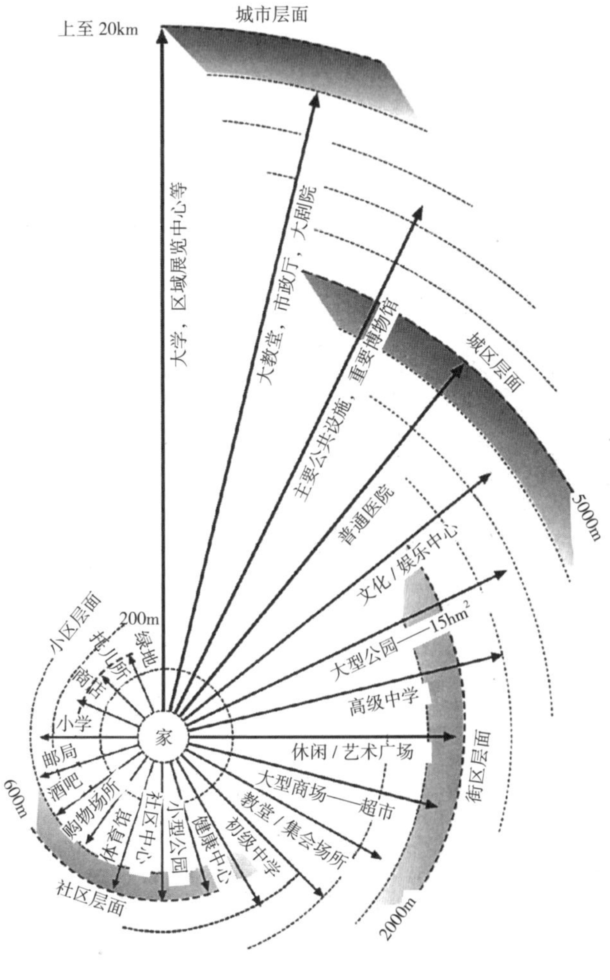

图 3.7　创建一个可步行的社区：所有的"地区中心"都应该在一个步行或自行车很容易到达的距离内 [15]

半径		可能的设施	覆盖人数
4—10km	城市设施	体育场	整个城市
		主教堂	整个城市
		市政厅	整个城市
		剧院	整个城市
2—6km	市或区	运动中心	25000—40000
		区中心	25000—40000
		图书馆	12000—30000
		健康中心	9000—12000
400—600m	社区	社区办事处	7500
		社区中心	7000—15000
		酒吧	5000—7000
		邮局	5000—10000
150—250m	小区中心	私立学校	2500—4000
		医生诊所	2500—3000
		街边小店	2000—5000

图3.8 巴黎靠近北火车站的公共租用自行车站

共交通换乘的地方，并将他们与自行车与步行路网连接起来，有助于说服人们至少部分时间不开车而将车留在家中。一个综合的交通方式是将郊区的列车和汽车设计成可携带自行车，或者在主要交通节点附近设置可用的自行车租借或停靠设施，这有助于降低对汽车的依赖（图3.8）。

细节设计

当进行一个地区的设计时，内部的灵活性是关键。之前土地利用或区域规划的问题是其基础理论，被证明比其产生的城市规划设计还要短命，而那些规划设计还在继续。可持续设计的一个重要因素就是它不应被教条所限制，而应能适应未来需要。对于街道和服务设施来说尤为如此。分散在路尽端的房子很容易被摧毁，但是他们依靠的基础设施及低密度、街区大小或者街道样式很难被取代。然而，可持续的交通措施不应该被新开发地区的设计所限制，而必须也能够在现有的城市形态下使用。有时这要求在不同层面上的共同努力，涉及范围从主要的干预措施，如移走过大的交通设施，到反向的物理隔离，再到仅仅是通过本地交通知识普及活动使当地居民了解可供选择的可持续交通如公共交通路线或自行车道。马尔默的例子（第16章）展示了一个当地机动车办事处如何帮助促进发展可持续交通模式。如何继续容纳私人汽车的挑战仍

然存在，因为我们必须认识到私人汽车给老人与残障人士带来了方便，同时对一些商业与公共服务也很重要。整体设计要确保考虑到社会所有成员的权益。

不同交通模式的全封闭会产生诸如在交通通道上看不到附近零售商店等问题。步行社区是很好，但是我们要警惕创造出一些无视周围环境的空间；像用拉德本原则（Radburn Principles）[16]建造英国房屋所做的一样。交通是城市经济生活的基础，过路交通提供的自然监督可以提高安全性，并且一些早期的城市都是建在交通节点处，如港口、河流交汇处或道路交叉口，以此使过境贸易的可能性最大化。

机动交通仍属于一个层次结构明显的活动，在其中，要让一个地区使行人与骑车人感觉很好，设计发挥了很重要的作用。街区大小的设计要在容易进入、功能混合和私密性之间寻找平衡，同时要仔细安排地块间的联系以确保行人与骑车人的路线尽可能的直接。街道宽度、对不同街道类型的处理及建筑的正立面形成了不同的体验，行人或骑车人会注意到并欣赏，而在汽车里的人则不会。现有的对街道的分类与定义反映的是对汽车需求的满足。改变那些描述不仅仅是一个象征性的动作，它反映了对街道是为了什么和为了谁的看法改变（表3.3）。

行人和骑车的人有着非常实际的需求，必须设法由良好的城市设计来解决。就像出行路线需要便于使用且安排合理，自行车停车也同样非常重要。当认识到安全性与便捷性是自行车使用增长主要的障碍后，英国政府可持续住房法规要求新建住房必须要有专用的自行车停车位。在没有提供停车位的地方，住户往往被迫采取一些不当的措施（如图3.9）。

当前存在一个很重要的问题，即使用公共交通比使用私家车身份低的观念，它阻止人们从驾车转向使用公共交通。公共汽车、电车、火车及其停靠点、站点及换乘站高质量的设计在许多欧洲大陆国家已很普

对街道类型的重定义[17]　　表3.3	
传统上基于容量确定的名称	综合了容量与性质的街道类型
主干道	主要道路 连接整个城市的道路
区域干道	林荫大道 齐整的、大量的景观美化
地方（区内）干道	大街 混合功能、生动的立面
支线	街道或广场 主要在居住区，两侧是住宅，街道限速
尽端路	改造的住房/庭院 停车和其他功能共享的空间

图 3.10　澳大利亚墨尔本高质量的自行车架

图 3.9　这个高层住宅的居民因为没有更好的选择而将自行车停放在阳台上

遍，以此来抵消那些公共交通只是为买不起车的人服务的流行观念。在设计街道布局的层面，城市网格与建筑间的关系可以强调公共交通的中心作用。高质量的汽车站、自行车架及步行街都有助于让可持续交通更有吸引力（如图 3.10）。

未来技术

要注意的关键是，我们未来的生活将是不同的。技术，不论是交通、汽车设计还是信息技术服务的方式都将不可避免地改变，但现在还很难预测它们将变成什么样子。在城际交通层面，像法国的 TGV（高速列车）或日本的子弹头高速列车在交通时间上已完全能与飞机竞争，而且在对环境的影响方面更胜一筹。对于低排放量车，电力、混合动力和氢燃料电池发动机代表了汽车产业新领域，并且在世界各地的城市街头越来越普遍。卫星导航和测速照相已经改变了英国的交通运输，但交通技术最重要的发展是公路收费制的引入。

为了应对已让人难以忍受的交通延误问题，2003 年借鉴了挪威特隆赫姆（Trondheim）和新加坡的做法，伦敦开始收取拥堵费（进城费），每天 8 英镑（16 美元）。实行后第一年，交通延误降低了 30%，汽车交通减少了 18%，乘公共交通到拥堵收费区域的人增加了 37%，而且这一趋势还在持续。9700 万英镑的财政收入增长（2004—2005 年）被直接投入到公共交通系统中，帮助完成 4% 的从汽车到可持续交通模式的转变（每天 100 万人次的转变）。[18] 2007 年，伦敦将实行这一收费制的区域扩大了一倍。

伦敦交通体系有必要建立更多的公共交通、自行车和出租车专用道。美国和伦敦的交通体系现在都采用了车辆登记号码识别技术来鼓励使用低排量车，尽管这套系统最初是为应对交通拥堵而提出的。它们显然都是以推动交通向可持续模式转变为目标的，而不是为了成为财政的长期收入，但这两者之间是有内在联系的。计划方案已公布，对开进城市中心区的高污染车辆（每千米排放二氧化碳大于 225g）征收更多的费用，如对越野车（在伦敦也叫"Chelsea tractors"）每天大约要收 25 英镑（50 美元）。不出所料地，刚开始征收拥堵费时，有各种利益相关者反对，但是伦敦的政治领导做此决定时考虑的是本地空气质量对健康的严重危害和全球气候变化所带来的挑战，并促使市场向低污染的交通技术转型。

针对目前有 19% 的超过 1 英里（约 1.6km）的交通是在前往商店的路上产生的，网络革命也将对交通模式的转变产生影响。现在英国各大超市和本地有机农场也开展网络业务，接受在线订购并直接送货上门，这样也可以省却人们以前到商店去所必须花费的交通时间与精力。引入一些在任何时候均可接收这些快递而设计的设施，如安全设施、装在每个住宅外面的储物箱或本地社区储藏室、小区门房等，可以帮助使用这种网上服务。然而正如现在拥有汽车所产生的现象一样，这种服务也有加剧社会分化的风险，因为并不是每个人都能使用互联网。

最重要的创新之一也许是自行车的设计，它在所有交通工具中是最可持续的一种。丹麦首都哥本哈根是世界著名的自行车友好城市（cycle-friendly city）之一，那里的设计师创造了许多新型自行车，如克里斯蒂安尼亚（Christiania）自行车，能够轻松携带行李或

图 3.11　哥本哈根的克里斯蒂安尼亚自行车：一种去学校和购物的零碳交通工具

小孩（图 3.11）。这些装货自行车可以为那些去学校或杂货店的骑车者提供一辆汽车的装载能力。随着这些及其他自行车设计的普及，很明显在设计街道和人行道时考虑到这些设计因素，可以进一步转变现有的以汽车和卡车为主的交通模式，因为现有道路系统不适用于传统的自行车。

现在和未来，能做什么？

奇怪的是，土地利用规划中一些破坏性的变化正以令人吃惊的速度发生着，如城郊购物中心的大量增加，而扭转这一结果的措施却只能在一个长期过程中慢慢落实。试验新技术不可能一夜完成。新的交通基础设施需要经历一个很长的规划过程，不可避免地需要花时间来寻求经费（授权）和建设。改变现在很多城市以汽车为主导的交通模式也是很困难的。总之，交通是一个政治上与经济上都很重要的问题，可持续交通的实现需要最高层面的政治支持和长期认可。政治家、地方规划部门和路政官员，当然还有享受这些服务的市民，都需要认识到对可持续交通的需求，并明白其迫切性。可持续交通必须建立起使各方面受益的框架，无论是健康、生活质量还是社会交往

图 3.12　好的城市设计充分认识到学校大门前作为社会公共空间的角色

等（图 3.12）。这些方面的改进可能从统计数据中不能马上显现出来，但其很重要，因为其展现的是可持续交通给人类带来的益处，"诗意、乐观和喜悦"。正是通过这条路，那些组成统计数据的个人能切实体会到这些益处。

结论

交通是人类生活的重要组成部分，它应该是可持续的。气候变化带来的挑战意味着要尽快减少交通产生的碳排放。可持续交通也意味着解决拥堵，增加街道安全性，鼓励人们以步行和骑车代替开车的健康生活方式。

总之，减少交通排放即：

● 减少交通需求，即减少行程的数量和长度；

● 实现从私家车出行到坐公共交通、骑车和步行的转变；

● 鼓励那些低排放或零排放车的使用。

然而，因为这些车不能解决拥堵问题，城市规划设计一个不完全依赖汽车的城市则是至关重要的。因此可持续交通要求改变城市设计重点：

● 高密度发展区位置要设在距公共交通站点和换乘站近的地方；

● 同一区域内功能（居住、商业、办公、学校及公共设施）混合；

● 更好的公共交通。

好的设计不仅能在改变现实中发挥重要作用，而且能改变人们认为公共交通是二等公民使用的交通工具的看法。适用于当地背景的多层次方法也是必要的，包括旅游宣传，街道改善，提供更好的公共交通，可行的自行车路线和可用的设施。政治领导与社会参与是实现这些改进措施的关键要素。

指南

有效措施包括：

1. 在城市中心区限制车速，行人和自行车优先。设计住宅区街道使其最高车速为 30km/h，创造通往学校的安全路线。[19] 鼓励孩子们在以骑车为休闲运动之外也将其作为一种交通方式，这是很重要的。
2. 创建并维持一个有吸引力的公共领域。改进街道的维护措施，设计街道时协调各个方面。
3. 更好地联系行人与自行车交通路线，形成协调、独特、有用的网络。
4. 行人、骑车人及驾驶者必须重新确立优先顺序以远离市中心的汽车。取消汽车的主导地位有助于创造更有吸引力的空间，但是完全隔离汽车会导致自然监视的下降，从而不利于安全性和商店的可见性。
5. 投入资金进行车站、站点的设计，并将其设置在好的地段以提高其可达性，提供实时信息与更好的服务，以此来改善公共交通在人们心中的形象。
6. 新区应该设置在离公共交通线路和换乘站点较近的地方，并设置合理的间隔以使公共交通的使用最大化而对小汽车的依赖最小化。这些新区的设计应为功能混合的，拥有良好的步行与自行车道，有自行车存放位置，便捷的网络服务设施并设有接收和存放这些网络送货的地方，并且有足够灵活的可变性以应对需求的变化。

拓展阅读

Barton, H., Davis, G. and Guise, R. (1995) *Sustainable Settlements: A Guide for Planners, Designers and Developers*. Bristol: UWE and The Local Government Management Board.

Department for Transport (2007) *Manual for Streets*. London: Thomas Telford Publishing. (Note this document supersedes Design Bulletin 32 and its companion guide Places, Streets and Movement.) Available: http://www.dft.gov.uk/pgr/sustainable/manforstreets/pdfman-forstreets.pdf

Girardet, H. (2004) *Cities, People, Planet: Liveable Cities for a Sustainable World*. Chichester: John Wiley & Sons Ltd.

（上述网站访问时间：2008 年 2 月 2 日）

第4章 城市中的景观与自然环境

克里斯蒂娜·冯·波尔克

引言

自然环境与景观设计对于我们的城市环境是至关重要的，其作用不仅仅在于使周围环境看上去更绿，还在根本上影响着我们的发展形式和幸福指数。

景观在整个发展过程中扮演着举足轻重的角色。景观设计不是简单意义的添加，而是创造一个环境的基础。景观并不是简单的树木、灌木丛和草坪，也不是一种美学增值。相反，景观通过与地貌、生态系统和开放空间相结合来塑造自然环境，不仅维系植被，还包括人类在内的所有的生命形式。现在存在着一种倾向，认为城市与自然之间存在对立（图4.1）。从这个角度看，发展就是强加在自然环境上的。然而，发展是建立在其所处地理位置特有的土地和地形之上的，拥有其所特有的自然景观和地方感。没有土地就没有人类活动。

在新的发展和设计过程中，认识到这样一个简单的事实将会带来一种焕然一新的城市景观设计理念。景观对于城市生活来说不可或缺，因此在任何开发项目中这都是必须予以考虑的核心部分。此外，城市是自然环境的一部分，二者相互映衬，而非背道而驰（图4.2）。景观是设计过程的基本要素，往往也是设计之始。难道不应该让城市从环境中孕育而生，而是要将其强加于上吗？难道土地不应该以独特的地理条件而设计，却按照严格的国家标准来处理么？

这种方式的益处是可持续发展规划及可持续城市设计的重要核心。这种方式建立在城市与自然和谐共存的基础之上，且对二者是互利的。自然环境对城市不仅具有审美价值，还可提升当地的微气候、缓解对城市区域的环境压力，并为城市居民提供心灵慰藉。

图 4.1 将景观与城市作为截然对立的事物来运用的错误观点是不成立的

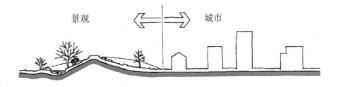

景观　　城市

图 4.2 将景观作为城市开发中的基础与背景

城市

景观

因此，城市自然景观对于改善城市生活质量非常重要，它能使这些地方在全球生态、社会、经济方面更具可持续意义。

● 生态——影响微气候，创造野生动物栖息地；

● 社会——使这些地方更具亲和力，从而提升主人翁意识，对抗城市的压力，改善生活品质；

● 经济——为了更好的生活品质而保持房地产价值。

这些都有助于形成一个更长久的可持续发展。

所有的室外空间构成了我们景观的基础，不论是自然的或人工的，对我们周围环境的总体质量都是有益的。以下讨论将重点关注从战略角度提出景观将如何促进可持续性城市环境的创造，并加以具体阐释。

城市景观的广泛效益

当提到城市景观问题时，我们不能忘记城市的最主要作用，即提供人们居住、商业、贸易和交流的主要场所。人们可以在那里居住、工作以及开展日常生活。可持续性的论点认识并进一步深化了这一观点，即紧凑型城市会带来一个更为可持续的社会。高密度的居住局限了出行距离，那么用于交通的能源和资源也就相应减少。然而事实是许多人都选择住在城市的外面，即使城市中才有他们赖以生计的工作与设施。研究表明，造成这种趋势的有两大主要原因：一是居住的物理环境具有吸引力，二是寻求不同的社区类型及生活方式。[1] 这些都使环境为家庭及公共区域（诸如公园、野外和开放空间）提供了更多空间。那么解决"城市外流"问题最简单且直接的方法似乎是更宽敞的住房加上城市里更多的公共及私人绿地，如城市的公园、社区里的花园、庭院、屋顶平台、阳台等。这些绿地应具有不同的特色与规模，可以提供宜人的绿色视野与衬景，使得城市能让更多人享受到宜居环境，这种方式可以改变人们对城市的看法，改善城市提供的生活质量。

这种想法很容易转化成城市的总体可持续性（图4.3）。城市的传统功能主要集中在经济和社会方面，环境生态意识仅处于一个次要的地位。然而，财富及其流动性的日益增加，对于环境的选择性亦有极大的增强，并凸显出这样一个现象：当被赋予选择的权利时，与我们的自然环境更为亲密的方式与机会将是更加令人渴望的。通过改善城市中所有的自然与景观要素，城市将变得更适宜居住与工作。有趣的是，这反而增强了城市总体经济与社会的可持续发展。

城市中拥有更多自然景观的影响与好处是多方面的，且这之间往往是相互关联的。其所产生的影响及好处是：

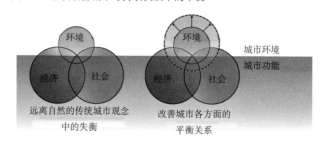

图4.3　必须改善城市可持续发展中的平衡

- 微气候使城市变得宜居；

- 为了提高人们的健康与生活质量，创造更多树木的绿色空间，增强绿色视野；

- 通过更佳途径获取开放式空间从而改善人们的价值观；

- 生物多样性，即城市中生活着不同物种，创建一个有着野生动物栖息地的、真正具备多样性的生态系统。

微气候

众所周知，植物都会对周围的气候产生影响。植物的作用如下：

- 通过光合作用从空气中吸收二氧化碳，产生氧气（例如，6棵树经过100多年所吸收的二氧化碳量，相当于驾驶一辆家用汽车一年所释放的二氧化碳量）[2]；

- 与大气中的颗粒物结合，降低粉尘（叶子可以充当过滤器捕捉空气中的颗粒物，最后再被雨水冲走）[3]；

- 束缚难以统计的城市污染物；

- 吸收噪声；

- 通过蒸腾作用增加湿度；

- 蓄积雨水或延迟雨水进入排水系统；

- 使环境温度更趋温和（夏季降温，冬季升温），从

图 4.4　伦敦林荫道两旁种植的树木使得道路的环境更加舒适，并分散对路边停放的汽车的注意力

而抵消城市热岛效应。

● 充当防风林，减慢一半的风速，减少与之相联系的风寒指数，从而也就降低了建筑物的供暖需求。[4]

由于篇幅的局限，不可能详尽阐述这些复杂的过程及他们带来的好处，但是知道和理解植物对气候环境的积极作用是很重要的（附录 F 提供了更多详细内容）。因此，在新的市区与郊区的设计和布局中要更好地融入这些理念。

人的健康与生活品质

植物对人们的身心健康有着积极的作用，它们能净化空气，减少粉尘，营造更佳的微气候，缓解视觉压力。除此以外，还有更突出的作用。

吸引人们离开城市住到郊区的种种因素多少能让我们知道城市正在失去些什么，即那些与建筑物强硬而刚性的线条形成鲜明对比的绿色环境。

景观的影响力还远不止改善审美价值和城市生态。城市景观会影响到人类的精神健康及幸福感。临床试验显示，长时间远眺树林的病人血压更低，且需要的药物更少，比只看近处的病人康复速度更快。[5] 如果类似这些简单事例即能使病人达到修身养性的效果，那我们势必要学会去改善我们的日常环境。

树林及完善的景观绿化从一定程度上会影响人们的行为。有传闻表明，居住在绿树成荫的街道上的人们，很少会有暴力倾向、出现心理压抑或是滥用药物的情况。[6] 沿街的树木还会影响驾驶行为。人们开车会更加冷静与机警。当然这并不意味着物理环境可以解决所有的社会问题，但它确实能有助于产生正面效应。即使仍需进一步研究来证实这些说法，但大家都认为林荫道可以降低对车辆的注意力从而显著改善街道的品质。因此我们在设计过程中应更加认真地对待此方法（图 4.4）。

那么为什么植物的存在或是视野中的景观绿化会影响我们的幸福感呢？难道仅仅是因为色彩？根据色彩疗法的观点，绿色在可见光谱中属于中性色，介于红蓝之间。我们的眼球在视网膜上聚焦绿光时所需的眼部肌肉调节最少。[7] 因此，绿色是眼睛最容易接受的颜色，当我们精疲力竭时其功能好似一剂"良药"。当人们劳累，疲倦的时候，它能够舒缓和安抚我们的心情。古希腊的工匠早已知道这个道理，他们使用绿色玻璃（透明材料）使眼睛得到休息，如今许多太阳镜都带绿色色调，也是为了达到同样的效果。毋庸置疑，绿色代表着和平与和谐，而目前绿色的这种属性尚未与城市关联起来。

将城市景观（诸如公园、树林及植被）与城市融为一体，有助于显著减少因城市交通、噪声及污染而产生的压力。这些景观绿化并不一定要是大型的公园，它可以是整合在城市架构中的一撮撮绿色或是一些袖珍公园。绿色景观可以安抚我们的感知，平复紧张的情绪。甚至连一个种着植物和鲜花的小阳台，也可以对抚育它的主人，甚至对于每一个看见它的人都起到同样的效果。城市环境变得更为宜人，那些使人们要离开城市的问题也就开始得到了解决。

房地产价值

以前很难量化自然环境的益处及城市中自然环境的质量。而在过去几年的研究中明确了与公园邻近程度和地产价值之间的关系。因为人们希望迅捷地到达开放式的空间，对那种能俯瞰绿地或接近绿地的房产充满着渴望。这种效应体现在房价中，即公园附近的房价一般要高出6%，而能高眺公园景色的房价要高出8%。[8] 另外，人们普遍更能接受围绕着开放式空间展开的高密度开发项目，因为这样的开放空间能够抵消房产中减少的私人开放空间。[9] 并且通过提供通向开放空间的良好视野及物理环境来保证更多人受益。

遗憾的是，在英国尚未研究能够量化私人户外空间的价值。虽然大多数人都认为一处带有阳台或是露台的房产会更吸引人，但房地产业将此归结为成本，他们无法评估随之带来的回报。而在其他一些国家则不同，例如在德国，户外空间的买卖或租赁价格是户内每平方米价格的25%—50%。[10] 结果德国许多城市开发项目都会为住宅配上适当面积实用的私人户外空间。

生物多样性

昆虫、鸟类、小动物们的食物来源和住所是植物，而它们又是其他一些动物的食物来源。植物依赖土壤、水和阳光生长，以维持这样一种简单的食物链。但也不是所有的植物都可以如此。一个具有多样性的植物群落要比外来物种更能吸引当地的野生动物，因为它们的果实和花朵更加美味可口[11]，但可并不排除使用外来物种。因其突出的外形或是在高压、污染环境中的生长能力，它们往往是非常有用的。但是在选择这些外来物种时，必须要通盘考虑才行。

植被是创造和维持生物多样性的关键，某一种植物或树种本身是不会吸引野生动物的。它们只有结合在一起，具有了物种多样性，才能形成吸引力。植物间的组合取决于土壤种类、水源和现有的气候条件。综合上述一切形成了当地的栖息地，从而吸引不同的鸟类、昆虫和小动物们。创造大量各不相同但具有内在联系的栖息地（诸如森林、树林、灌木丛、牧场、草原、池塘、河岸和溪流），为吸引野生动物提供了绝佳的机会，并能改善城市的物种多样性。它所创造出的多样性与城市的单调形成对比。

然而，也并非所有的植物都能生长在任何环境或任何地方。有些喜欢干燥的土壤，而有些则喜欢潮湿的地方；有些喜光，有些喜阴；有些需要曝晒，有些则更喜欢遮蔽。那么在为特殊极端环境选择植物时就需要考虑这些问题。附录F表F.1中罗列了大量的物种及其适于生存的不同条件和环境，一般来说，我们可以假定本地的物种能更好地适应本地的气候环境，也因此需要得到的照顾和水就较少。抗污染的植物适合作为行道树，而其他吸引昆虫和鸟类的植物则适

图 4.5　城市里作为野生动物通道的开放式空间网络群

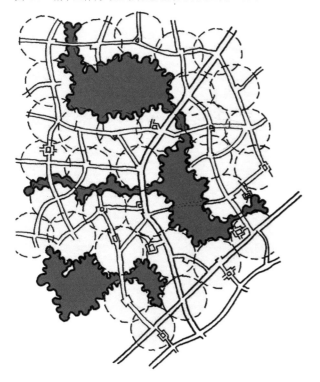

图 4.6　德国萨克森的景观模式／汉堡的景观策略

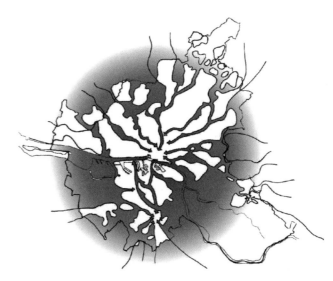

种植在空地或花园里。

从景观策略到具体实施

　　在更加可持续化的大背景下,我们需要在不同尺度下去落实这些观点。一些基本原则需要从战略层面落实到实实在在的环境中,这样具体的解决方案才能有效。具体的措施强化了这些策略性原则产生的效应。这种概要性的表述对于使景观更加可持续同样是有效的,且通过这种作用引导更为可持续的城市设计。"放眼全球－从我做起"简明扼要地表达了战略与细节之间的关系。

　　与可持续性景观设计有关的战略与细节是相当直观的。首先,在我们为达到想要的效果而选择最合适、最有利的植物之前,第一步需要有足够的空间让自然环境和景观绿化能够生长。 从某种程度上讲,这一点可以通过详细性规划来硬性规定。德国的"建造规划"是一种特定场所的规划工具,明确规定了任何一项开发项目的最低和最高的高度,规模以及场地的覆盖范围(见其他指南)。因此,这就保证了有足够多的土地,在每个点上都能渗透到水分。例如在柏林,采取 50% 原则,即每平方米的建

筑场地必须配有与之等值的具有丰富多样性的景观绿化(非硬化地表和水)。[12]

　　开放式空间的群落有利于增加城市的生物多样性,它们能够形成野生动物通道,帮助不同的动物通过或是让动物更接近我们的城市区域(图 4.5)。[13]有了这些通道,生物多样性的潜在增长要远高于孤立的开放空间。土壤类型、水源及植物的选型将会进一步具体地影响这些地方的生物多样性。从城市的角度看,这些通道和网络群点缀了公园、后花园、产业、树林和围篱,但更重要的是留下了土地、河岸、湖泊、铁路路堑、屋顶绿化、攀缘植物及种植的缓冲区。

　　以城市规模来概述景观通道及其间重要联系的景观策略,能够在未来的开发中保护土地,并能保持其生态功能,提供到达开放空间的良好途径。德国汉堡的城市规划系统中嵌入了这样的景观战略,景观通道从各个方向深入延伸到市中心(图 4.6)。[14]

　　景观策略的原则与林林总总大小的场地有关。任何一个大型的土地开发项目都应有自己的景观网络,

其中小一点的应与更大一些的相关或产生联系。当着手一个新的开发项目时，一些策略性的景观原则应在一开始就予以考虑，从而创造出更为可持续性的发展，这些原则包括：

- 进行一次场地的景观评估，包括树木调查和栖息地调查。鉴别敏感区及值得保留的景观元素，诸如成熟的树林、天然河道、低洼地（潜在的自然排水区）、独特的栖息地以及生态系统。

- 将场地的地形纳入考量范围。要因地制宜，避免为了建造和开发的便利而将场地铲成一样的坡度。这样才能保持场地的自然生态与水文。当对土地平面大幅调整时，土地的排水模式势必会被改变，因此而造成的影响是无法预知的。

- 保留不值得改造的陡坡地，就把它作为丘陵或线性的开放空间。这是一种独特的景观特征，是该地区历史的一部分，未来也不可能再次创造了。它们为新的居民提供了即时的舒适性，并为一个新兴的开放空间网络保留了现存的特点。

- 了解当地的微气候条件。哪些是能够通过设计得到利用的（如朝南的斜坡有较高的太阳能增益潜力）？哪些是需要慎重考虑从而能减轻环境的苛刻性（如场地中盛行风处的缓冲种植区可以把环境温度的降低幅度减到最小，并降低供暖需求）？

　　在场地规划之初，使用上述方法将会创造出一个具有原生性景观绿化的自然网络，使这个场地具备属于自己的特征，这些特征可以成为规划和设计的焦点。此外，场地的规划不仅有助于开发活动与周遭环境状况及功能的呼应，而且能创造一个独一无二的、场地个性化的开发方案，在这块场地上能够有自然的感觉和"地方感"。接下来我们可以具体考虑一些细节来实现其包含的策略思想。

城市的排水系统与景观

　　一个经过深思熟虑的排水策略是具有全局化战略意义的，也会对地方发展水平产生深刻影响。我们对于城市中的建筑物、沥青碎石路面（参见"术语表"）以及密闭宽敞的停车场都已经很熟悉了。统

不同地方的抗渗程度[17] 表 4.1	
市区内	0.97
密集的住宅区	0.75—0.80
混合使用区	0.80
联排式住房	0.52
半独立式小花园	0.50
半独立式中型花园	0.42
大型花园洋房	0.20

计显示了一个惊人的数字，即城市内97%的街区都是封闭的、防渗水的（表4.1）。已经几乎没什么余地给植物扎根，或让水渗透下去来补充地下水。与此相反，水被输送到沟渠，进入市政下水道或直接排入了江河湖海。但这也不是说要反对增加城市密度，与郊区相比，我们不妨降低市区每平方公里居住区的防水面积。降低进入市政污水管道的雨水量，这有利于减少能源损耗，因为它意味着对污水处理厂废水处理需求的降低。[15]2004年8月英格兰东南部的特大暴雨则进一步证明了这一点。由于在特大暴雨的情况下，一些雨水会与污水混到一起，排水系统会溢出，这些水来不及处理就被排到了江河之中。超过150万吨的污水被排到了伦敦的泰晤士河中，增加了污水的处理量。这给水质和野生动物带来了灾难性的影响，约10万条鱼死亡。[16]在2007年的7月，因连续的暴雨导致格洛斯特城塞文河发洪水，生活饮用水泵的供电中断，使得数以千计的人们生活在齐膝的水中却没有饮用水。

　　过去几十年中惯用的做法是在沟渠中集聚地表水径流，再将它排走。这也就无怪乎水灾会日益严重。当降雨和径流进入到下水道的时间大大降低的时候，水灾的形成期就缩短了，那么水灾可能就会更频繁地发生。

　　为了说明这些效应是如何叠加的，请思考下面这个例子：在一条小河的分水岭（参见"术语表"）处，开发过的或是不渗水的地面20年里增加了3倍多，从7%增加到了20%（当然这仍然是市区/农村开发模式）。因增加的径流使河水量增长了5倍多，导致

了异常的洪水量。[18] 与其允许任意地排水,不如将水收集到下水道,排入城市的污水处理系统。越来越多的水在越来越短的时间里排入了河里,这就是水灾发生的主要原因。

雨水相对比生活污水要干净一些。虽然在大气和地面会有一些污染物,但是这些基本都能够通过很简单的过滤系统来处理,很多情况下都不需要专门做处理。雨水的采集和利用在第 8 章和第 9 章会作更具体的讨论。即使采取一切可能的雨水收集方式,减慢雨水进入地表或排入下水道系统仍然有助于天然水循环及补充蓄水层。就地的天然排水系统也有助于改善水质,降低水灾发生的风险。

许多影响天然排水的因素,包括:

- 透水、不透水地面的排水量;

- 不同类型土壤的过滤速度;

- 特殊降雨和严重暴雨的强度与持续性。

贮水系统

在设计的初期阶段,要留有充足土地来构建一个天然排水系统,这一点很重要。因为它能够吸收场地上所有透水、不透水地表上落下的雨水。这可以在一个小规模的个体建筑区域予以实施,抑或是更大一些的开发地块,在那里错综相连的水系统还能够提供重要的宜居功能。在斯通布里奇镇(参见第 17 章)和德特福德码头(参见第 18 章),这两个地方都得益于完善的地表水系统。

可能的贮水系统:

- 低洼排水区;

- 沟渠和洼地;

- 持久性的蓄水塘;

- 地下蓄水池;

- 屋顶绿化。

根据在开发过程中所需要达到的特殊目的,不同的系统体现出不同的优势。必要的土地获取面积,即自然排水系统所需要的土地面积,取决于排水的深度,反之亦取决于当地的土壤。表 4.2 给出了土地获取量的估值,是按照总用地面积的百分比来表示所需用于排水系统的面积额度,这对规划有一个粗略的指导。这样在开发的早期阶段就能对自然排水系统作出规划。而一个自然排水系统所需确切的土地获取量则与开发现场密闭性土地的量以及所用材料的抗渗强度有关(表 4.3)。图 4.7 的 a–e 罗列了不同的系统,第 9 章将给出其关于排水的详细信息。

表 4.3 中罗列的三种屋顶类型间显著的差异非常有趣,尤其对于市区内的环境而言,在平坦的沥青屋面上施工很寻常,那里几乎没有什么开放空间可以用于排水。因而创建屋顶绿化应更加作为可持续设计措施的一部分。

屋顶绿化

屋顶绿化就是在那些形形色色的绿色屋顶和棕色屋顶上面种植一些植被。绿色屋顶最近在英国越来越流行,德国则是现代绿色屋顶业的评估中心。估计有 10% 的平屋顶做了绿化[19],在 2000—2001 年,一些新建筑或已建建筑的平顶上做了绿化屋顶,面积达到惊人的 $2500m^2$。[20]

贮水能力及减缓雨水释放并不是绿色屋顶的唯一优势。它们还有助于通过增加屋面材料的寿命及减少磨损来降低屋面成本,并能减少城市热岛效应(表 4.4)。

屋顶绿化种类繁多,每一种都有其自身的优势和设计考虑。粗略地讲,我们可以将棕色屋顶作为粗放型屋顶绿化的一个子类,从而来辨别粗放型屋顶绿化与密集型屋顶绿化。密集型屋顶绿化实则就是屋顶花园,用于种植一些可以生长的花草及灌木。这种屋顶非常重,且需要维护以使上面的植物都能存活。

图 4.7 不同的贮水系统

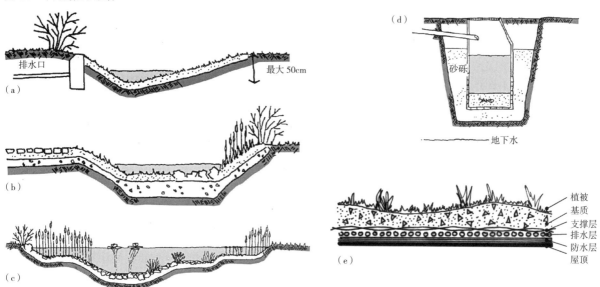

贮水系统	概述	土地获取值（%）	最大深度（m）	建造成本	环境评估
低洼地排水系统	水聚集在场地的最低处。通常在设计中都将其作为草坪的延伸段，这样在下雨的时候土壤渗水充分。滂沱大雨过后，需要三天时间将这些雨水排走。显然这片地区的排水功能就像草坪一下，而且在夏天依旧管用	5—15	0.5	低	中—高
沟渠和洼地	这块地方以石头铺垫，可以种草，或是种一些喜水性植物。沟渠和洼地可以为动物们提供不同的栖息地，因此它的生态价值也要更高一些。沟渠在雨后会形成一种水景沟渠，比低洼排水地所需要的空间更少，其深水深度大多都远超过1m。它们的这种功能比较固化、持久，在干旱时也不会轻易地改变而产生别的作用。洼地会形成一个地表水收集网络，流入池塘中	2—5	1.5	低	高
持久性蓄水塘	持久性蓄水塘能够长期稳定地蓄水，且比上述两种具有更高的审美价值。池塘要比沟渠之类需要的空间更大一些，它们的水位会有起伏波动，在场地上更多地水被蓄积起来。蓄水塘在流入本地的河流前，先在河中补充芦苇河床过滤系统（具体详见第9章）。在环境术语方面，蓄水塘的得分要略高于沟渠和洼地。因为它将审美观与新栖息地的创建和过滤功能相结合	3—5	多样的	中	高
地下蓄水池	这种属于环境评估最低却最昂贵的一种类型，而它较强势的一点则是需要的空间最少。采集后的水通过砂石层缓慢地被排入了地下。因此过滤的最少，水质也要较其他系统差一些	>1	N/A	高	低
屋顶绿化	屋顶绿化在收集雨水方面具有很强的功效。在坚固的屋面基础之上，薄薄的一层粗放型屋顶绿化收集的雨水要比密集型屋顶绿化少一些，棕色屋顶的水平介于前两者之间。环境评估高低取决于屋顶绿化的类型	100	多样的	高	棕色屋顶高；密集型屋顶绿化中；粗放型屋顶绿化低

用于补充自然排水系统的径流容纳系统　　　　　　　　　表 4.2

不同材料的不渗水性等级[21] 表4.3

斜屋顶	1.00
沥青，混凝土，砂浆接缝的铺路	1.00
平的碎石屋顶	0.80
大接缝式的大铺面	0.70
大接缝式的马赛克铺面	0.60
渣石区	0.50—0.40
草格铺面	0.30
屋顶绿化	0.30
草坪	0.25
种植区（普通种植）	0.10—0.00

粗放型屋顶绿化的生长要比密集型绿化所用的泥土或生长介质少得多，并能支撑一个稀松的种植范围。通常种植一些景天属植物与禾本类植物，这些植物能够更好地应对极端干旱条件或过多的水分。建筑物上的这些屋顶都非常轻，相对而言，它们需要的呵护较少，也不打算让人能够走上去。

棕色屋顶与粗放型屋顶绿化比较相似，但通常会施用一些劣质的生长基，有时可以从其建造场地上回收重复利用，而不需要专门的生长介质。棕色

屋顶绿化的优势和效果[22] 表 4.4

优势	效果
雨水管理	改善环境质量；节省市政污水处理系统的成本
减少城市热岛效应	有利健康；通过减少供暖/制冷设备节省能源
隔声	提高生活品质
完善隔离	通过减少供暖/制冷设备节省能源
吸收二氧化碳	有利健康
保护屋面薄膜	延长屋顶寿命
改善微气候	有利健康
生物多样性	改善环境质量；有利健康；提高生活品质

屋顶绿化的类型 表 4.5

特征	密集型屋顶绿化	粗放型屋顶绿化	棕色屋顶
基质层深度	>15cm	1—15cm	各不相同，2.5cm或更多
基质层的材料	浮石，土壤，沙子	浮石，土壤，沙子	来自场地的堆土
种植物	草坪，灌木，花卉/草本植物	景天属植物，禾本类植物	自播种，混合型野花
可能的坡度	0—2%	0—40%	0—2%
持久力	高	低	低
蓄水力	高	中（取决于坡度、基质深度及植物）	中（取决于基质深度，植物以及种植密度）
生物多样性	中	低	高

屋顶可以通过对灰地（参见"术语表"）的开发来替代唯一栖息地的流失，并能模仿早期生态系统中外来植物的入侵。因此重新繁殖就比较快，用料的改变则为原生的动植物群创造了一个栖息地，这种栖息地要比粗放型屋顶绿化所创造的栖息地要好，那种只能以景天属植物为基础，自然环境通常比较单一（表4.5）。

结论

正如本章所证实的，景观和植物对于我们的生活和自然环境有着深远的作用。故而令人费解的是在过去50年的开发历程中，这一点为什么会被忽视。新兴技术和标准推动着发展过程，出于对开发速度与成本的考虑，需要开发的场地全都是相同的且不能有任何障碍物。这些做法作为"现代标准"被采纳后，其产生的效果近年来变得日益清晰。

直到现在我们才发现我们创造出的许多地方都太人工化了，几乎看不出一丁点儿原来的背景和环境。许多能够选择搬迁的人都离开了这些地方而选择了更宜人的环境。我们要了解这个地方的过去，以延续其地方特色来进行开发和创造，这种地方特色是受到其上的自然环境的影响的。由此进行的开发才能比现有的"现代标准"更人性化、更成功。要在设计之初就考虑土地、地貌和景观设计，这样才能创造出适宜环境的城市发展项目来。这一重大战略决策会产生大量具体的备选方案，并带来一个更加可持续的整体发展趋势。

指南

1. 景观和地形影响适当的开发形式。
2. 景观和植被会直接影响微气候，能够锁住空气中的悬浮粒子，吸收噪声，增加湿度，减少温度波动幅度，还能降低风速。
3. 树木和植物与城市的开发形成了鲜明的对比，它为都市生活提供了一个更为宁静的环境。俯瞰绿色能够缓解眼睛的疲劳，抚慰疲惫的心灵。公园、树木和植物能够帮助我们消除都市生活（城市交通、噪声、污染）带来的压力。
4. 为具有内部联系的栖息地创造野生动物通道，从而为吸引野生动物提供最佳机会，改善城市的生物多样性。全市范围的景观策略能够为野生动物通道的开发设置一些界限和参数，从而能够让特定地点的开放式空间变得更有意义。
5. 任何一个场地的规划都需要从景观评估开始，包括场地的地形和微气候环境。这将会使每一项开发都是独一无二的，能够将固有的景观元素嵌入到这个地方之中。
6. 场地内要保留 5% 的土地用以天然排水或就地蓄水。可持续性排水最好是放在场地的最低洼处。
7. 考虑让绿色和棕色屋顶为城市发展提供更多元素。

拓展阅读

CABE Space (2005) *Start with the Park: Creating Sustainable Urban Green Spaces in Areas of Housing Growth and Renewal*. London: CABE. Available: http://www.cabe.org.uk/AssetLibrary/1715.pdf

CABE Space (2006) *Paying for Parks: Eight Models for Funding Urban Green Spaces*. London: CABE. Available: http://www.cabe.org.uk/AssetLibrary/8899.pdf

Grant, G. (2006) *Green Roofs and Facades*. Berkshire: HIS BRE Press.

Hough, M. (1995) *Cities and Natural Process*. London: Routledge.

Town and Country Planning Association (2004) *Biodiversity by Design*. London: TCPA. Available: http://www.tcpa.org.uk/downloads/TCPA_biodiversity_guide_lowres.pdf

Wheater. P.C. (1999) *Urban Habitats*. London: Routledge.

（上述网站访问时间：2008 年 1 月 12 日）

第5章 建筑设计

兰德尔·托马斯，亚当·里奇

引言

人类的梦想与愿望大多上演于建筑物内——据估计，欧洲人一生中会有 90% 的时间在室内度过。正如我们所看到的，几乎一半的能源消耗是发生在建筑内的，所以，一个环保的建筑设计是至关重要的。精心设计的建筑物，当然也会增加城市的空间。如果没有良好的建筑设计，那么城市会变得更糟糕，人类的健康也会受到损害。在设计过程中不仅包括使用者和居住者，还包括规划周边的邻居，这三方的参与将有助于建立参与意识及主人翁意识（参见第 14 和 18 章）。

城市环境中包含了广泛的建筑类型，显然，住宅与办公这两种建筑类型是最主要的类别，我们将集中于本章予以介绍。在一个注重环境的建筑设计中，我们能看到许多可取的属性：例如高大空间，自然通风，充足采光，这些能源和技术鲜见于老建筑中利用。

城市里的建筑设计要素体现了建筑物如何与它们所处的环境密切相连。城市的温度、风速、湿度、空气质量和噪声水平都彼此相关，并将取决于发展的密度、能源、景观、交通系统的选择及其类似的因素。城市设计和建筑设计是密不可分的。

一种设计方法

建筑师逐渐对发展能够保护环境的设计产生了兴趣，毕竟，这是建筑保护我们所具备的最基本功能，而与此同时也需要满足建筑学的要求。最终，我们需要优质的建筑（可以包含大量的风格）以及建筑物之间的优质空间。这种优良的品质鼓励着市民关爱他们的环境。

关于建筑的环境设计有丰富的参考资源，以下列举一些可鉴之处。在未来，我们应该期待看到的是，依据当地的气候条件和现有的材料而建造出的具有地域特色的城市和建筑物。随着这种情况会产生更多借鉴该地区的建筑语汇。地处北温带的欧洲与较为炎热、阳光充足的地中海地区不同，炎热、潮湿的南美与东北寒冷区域不同。以玻璃塔楼为特征、依靠便宜而大量的能源加热和制冷的国际式风格（有时是美丽的）时代已经过去了。

关键是要把对环境的影响降到最低，有时被称为"轻轻触地"。这需要提出并回答关于建筑物生命周期的问题，它是如何在不可规避的经历过程中，灵活地适应变化。这暗示着我们有可能看到，通过技术升级可以方便地改进其内容。

建筑物的设计应当从内到外、由外及内地同时进行，设计师需要想象怎样的条件才能满足居住者和路人的使用和感受。穿越一栋楼应该是一种有趣的、愉悦的、有益的经历。有一个例子，在德蒙福特女皇大楼居住的人经常讨论在建筑内的享受，每一次穿过它都有不同的感受（图 5.1）。

最后，满足人们需求的要求显得合情合理：舒适，清新空气，自然采光，景观视野，生活中简单的事情均有助于我们的身心健康，且可以提高我们的生产效率。在这里，我们会触及建筑设计的一些关键要素。

降低需求

降低需求往往是最具成本效益的事情，应该永远

图 5.1　德蒙福特大学女皇大楼大堂，莱斯特

是出发点：

1. 通过运用建筑朝向、建筑形体、开窗方式以及最大化使用被动式太阳能，来减少因采暖所需的能耗。与此同时，需要减少可能出现的过热现象，以控制制冷能耗（下面将讨论）。降低能耗可以采用绝热性能好的墙体配以高性能玻璃窗。通常情况下，墙壁的 U 值（传热系数）应该在一定范围内，即 0.15—0.20W/（m² · K），屋顶的 U 值应该在 0.08—0.15W/（m² · K）。高性能玻璃窗系统能帮助窗户的 U 值达到 0.7—1.5 W/（m² · K）（这些数值仍然可以改进）。

2. 保证建筑通过气压试验达到良好的气密性，以使气体有组织进出。这将减少由无组织的通风（又名渗透）引起的热量损失。气密性建筑物从排风中回收热量，是一个更可行的建议。供给的空气应该是高质量的空气，这是一种提醒，城市空气质量需要改善（参见第 3 章及附录 C 关于交通排放物的讨论）。

3. 无论是热水还是冷水，使用时都应注重节约。这也减少了生活热水耗能。市场上已有废水热回收的产品。

4. 当然，电力既要用于小型设备，如电脑、复印机，也要用于大型设备，如空调压缩机和供热系统泵。正如马克斯 · 福德姆（Max Fordham）所说，"你不得不很努力地去设计一个糟糕得需要使用空调的建筑"，然而，仍有很多人成功。如何降低制冷需求及如何制冷，将在后面来讨论。通过建筑师和工程师们有创造力的组合可以达到降低设备负荷的效果；通过从电脑到冰箱等设备的选择可以降低小型设备的负荷。如果实际运行中需要长期供冷，可以考虑利用周边的冷源，例如：井水或夜间自然风。自然采光（参见第 44 页）也可以大大降低对电能的需求。

5. 整合建筑的结构和设备以使耗能最小化。包括蓄热（隔热）技术，它可以平衡室内外获得的热量和利用夜间通风实现冷却。这意味着，人们可以引进凉爽的夜间空气，在英国，夜间可能低至 13—15℃，以抵消日间高温，如 24—26℃（参见附录 A）。这样可以降低第二天室内温度峰值 2—3℃。值得注意的是，传统的蓄热材料是整合在地面或顶棚（图 5.2），但也可以将这一种创新的方式利用在墙壁上。分离蓄热（隔热）层和结构层可造就轻质的上层建筑。

6. 材料应得到有效利用，并选择自含能量低的材料。建筑中的废品应尽量降到最少并要加以回收（参见第 7 章）。

7. 建筑设备及其控制应该是节能和"智能的"（但也不必要求更加智能到不需要人来操作）。居住者应该对自己居住的环境有所控制。

8. 锅炉会产生非常低质的污染物，并且所有材料的选择都不应该导致室内空气的污染。

以可持续发展的方式满足需求

　　最大限度提高获取能源和水的机会。在能源方面，主要是针对发挥太阳能的最大潜力，并有四个主要方面：

　　1. 采光。光线和有吸引力的视角增添了城市的体验。日光的需要是极为有价值的。引用布莱克的话"光

图5.2　正弦曲线混凝土顶棚内的隔热层，BRE 环保建筑，加斯顿

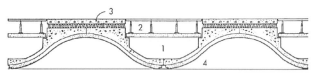

图例

1. 楼板下面的通风道；

2. 架空地板层可放置楼上的电线和管道；

3. 埋设冷热管砂浆保温层；

4. 在现浇混凝土上为 75mm 的预制混凝土顶棚；

5. 高窗；

6. 侧平开窗；

7. 下悬半透明窗

图5.3　伦敦多层公寓

是永恒的快乐。"为建筑提供自然采光是建筑师们永恒的关注点。缺乏阳光和空气，不卫生和过度拥挤的生活条件（由于当今过度高密度的情况所造成）以及拥堵的街道，引发了 19 世纪的大巴黎规划及田园城市运动。[1] 从传统意义上说，日光的优点包括可以提供良好的健康和幸福感，并成为活跃空间的建筑特征。将自然采光和人工照明多样化的、富有诗意的组合是可取的做法。在描述一个英国 19 世纪的住宅（由 Lethaby 设计的 Melsetter 住宅）的室内环境时，评论家称赞道，这似乎"不仅是对居住者，就连对空气都很友善"。[2] 给多数空间提供更多的自然采光能够减少二氧化碳的排放量，因为以常规矿物燃料作为动力的人工照明也是二氧化碳排放产生的原因之一。不断改善玻璃窗，也意味着它可以在提供更多自然采光的同时减少冬季

的传热损耗。U 值为 0.8W/（m² · K）的中空三层玻璃窗 [单层玻璃则为 5.6W/（m² · K）] 已经上市。

好的采光如来自两个立面方向的采光，抑或是墙面和屋顶的采光，成功地将空间变得更有魔力。18 世纪的佐治亚住宅以其优雅的比例和高大的窗户创造出了华美的空间。它曾作为伦敦住宅（建于 1840 年）的一个典范，如图 5.3 所示，并且对当今的我们仍意义非凡。还要注意通常在窗户内部装有木制的百叶窗，在夜间使用，既舒适又私密。

维多利亚学校采用高挑的顶棚和高大的窗户，将光线引入教室深处，这个原则现在仍被使用。在德国，公司会尽力让工作人员在有自然采光的地方办公，办公室的高度从地板到顶棚一般是 3.5m，相比之下，英国只有 3m（或更少）。（如果在建筑物使用寿命允许的条件下，例如，在建筑平面深处的空间，大空间也能被灵活的使用为服务空间。）狭窄的平面将倾向于让持续保持坐姿工作的人员临窗而坐。

一种有趣的现代技术应用模式是把 一项技术要求（由于城市环境中相邻建筑物的遮挡，如果层高较低则更需要较大的玻璃面积才能达到同等的采光水平）作为一种美学的生发点，如图 5.4 所示。[3]

2. 被动式太阳能。被动式太阳能是利用降落在屋顶、墙面、特别是窗户的太阳辐射。在采暖季节期间，引入太阳光将有助于减少对燃料的需求。相反，在夏天，潜在的太阳得热会导致房间过热，这需要由建筑外立面的隔热来控制，而与此同时，也应保证建筑的通风通道。

建筑立面使用透明玻璃应采用怎样的比例？这不是轻而易举可以回答出来的（建筑师听到这个松了一口气）。这将取决于设计意图、建筑类型、朝向、室内空间的比例，玻璃和墙体的 U 值，以及过热的风险等。在 BRE 环保大楼中，针对采光减少二氧化碳排放和来自墙体和玻璃季节性的热损失的价值进行了认真的分析，最终在建筑的南立面使用了 50% 的开窗面积（图

图 5.4 结晶学大楼，剑桥

5.2）。考虑到私密性，较小的窗墙比在现代住宅建筑中较为常见。

3. 太阳能光热板。这些能积极收集太阳能，并将其能量转送到液体中，通常是水和防冻剂的混合物（详见太阳能光热板，参见第 6 章）

4. 太阳能光电板（光伏）。在实际的发展形势中，尤其是在美国的太空计划中，这些设备直接把太阳能转化为电能（详见光伏，参见第 6 章）。

最大限度提高太阳能的潜力并以低能耗的方式进行通风处理的要求对建筑形式有重要的影响，我们期望看到越来越多的建筑物，正如密斯·凡·德·罗所说的那样，"形式不是我们的设计目标，而是结果"。[4] 这也将适用于城市形态，因为太阳潜能的发挥取决于

图 5.5　对能量和密度的考虑

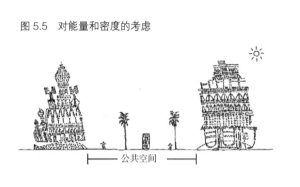

公共空间

密度增加

图 5.6　能量和密度的考虑

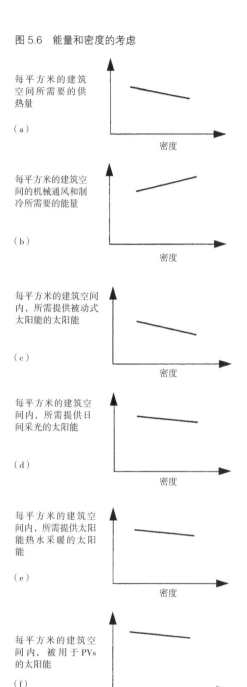

每平方米的建筑空间所需要的供热量

（a）

密度

每平方米的建筑空间的机械通风和制冷所需要的能量

（b）

密度

每平方米的建筑空间内，所需提供被动式太阳能的太阳能

（c）

密度

每平方米的建筑空间内，所需提供日间采光的太阳能

（d）

密度

每平方米的建筑空间内，所需提供太阳能热水采暖的太阳能

（e）

密度

每平方米的建筑空间内，被用于 PVs 的太阳能

（f）

密度

很多因素，例如发展密度、朝向、遮挡物的高度和其他因素。同样，能源的使用也将取决于这些因素。图 5.5（以简单、实际、单纯的原理图 1.4 为依据）列出了一些主要因素之间的简单的关系，如密度增加。

　　如果我们先看到影响能源消耗的因素（图 5.6），那么更多集中式的发展将趋于降低热损失（图 5.6a），例如，这是因为封闭的体块将表面积缩小了，将会产生更多的共享墙面，而正是因此，高密度热岛效应也更有可能产生。随着密度的增加，利用自然通风解决问题会变得更困难，可能需要增加制冷能耗，其原因与采暖类似（图 5.6b）。更多集中式的发展将越来越难以使用被动式太阳能（图 5.6c）和日间采光（图 5.6d）（尽管在夏季这会减少冷负荷）。一般来说，我们从图中看到示意性的直线斜率必须是符合一定规范的，而增加密度有一定的弊端。

　　就太阳能光热（图 5.6e）和光伏板（PV）（图 5.6f）的适配性而言，集中式意味着 PVs 只能用于屋顶，而相对较不集中的建筑分布可以允许光伏板安装于墙面上。出于对管道系统及维修保养的考虑，太阳能光热板往往只能用于屋顶，但是也可以设计为墙体壁挂式装置，如图 6.5 的例子。屋顶的高度是一个重要的因素,而这些高度可以不是统一值（这是其通常的做法），将更高的建筑置于北侧，从而保留了太阳的潜能。今后，我们应该期待看到一个可以实现的城市形态，例如，贝尔法斯特的帕克芒

图 5.7　密度、形式及太阳能优化

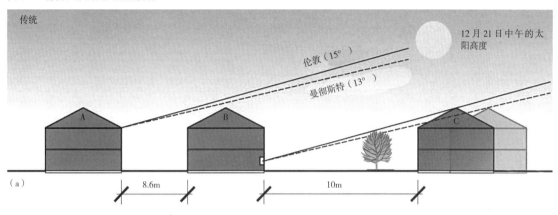

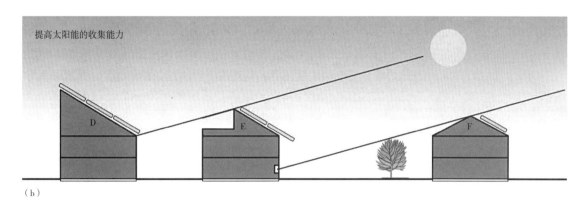

特（参见第 12 章）和伦敦的斯通布里奇镇（参见第 17 章）。

对于其中很多问题，我们已经进行了定量的研究。[5,6] 住宅和办公的混合组团是非常广泛的，所有的设计都考虑到了高能效，以至于没有地方存在使用空调的必要，更多的集中式将意味着每层平面需要更多的能源。依靠太阳能作为能源供给显得更为困难（作为一个极端的例子。很容易想象，一个孤立的原始小屋，良好的保温隔热和太阳热能利用，以及光伏电池板覆盖，可以很容易地获取来自太阳的能源，以满足居民的需要）。

在考虑任何特别的发展阶段时，这都是普遍规则，并且也需要被测试。如果以来自外界领域的可回收的能量作为能源的话，那么，提供全部或大部分来自本土的能源就没有那么重要了。这种情况似乎是很明确的，高密度的建筑将导致更大的能源消耗，你应该回顾一下本书第 1 章的系统方法的概述。增加密度带来的优势大于其弊端也是有可能的。例如，它可以更容易地使用于区域供热和 CHP（热电

联供）的计划。高密度则意味着距离的缩短，从而降低了分配输送过程中的能量损失，此计划还可以利用规模经济，从废物中提取能量（参见第 6 章和第 9 章）。这样，利用较大的跨季节能源储备变得更容易。因此，即使高密度看上去增加了能源消耗，然而获得高密度仍然是值得的，因为这意味着能源将通过不同的，更有效的方式来提供，从而降低了能源消耗和二氧化碳的排放量。

能源仅仅是这个复杂网络中的一部分。私密性、对阳光的需求、有利于健康的新鲜空气、土地价值，便于雨水回收利用和废物收集的方法，增加的噪声和其他许多因素会影响城市的密度和发展布局。在实践中，令人鼓舞的是，复杂性将产生不同的解决方案，这将有助于城市环境的丰富性。

在设计城市形态和建筑朝向时，每个人都应该全面地考虑太阳轨迹。这种结构不必过于僵化，当然应该与其他因素平衡，如现有街道的肌理和建筑外观的效果。但是倾向于把街道设计为东西向的，也就是使建筑物可以面向正南方偏东或偏西 30° 或 40° 的范围

图 5.8a 城市形态

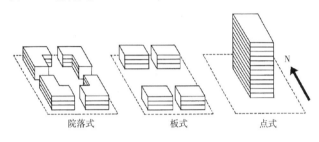

院落式　　　　板式　　　　点式

内，这样仍然具有获得良好的潜在太阳能的能力（参见第 6 章及附录 A）。

密度、形式和太阳能优化对于房屋而言，它们之间的关系如何？传统的"上下两层"的 19 世纪英国工人住宅，如图 5.7ab 所示，建筑密度约为每公顷 80—100 套住宅。有人建议，住宅密度升至每公顷 200 套住宅——相当于一个约 30° 的"平均遮挡角"——虽然这是可能的，但是对能源的负面影响却是巨大的。[7]

在图 5.7a，如果街道是东西向的，则在 B 楼的底层，被动式太阳能得热和日间采光便是良好的。如果太阳能光热和 PV 使用在屋顶上时，冬日的某段时期 A 的屋顶将部分被 B 遮盖。图 5.7b 也显示了如何通过轻微地修改建筑设计而取得改进光伏发电的潜力。

从诸如这些适当的考虑，并针对其他因素，如现有的街道（例如，见第 11 章），我们可以开发出新的发展模式。

图 5.8a 显示了三个典型的城市形态：院落式、板式和点式，都是以相同的密度建设，每公顷约 100 套住宅；每套建筑面积约有 $100m^2$。院落式住宅可以营造一种强烈的场所和社区的感觉，但会有一些自我遮挡；但是在添加各种形式的变化后可以将阳光引入院落。板式建筑如果没有精心设计，感觉则略显呆板，

缺乏建筑感，但是能够充分利用阳光。点式在优势和劣势上各有明显特点，它潜在的太阳能（包括对其他建筑遮挡的消极方面）非常依赖于它所处的环境。虽然朝向表现为正南向，但还是可能有相当大的不可预见性（例如，见第 6 章光伏）。

图 5.8b 是一个关于城市形态的有趣研究，来自"斯托克韦尔制造"附近的地区（参见第 18 章的案例研究），并显示了在每一种建议类型中的相对规模。另请注意，这些形态可能从建筑的占地面积的角度进行分析；例如，剩余的空间可能通过验证而成为潜在的景观指标。

总体而言，目前正在进行的最重要的发展可能是，思考所有潜在的使用太阳能辐射的方式——不仅是被动式太阳能得热和采光这些已经被使用的传统方式，而且还包含太阳能热水及太阳能光电板发电。

顶尖的设计师会赋予屋顶的景观更多的关注，到目前为止，它已经成为被遗忘的"第五立面"；屋顶成为住宅的电梯机房和空调散热设备间，偶尔甚至是一个阳台。提高可持续发展和城市的宜居性对屋顶的要求施加了巨大压力，屋顶可以作为太阳能集热器，雨水收集器，作为生物多样性和雨水渗入的绿地，以及空中花园。

就未来的适应性而引起的用途变化和技术改进

重要的是，建筑物应在生命周期内被改造，以适应新兴技术和社会变化；事实上，如果它可以去适应变化，建筑物的使用周期将被延长，这就是所谓的"延长建筑寿命，灵活使用功能"。结合技术发展中的一个实例——更换窗户计划，这可以降低热损失，增加透光性，甚至使用光伏板发电。这种方法可以推广到屋顶、内墙及外墙，但是，这种趋势可能会导致建筑将不被作为艺术作品来构思；而我们所看到的建筑物本身不再引人注目，做得更多的是有利于街道景观和住户的舒适度的设计。正如一位设计师所言，"一个现代主义的问题是，美丽的东西并不以人为本。"[8]

图 5.8b　城市肌理

15 Stockwell Green 街区

用地面积 =12150m²

占地面积 =7570m²（63%）

总建筑面积 =26495m²

用地性质：商业（档案储存）

板式街区

用地面积 =12150m²

占地面积 =2450m²（20%）

总建筑面积 =12250m²

用地性质：住宅（板式）

每公顷大致单元数：150

点式与板式街区

用地面积 =12150m²

占地面积 =3090m²（25%）

总建筑面积 =27810m²

用地性质：住宅

（点式与板式）和教育

每公顷大致单元数：240

公寓

用地面积 = 12150m²

占地面积 =5140m²（43%）

总建筑面积 =12850m²

用地性质：住宅（公寓住宅）

每公顷大致单元数：100

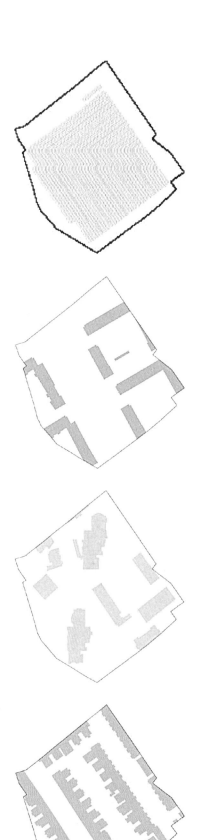

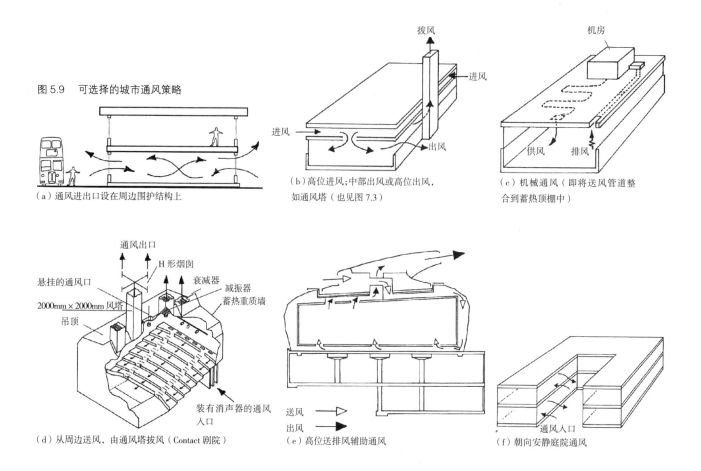

图 5.9　可选择的城市通风策略

（a）通风进出口设在周边围护结构上

（b）高位进风；中部出风或高位出风，如通风塔（也见图 7.3）

（c）机械通风（即将送风管道整合到蓄热顶棚中）

（d）从周边送风，由通风塔拔风（Contact 剧院）

（e）高位送排风辅助通风

（f）朝向安静庭院通风

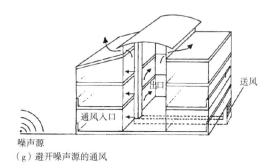

（g）避开噪声源的通风

热舒适性

由于热岛效应（参见第 1 章），无论是在冬季还是在夏季，城市的环境温度将会越来越高。这在冬季或许是有利的，但在夏季未必是好事，特别是在某些办公区域，使得冷负荷增加。

为建造一座成功的建筑，人为控制环境的能力是一个关键因素。在住宅中相对比较容易，但在办公楼中，需要特别注意建筑设计以及其供热、供冷和机械通风系统，需要提出一个允许大范围温度变化且能源消耗更少的方案。无论在冬季还是夏季，改变人们的穿衣习惯很重要。一个很好的例子就是人们能够享受这种

变化。在冬季，温度调至 20—23.5℃，许多人都感觉比较舒适；而在夏季，感觉舒适的范围是 23—26℃。要知道，舒适范围在整个区域是复杂的、主观的和有争议的。湿度、通风、甚至噪声都会影响人们对温度的舒适感。在支持 BRE 环境建筑的发展中，采用另外一种方法，那就是要求人们对他们的环境进行控制（开放式窗户、可移动的遮阳板、开放的建筑管理系统），设计一种预定义的标准，当不超过 5% 的工作时间时，内部温度可达到 25℃，当不超过 1% 的工作时间时，内部温度可达到 28℃。[9]

声舒适性

城市中声音环境的变化很大，从令人兴奋到令人悲伤、从引人入胜到震耳欲聋、从富有诗意的风吹树叶的沙沙声到刺耳的汽车刹车噪声。

在家庭中，在无人说话、听广播和看电视时，环境噪声的范围为 25—35dBA（参见附录 D 给出的基本数据和定义）。在开放的办公区域，由于有谈话、打电话、打印机的声音，噪声水平在 45—55dBA。在繁忙的城市，街道有小汽车、公共汽车、摩托车，路边的

图 5.10　巴黎卡蒂埃基金会

噪声水平将达到 75—85dBA。然而，对于依靠自然通风的建筑，外部消声是一个重要因素。当然，城市的噪声问题不再是什么新事物了。1937 年，由切尔马耶夫（Chermayeff）设计的，建造在伦敦市卡姆登镇的吉贝大楼采用机械通风的一个理由就是来自室外鹅卵石小道上的交通噪声，现在小道铺上了沥青碎石路，噪声和污染则来自附近的铁路干线。

　　另外一个相当重要的方面是建筑、特别是楼层之间的噪声传播。引人入胜的城市生活和低声窃语的隐私一起构成了我们城市可持续发展的另外一面。隔声问题非常普遍，以至于英格兰、威尔士等对建筑进行立法以控制住宅之间的噪声传播在可接受的水平之内。[10] 隔声水平效果超过立法最低要求时将获得奖励，这归功于可持续住宅法案[11]，它的主旨是为了提高人们的健康和幸福。来自内部的噪声是一个很难解决的问题，它与机械通风有关。但如果设计得好，采取必要的隔声处理手段，能够达到很好的隔声效果。

空气与通风

　　城市空气品质早已臭名昭著，早在 1393 年，查理二世就授权剑桥大学开展研究，改进那些引起空气变质的排水沟。一些专家、学者以及其他路过这些街道的人都会生病。[12] 主要污染物列在附录 C 中，这些物质对我们的身体健康都有不利影响。

　　设计者需要考虑如何将空气引入建筑物。自然通风是有利的，它消耗很少的能源，不过为了降低空气流通阻力，需要更大的空间。指导原则是对于房间进深是其高度 2.5 倍的房屋，从一侧通风是足够的。对于房间进深是其高度的 5 倍的房屋，交叉通风是可行的。在大多数建筑中，自然通风正是利用这个原则。对于双面房屋（也就是布置成有不同方向视角的房屋），可选择交叉通风，这样也可获得更多的阳光（参见第 17 章）。

　　在办公室和其他建筑中，问题经常较为复杂。人们提出了很多方法，从自然通风到借助自然风和机械通风混合的方式，各种措施都与热回收结合。增加冷

图 5.11　曼彻斯特 Contact 剧院的消声器与参观的学生

负荷是可行的,因为冷量可以从地下水(参见第6章)中提取。地球的冷源不是新事物。帕拉第奥曾描述过在Costozza一位居住在维琴察的绅士Trentos所有的一个避暑的院落。将前面的采矿场的地下坑的冷空气通过地下通道引入到了室内,使得室内保持良好的舒适性。[13]

通风策略

图5.9a-g给出了一个可行的通风策略,但还需要检验其舒适性、能源消耗以及二氧化碳的排放量。自然通风和机械通风组合的混合解决方法是解决城市变化污染率的一种方式;当污染严重时,需要借助机械通风进行过滤。类似地,智能控制系统能够根据噪声水平改变通风模式。可以根据外部的道路,或者高楼来编制控制方案,这种做法较为成熟。

在巴黎的卡蒂埃基金会(图5.10)是让·努韦尔(Jean Nouvel)的辉煌的开局,他在玻璃建筑的外面设置一座玻璃屏幕(对空调不利)。由于距离较远,使这个建筑免受来自繁忙拉斯巴耶大街上的噪声和污染。最重要的是,把建筑和自然融合在了一起,玻璃通透,可以互为景致,用努韦尔的话讲,玻璃不仅能让你看到树,还可以看到树的影子。[14]

一些更加常见的城市通风策略就是在距离路边较近的传统建筑中把周边空气引入到建筑内。如果噪声和污染水平不超标或者采用某种处理措施(比如消声器),这种通风策略是比较令人满意的。图5.9a-e展示了一些方法可供选择,它们采用一些方式将空气引入和排出。图5.9f和图5.9g展示了一些其他策略,它们是通过庭院或者噪声小的区域将空气引入。

在曼彻斯特的Contact剧院[15,16](参见第14章),采用将低压进风口和大型消声器相结合的通风策略,对于观演建筑,将城市噪声降至可接受的水平。图5.11展示了一个法国环境设计学生在参观,他站在由消声器组成的吸收墙之间,这是一流的降噪方式。

住宅

为了防止噪声进入到住宅,有时需要采用机械通风。新鲜空气需要通过加热来弥补从房间散失的热量,但不是使用散热器。而是通过将新鲜空气和排气在密封的换热器中混合换热,废气中一半的热量可以得到回收。

图5.12(a)展示了一个热回收通风系统,一台锅炉提供热水,在热回收装置内,水和气进行换热,当需要加热时,卧式的恒温器启动锅炉。在这个通风系统中,通过正常运行的循环风扇,可保证每小时半次的换气次数。运行一小时,停机一小时。当需要热时,风扇以正常速度连续运行,当烹饪时或者洗澡时,手动调节风扇,使之以两倍的速度运行。两小时后,自动切换到正常运行模式。图5.12(b)展示了一个典型的住宅热回收方案(图中表示增大气流的情形)。

立面与剖面

要注意的是,立面与剖面需要同时考虑。被动式太阳能利用、过度加热、通风、视线、蓄热、声学、美学以及其他因素要求都在这里汇集,而且并不总是让你满意的。

南向的墙体需要控制太阳光,这可以通过外部可移动的百叶实现。但对于一些建筑,采取伸缩的内部遮阳板或许更为合适。对于预算充足及鼓励节省运营成本的建筑,遮阳板设在两层玻璃之间。如果从围墙的外部引入新鲜空气,控制阳光照射的措施不应干扰空气流通。一个经典的实例是,在开窗的外部挂一块可卷的遮阳帘。遮阳帘两侧的导轨,把遮阳帘固定在窗格上。另外,设独立的通风口,使通风与玻璃分开,避免出现前面的问题。

屋顶

正如前面提到的,建筑的屋顶有一些潜在的用途。其中一个是作为屋顶绿化,包括种植草本和灌木等景天属植物。植被屋顶的热学性能依赖于种植物的种类,详见第4章。

图 5.12　通风热回收系统的原理与布置图

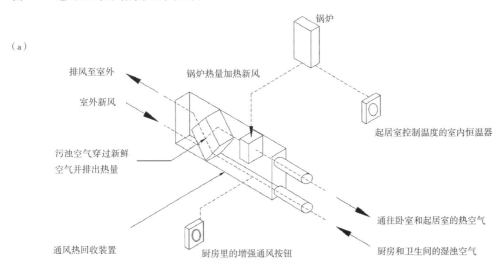

（a）

排风至室外

室外新风

污浊空气穿过新鲜
空气并排出热量

通风热回收装置

锅炉热量加热新风

锅炉

起居室控制温度的室内恒温器

厨房里的增强通风按钮

通往卧室和起居室的热空气

厨房和卫生间的湿浊空气

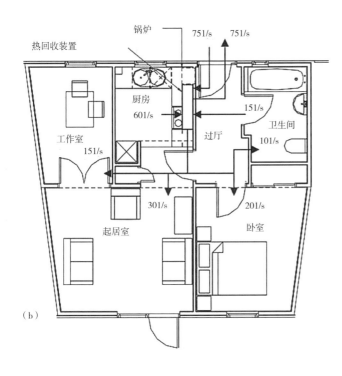

（b）

高层建筑

勒·柯布西耶在城市公园设计了一个高层建筑，但他的城市概念是一个综合体，他说，如果高层塔楼没有安装电梯设备的话，生活将变得艰难。[17]

当考虑建造高层建筑时，关键的问题是，是否有建造高层建筑的必要和需求。如果有需求，是谁的需求。高层建筑那强壮刚毅的造型令政治家和建筑师十分满意（或许正受到袭击世贸大楼的恐怖主义的挑战），但在可持续发展的社区，它们的角色需要慎重考虑。作为住宅、办公、商场以及休闲娱乐场所，高层建筑的用途是复杂的，它创造了半自动化的社会，也使高层建筑更加可持续。在伦敦的一项研究清晰地表明，只有塔楼管理得当、建筑间距合理，塔楼才能营造好的社区和环境。

20 世纪 60 年代，钱伯林·鲍威尔和邦（Chamberlin Powell and Bon）设计了巴尔比坎（Barbican）大楼，是当时伦敦的最高建筑，现在这里是人们向往的居所。它的成功归因于建筑的布局，它处在湖和花园之间，有更多可利用的空间，在地下可以停车，地上供繁忙街道上的行人行走（图 5.13）。

太阳能的利用

阳光是重要的物质，如果塔楼影响了相邻建筑的采光、光伏的利用、太阳热能利用，问题就会产生。在能源学科，可以计算出塔楼的南面的光伏量，或许会超过由于塔楼遮挡一些建筑导致的能源损失，当然，这需要分析才能知道。

屋顶上的土壤和植被有很多优势，如在暴雨季节可以蓄水，可以降低洪涝灾害和排水的危险。正如我们了解的那样，植物还可以吸收二氧化碳，释放氧气，给大气增加湿度，消除尘埃，为野生动物（如鸟儿、蝴蝶）提供一个愉悦的环境，同时也提醒我们四季的更迭。

然而，屋顶绿化也影响屋顶太阳能的利用，如通过屋顶采光、太阳能热水器、架设光伏板等。至于采用哪种策略是合适的，依赖于对各种利益的权衡。

图 5.13 伦敦巴尔比坎大楼

太阳能利用将导致在建筑的北侧建设更高的楼房，除非有其他功能需求，如在城市区域的特殊地段。

太阳能的利用正在变得更加可行和必要，我们期望通过立法来控制城市格局，像过去阳光造福城市那样，来促进太阳能的利用。例如，在巴黎有很多美丽的地方，它们规划和建造于 19 世纪，在这些美丽社区，阳光是重要的方面。

风的利用

高楼的顶部和底部都要经受高风速，在顶部，风速是一种潜在的能源（参见第 6 章和第 18 章），如果风吹到建筑上，并倾斜下来，将会令行人不舒服。劳森（Lawson）舒适标准[18]中定义了风对行人干扰导致的烦恼程度。根据人的活动不同，建筑周边的风是可接受的。例如，设计用于歇脚区域内的风比行走区域内的风应更宜人。通过风洞试验以及计算机流体模拟，能够为有问题的区域风力提供额外的详细信息。设计和计划能帮助减轻风的负面影响；一些塔楼设置在裙房底座上可以保护行人免受来自街道的风吹。附录有更多关于风方面的信息。

能源消耗

高楼趋于有更大的表面－体积比，这增加了热损耗。暴露在更高的高度上也增加了空间加热的能耗。当然，电梯也需要耗能。对于能源利用和能源供给的不同选择的详细研究需要有针对性地开展。我们也需要记住，在我们增加高层建筑的密度时，可能会降低与交通相关的能源需求。

建筑中的植物

建筑中的植物要求水和养料，但会吸收二氧化碳、放出氧气，具有加湿效应、光合作用和色彩（参见第4 章），这些都是建筑中植物给我们带来的益处。另外，植物也能移除室内污染气体，例如竹子能移除甲醛，仙人掌吸收氨、棕榈吸收甲苯。其他植物也能吸收二氧化氮、一氧化碳和苯。

指南

1. 采取一些降低投资的措施，如建筑朝向方向、形式等。
2. 建筑的风格要考虑很多因素，从街道的格调到能源消耗以及潜在的能源生成。
3. 建筑要有良好的隔热和密封，这将会降低能耗。
4. 设计时考虑阳光。
5. 人们满意是成功的重要的组成部分，建筑和城市是为人而建的。
6. 低能耗通风（在一些地方可能是制冷），系统才是重要的。
7. 建筑的主要组成（包括墙面、屋顶），应进行详细设计，构思和建造，以至于随着时间的变化，它能适应并随新应用和新技术而变化。
8. 有很多可持续城市社区的设计方法，成功的设计来自正确的权衡（有时候整个是颠倒的和对立的）
9. 设计的建筑要给人们带来春天般的阳光和快乐，以至于不让人们怀疑他们投入的劳动是无谓的。

拓展阅读

Edwards, B. and Turrent, D. (2000) *Sustainable Housing: Principles and Practice*. London: E&FN Spon.

Garnham, T. and Thomas, R. (2007) *The Environments of Architecture*. Abingdon: Taylor & Francis.

Latham, I. and Swenarton, M. (2007) *Fielden Clegg Bradley: The Environmental Handbook*. London: Rightangle Publishing.

Littlefair, P.J. et al. (2000) *Environmental Site Layout Planning: Solar Access, Microclimate and Passive Cooling in Urban Areas*. Garston: BRE.

Lloyd Jones, D. (1998) *Architecture and the Environment: Bioclimatic Building Design*. London: Laurence King Publishing.

Santamouris, M. (2006) *Environmental Design of Urban Buildings: An Integrated Approach*. London: Earthscan Publications Ltd.

Sassi, P. (2005) *Strategies for Sustainable Architecture*. London: Routledge.

Steemers, K. (2001) 'Urban Form and Building Energy', in M. Echenique and A. Saint (eds) *Cities for the New Millennium*. London: E&FN Spon.

Thomas, R. (2005) *Environmental Design*. Abingdon: Taylor & Francis.

Yeang, K. (1999) *The Green Skyscraper*. London: Prestel.

第6章　能源和信息

兰德尔·托马斯，亚当·里奇

引言

能源和可持续发展是密不可分的。作为有限资源的化石燃料，其燃烧排放产生的二氧化碳占全球放量的80%。[1] 同样其在全球甲烷排放量中占据了约三成的席位，而甲烷是第二大温室气体，可将化石燃料驱动的能源替代的是可再生能源。联系上下文，可再生能源不包括废物利用和被动式太阳能利用，在2006年提供了英国总的一次能源需求的1.8%，这只比2005年提高了0.1%。[2] 我们增加这句话的目的只是作为一个例子。而政府的目标是在2010年时有10%的电力来自再生能源，在2020年时达到20%，实现这个目标的主要手段通过大型风力发电。

如果有不相信核能是一种合理的替代方法，那么太阳能就是一种合理的替代能源（太阳能利用在这里广泛意义上是指可再生能源，包括风和生物质，这都是有效地从太阳能派生出来的）。太阳能利用的构成应是怎样的，各构成的先后顺序又应如何排列？构成的若干原则如图6.1a–d所示。

在图6.1a中，太阳能发电站利用可再生能源，如光伏（PV）或风力涡轮机发电，然后输入国家电网，再由国家电网输出给用户。图6.1b显示了类似的安排，但在这里电力用来将水分解成氢气和氧气。氢气就像现在的天然气一样也是通过管网输送的。这种方法有时候也称为"氢经济"。这在后面将重点介绍。

图6.1c显示的是城市区域内自身所产生的太阳能。这个优点在于，在需要的地方产生相应的能源，从而减少传输过程中的损耗。另外一个优点是它的可见性（或缺点，取决于你的观点），它能影响人们的态度，增加人们对能源使用的意识。[3] 然而它也有一定的难度，这将在下面讨论。

图6.1d显示了现场发电的混合形式，剩余的电力需求将由外部电网提供。这有许多优点，包括较强的适应性，一旦法律支持，我们就最有可能看到它在短期内发展起来。[4] 从长远来看，我们会拥有一个共同参与的"氢经济"。

当然可持续设计中的一个令人鼓舞的方面是其多样性。因此，英格兰计划从鸡的排泄物中来提取能量，而泰国计划从农业生产的废水和大象粪便中提取沼气。

有多少能源可用？在伦敦地区，太阳产生的能量约为950kWh/（m²·a）。风能（以一个可用的标准风力涡轮机为代表）约为830kWh/（m²·a）（垂直表面）。（附录A给出了在不列颠群岛和欧洲的太阳辐射量，附录B为不列颠群岛的风力数据）

我们需要多少能量？这当然是一个更难回答的问题。许多建筑物在城市中被用于办公或居住。图6.2a–b分别显示了位于伦敦市南瓦克地区库珀斯路（Coopers Road）的低能耗建筑能源的需求和二氧化碳的排放量（参见第11章）。这些数据表示的是一种基础模式，当然还有一个能耗为93kWh/（m²·a）的升级版。图6.2c显示的是英国建筑研究所低能耗环境办公楼的能源需求，尽管处于伦敦外围，这种需求很容易适应城市环境；图6.2d是一个假设的"升级"版本。

要正确地看待这一点，在库珀斯路每户人家一年

图 6.1　太阳能利用方式

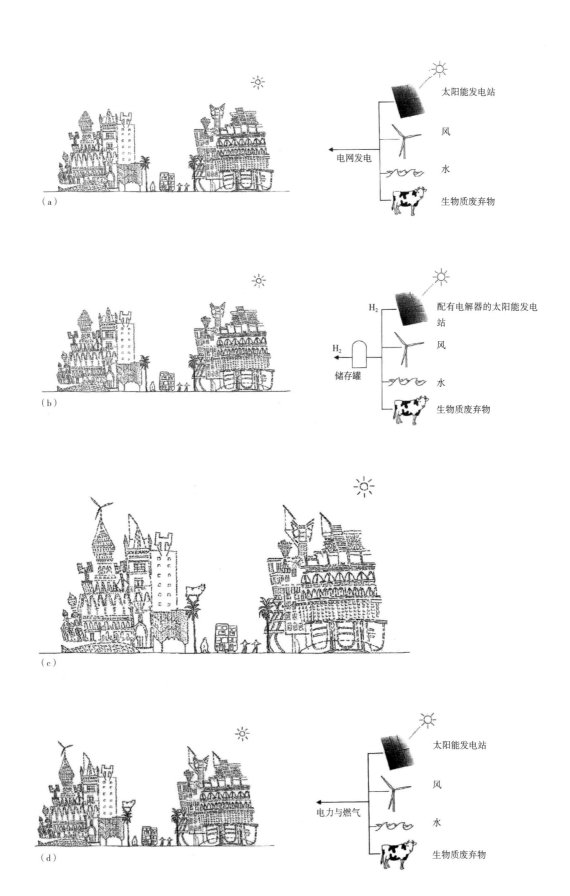

图 6.2　在库珀斯路消耗的能量和产生的二氧化碳

　　（a）库珀斯路能量消耗（i–ii）100% = 116kWh/（m² · a）
　　（b）库珀斯路产生的 CO₂ 100% = 31kg CO₂/（m² · a）
　　（c）英国建筑研究所环境办公楼能量消耗 100% =
　　　　83kWh/（m² · a）（iii）
　　（d）英国建筑研究所环境办公楼改进后能量消耗 100% =
　　　　42kWh/（m² · a）（iv）

图 6.3　蝴蝶和大象（不按比例）

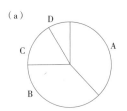

（a）

要点
A. 暖气 37%［43kWh/（m² · a）］
・外围护热损失［25kWh/（m² · a）］
・通风热损失［18kWh/（m² · a）］
B. 生活热水（39%）［45kWh/（m² · a）］
C. 电力（16%）［19kWh/（m² · a）］
D. 照明（8%）［9kWh/（m² · a）］

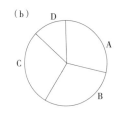

（b）

要点
A. 暖气 29%［9kg 二氧化碳/（m² · a）］
・外围护热损失［5kg 二氧化碳/（m² · a）］
・通风热损失［4kg 二氧化碳/（m² · a）］
B. 生活热水（29%）［9kg 二氧化碳/（m² · a）］
C. 电力（29%）［9kg 二氧化碳/（m² · a）］
D. 照明（13%）（4kg 二氧化碳/m² · a）

约产生 2500kg 的二氧化碳。两个这样的家庭每年产生的二氧化碳将接近一头大象的重量（约 5000 公斤）。我们真的更想变成蝴蝶（图 6.3）。在第 11 章我们将讨论如何实现这一目标。

　　住宅对供暖的需求较少，但总还是需要一些能源，比如，10—15kWh/（m² · a）。即便进行热量的回收，这一过程的效率也不高，因此住宅依然存在一些外围护热损失和通风热损失。在热水方面有与热量回收相同的问题，但热水需求可能会减少到 300—400kWh/a。在电力方面存在同样的问题，我们应尽量减少需要，例如，通过使用 10kWh/（m² · a）的低能耗电器及更多地利用日光。

　　有趣的是，还要注意城市密度需求的敏感性，以及表 6.1 给出的一些迹象。因此，建筑大约三分之二的能源需求是（图 6.2a）独立于密度的，只有三分之一会受到影响。

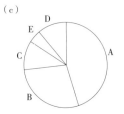

（c）

要点
A. 暖气 45%［38kWh/（m² · a）］
・外维护热损失［25kWh/（m² · a）］
・通风热损失［13kWh/（m² · a）］
B. 小功率电器（28%）［23kWh/（m² · a）］
C. 照明（11%）［9kWh/（m² · a）］
D. 公共电力（5%）［4kWh/（m² · a）］
E. 热水（11%）［9kWh/（m² · a）］

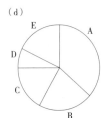

（d）

要点
A. 暖气 36%［15kWh/（m² · a）］
・外维护热损失［8kWh/（m² · a）］
・通风热损失［7kWh/（m² · a）］
B. 小功率电器（22%）［9kWh/（m² · a）］
C. 电力（19%）［8kWh/（m² · a）］
D. 公共电力 7%［3kWh/（m² · a）］
E. 热水 16%［7kWh/（m² · a）］

　　现在，我们可以更详细地研究城市能源战略。后面谈到的，依然是减少能耗的概念，及达到降低能耗所需的适当方式。我们第一个合适的方法就是利用太阳能。

图 6.2 注释
i. 大部分数据由 ECD 建筑师热心提供。
ii. 请注意，图 1.6 与图 6.2 之间的区别，这些数值表示主要能源与能量的传递。能量传递转换为有效能源（见图 6.20），我们假设交付的电能都是有效的，而锅炉的效率只有 85%。电力中包含炊事耗能。
iii. 请注意这份主要基于加斯顿沃特福德 BRECSU 机构对能源办公室的报告，关于二氧化碳生产的比较数据已更新到每度电产生 0.47kg 二氧化碳和相同单位的天然气产生 0.2kg 二氧化碳所一致。
iv. 可行的削减由马克思·福德姆事务所估算。通风热损失已考虑了空气热回收的因素。

建筑密度与住房能源需求的关系　　表6.1

项目	注解
人均采暖量 a. 外围护热损失 b. 通风热损失	随密度升高而下降 关系较弱但会因城市热岛效应而有轻微减少
人均热水用量	与密度无关
电力照明	随着密度升高有一定程度的增加
小功率电器 （家电、电脑等）	与密度无关
电梯	随密度升高而增加

图 6.4　（a）远眺　　　　（b）定位简图

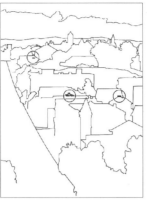

（c）细部

图 6.5　太阳能真空管集热器阵列布置

太阳能

在第 5 章中，我们看到了利用太阳能的巨大潜力。在这里，我们将详细地研究利用太阳能光热和光电所需的技术。

光热

随着太阳能光热的利用，将太阳的能量收集在水和空气中，然后这些能量被运用于建筑内。太阳能热水已经伴随我们超过了一个世纪。在早期的照片中可以发现，1900 年在洛杉矶等城市的屋顶上已经安装了太阳能集热器（图 6.4a–c）。[5] 图 6.5 显示的是，在马尔默的有机食品餐厅南立面上阵列的太阳能集热器（参见第 16 章）。图 6.6 显示的荷兰阿默斯福特的零能耗建筑，它告诉了我们未来如何利用屋顶采集更多的太阳光热能和采光。

任何形式的太阳能集热器，应尽量避免被建筑自身、周边建筑和树木等障碍物的阴影所遮挡。图 6.7 显示的是，塞维利亚部分屋顶上的太阳能集热器被附近一所大教堂（吉拉尔达塔）的阴影所遮挡的情况。

图 6.6　零能耗建筑的屋顶，阿默斯福特

太阳能集热器　太阳能光电板　采光天窗

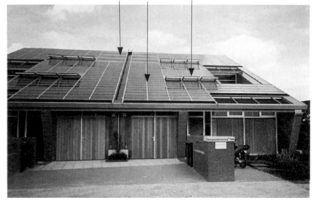

小型太阳能光热系统在英格兰南部预计可提供约 400kWh/（$m^2 \cdot a$）。因此，在一个普通家庭的屋顶安装 $4m^2$ 的集热器（平均 4 人 / 户），将对全年热水需求作出重大贡献（约 47%）。太阳能光热技术是适用于住宅热水需求发展的，但与其他可再生能源一样，在供应时也存在时断时续的情况。因此，良好的储热技术是

图 6.7　出现在塞维利亚的吉拉尔达塔的投影

太阳能集热器

图 6.8　德国腓特烈港的区域储热供暖

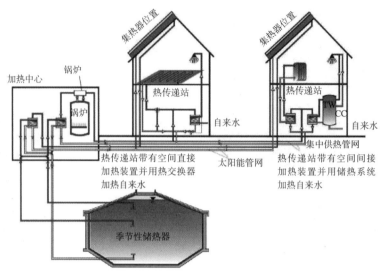

图 6.9　建设中的 1000m³,18m × 18m 储热系统

十分重要的。太阳能的一个优势是,热量能够被方便且廉价地储存,如热水(水的比热容为 4.2 kJ/kg·K),大多数的安装采用的是热储存或"缓冲罐",在白天储存热能,直到晚上需要的时候使用。太阳能在夏季更加充足,在冬季则相对减少,此时则由一个辅助能源来承担主要的供热。在今年晚些时候,一些大项目已经开始调查更长一段时间内热存储的情况,当然部分空间还有供暖的需求。图 6.8 显示的是,在个人住宅上安装太阳能集热器和储热系统的示意简图,图 6.9 显示的是,在英国伦敦附近第一幢零碳办公楼的季节性储热系统。[6]

在城市地区,发展规模经济是可行的,大量具有 500m² 以上的太阳能集热器阵列的大体量住宅开发项目也在伦敦如火如荼地进行着(例如第 18 章的斯托克韦尔案例)。太阳能光热利用的潜力是显著的,在 2001—2006 年期间[7],它在英国的使用增加了 175%。这种快速增长的原因之一是,在规划政策方面,最近引进了现场可再生能源发电的要求(参见第 1 章),及政府补贴计划。[8] 在大伦敦机构(Greater London Authority)的推荐技术清单中,太阳能光热技术排第二位,仅在被动式设计的后面,它无疑将成为城市可

持续发展的一个方式。[9]

光伏

　　光伏材料(PVs)直接利用太阳辐射产生电力。光伏现象于 1839 年由安托万·贝克雷尔发现,但在过去 50 年中,通过不平凡的研究和发展带动了空间和计算机行业并取得了进展。光伏是低污染可应用的技术,当前广泛用于从海洋浮标到太阳能飞行器的各个领域中(图 6.10)。附录 A 提供了一些技术简介。

　　在建筑中,光伏板可用于屋顶和墙壁(图 6.11a–f)、部分的阳光房(参见第 15 章)和遮阳篷。在英国南部最佳朝向是南向,倾角是纬度减去 20°。因此在伦敦地区,达到全年最大产电量的最佳倾角约为 30°。然

图 6.10　太阳能平面

而，还是有很大的灵活性，朝向在南偏东或西 30° 时，倾角在 10°—15° 时，就能够达到最佳性能的 95%（附录 A）。这对城市街道的布局和场地太阳能潜力的优化具有很大的作用。光伏输出有一点遮挡就会显著降低，因此将争取在屋顶上安装光伏板，除非建筑南向墙面相对无遮挡，如在高层建筑中。贝尔法斯特帕克芒特开发项目（参见第 12 章）是一个通过太阳能光伏能源塑造城市空间的例子，这是一个可以量化的例子，其中光伏并网的问题已经实现。

　　当蓄电池供大于求时，光伏系统可连接到电网输出电力给其他用户，而不是储存。在德国，中央政府立法要求，实业公司从光伏系统购买电力，也就是所谓的"进料税"，这相当于 0.5 欧元 1kWh[10]（37p/kWh），相比之下 2008 年平均电价为 0.17 欧元 /kWh（12p/kWh）。光伏产品模数、颜色和种类繁多，可用于外墙和屋顶（例如屋面瓦尺寸就有 2m×4m）。还有一种含有光伏材料的窗户，即能透过可见光又能吸收红外线。

　　某些特定形式的建筑例如火车站可能特别适合光伏应用，因为他们拥有大屋顶，且通常在较开阔的城市空间。在意大利由建筑师扎哈·哈迪德设计的那不勒斯新火车站就是一个例子（图 6.12）。

　　未来很重要的一个问题是采光权如何分配，如果因为未来的发展对太阳能设备产生遮挡，而降低输出功率，那么人们将不会投资光伏和光热设备。

　　有许多不同类型的光伏板，但高品质的是单晶硅，效率为 12%—15%，在正南向倾角 30° 安装时大约能向连接的电网提供的电力为 100kWh/（m²·a）。

成本

　　人们普遍认为光伏产品将变得更加便宜和经济，

图 6.11　建筑中的太阳能光伏板

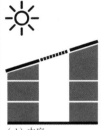

（d）中庭

（a）新西兰国家环境教育中心

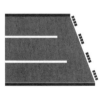

（b）Doxford 太阳能办公楼

（e）带有窗户的倾斜墙

（c）BRE 环境教育大楼

（f）垂直的

但唯一的问题是时间。光伏产品的制造能力迅速扩大，这有助于降低成本。最近完成的 25 个大型光伏一体化建筑（BIPV），为期 3 年的现场实验已经安装结束，基于系统 25 年的使用寿命，成本由 20.9p/kWh 到 £1.85/kWh。去掉两个性能不佳且价格昂贵的系统，剩下的平均成本为 39.1p/kWh。[11]

　　尽管用光伏材料取代屋顶材料有潜在的经济性，新制造的框架式系统仍是最便宜的整体，成本为 5.11

图 6.12 位于那不勒斯 TAV 火车站的 450kWp 太阳能电池阵列示意图

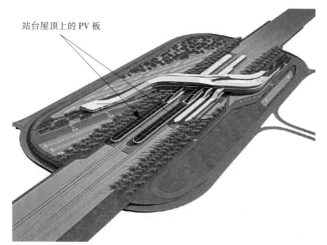

站台屋顶上的 PV 板

图 6.13 不同地表之上的风速分布 [13]

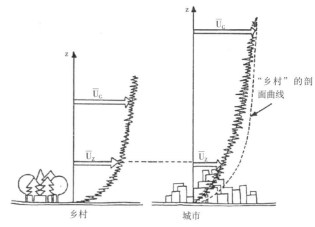

乡村　　　　　城市

英镑 /Wp，而新制造的与瓦集成的光伏系统是最贵的，为 8.28 英镑 /Wp。

风能

随着大型风力发电机在欧洲以及美国的安装应用，大型风力发电在价格上的竞争力日益加剧。可能有人会有疑问：为什么还要考虑应用于城市的小型风力发电？

原因之一是，大型风力发电厂虽然在某种程度上具有美感，但是许多人仍然认为它们在视觉上和听觉上破坏了乡村的环境，比如威尔士如果没有风力发电厂，其环境会更好。而对于海上风力发电厂，不可避免地会产生高额的建设和维护费用，而且还要将发出的电输送给数百公里之外的用户。然而，成功的运营案例已经证明，对于世界上的许多地区而言，风力发电在商业上是可行的，包括英国的许多区域。

当然，在城市环境中应用风力发电需要考虑安全和噪声的问题。尽管如此，城市中存在可利用的风能。问题是，城市里到底有多少风能，而从中又能转换出多少能源？

附录 B 中列出了英国地区的风能分布图，其中在伦敦地区，10m 高度处的年平均风速约为 4m/s。城市环境对风能的影响作用复杂。通常，由于城市不平坦的地表，风速在城市区域会降低（称为风切变作用），图 6.13 为不同地表之上的风速分布示意图。[12] 但另一方面，在部分城市区域这种风速减弱作用可能会因为空气湍流的加强而得到补偿。建筑本身对风力发电机

图 6.14 伦敦 Castle House 上的水平轴风力发电机

也可以起到船桅的作用，使得安装位置的高度和湍流都会比较有利于风力发电。图 6.14 展示了一种风力发电机在建筑上的集成形式，该建筑为伦敦地区一栋在建高楼。[14] 另外一种形式在德特福德码头案例中说明（参见第 18 章）。

小型风力发电机的总效率大约可以达到 15%—30%，考虑到系统损耗，伦敦地区（开阔地带）单位面积风力发电量大约可以达到 150—300kWh/（m² · a）；此处涉及的区域指扫掠区域（参见附录 B）。

图 6.15

（a）垂直轴装置

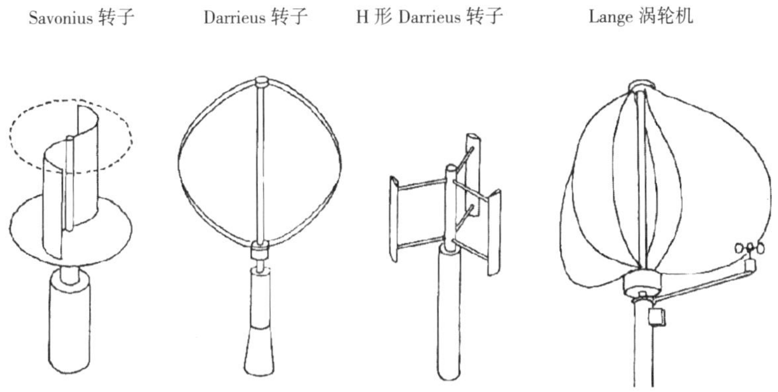

Savonius 转子　　Darrieus 转子　　H 形 Darrieus 转子　　Lange 涡轮机

（b）中国风车

图 6.16　城市中不同建筑类型风力发电

建筑类型

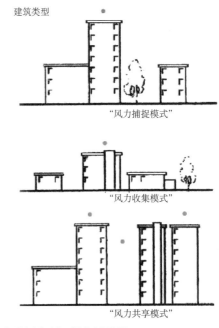

"风力捕捉模式"

"风力收集模式"

"风力共享模式"

● 表示风力发电机可能的布置位置

　　图 6.15a 为几种不常用的垂直轴风力发电机，图 6.15b 为一种讨人喜欢的垂直轴式中国风车。细致观察过货车和公共汽车的人会发现，其顶部有垂直轴式的风力转子用于通风。

　　附录 B 中，表 B.1 对城市风力发电机的不同轴向位置优缺点进行比较，是源自荷兰的一项研究。针对城市建筑类型与风力资源的利用，也有类似研究，将适合小型风力发电应用的建筑分为三类：

　　1. 风力捕捉（wind-catcher）——合适的建筑高度，以及相对自由的流动；
　　2. 风力收集（wind-collector）——较低的建筑高度，更高的表面粗糙度和湍流度；
　　3. 风力分享（wind-sharer）——高风速与高湍流度。

　　图 6.16 对上述三种类型的特征进行比较。显然这些描述有些主观，但是这项研究工作对于评估区域风能资源利用潜力是积极的一步。

　　第一代低成本的可并网风力发电机已投入市场，面向普通屋主。虽然其销售量正持续增长，但是有些方面仍需要考虑与讨论，包括：小型风力发电机的改进，城市市场、相邻建筑引起的湍流，逆变器的损耗，以及较低的维护水平引起公众对安全的担心。

　　未来我们会看到风力发电与太阳能光伏发电的联合系统，以及与建筑屋顶的集成设计（包含简易的维修通道）。风力发电机，无论是否集成了光伏系统，都可能会出现在类似停车场的空旷区域中。关键问题将是外观、噪声以及输出。

地热能

　　地下温度远比空气温度稳定（图 A.3a-b），因此可以利用土地直接作为冷源或者间接作为热源。

　　地下水位于蓄水层中，可以将其抽取出地面，温度达到 12℃，充分利用其自身的冷量（通常利用换热器以防止污染），然后将温度稍有升高的水送回蓄水层。这种技术已在英国许多建筑中应用，包括位于加斯顿的 BRE 环境大楼以及伦敦的皇家节日厅（参见第 8 章），这是一种环境友好型的制冷方法。地下蓄水层在英国

图6.17 伦敦地下水位

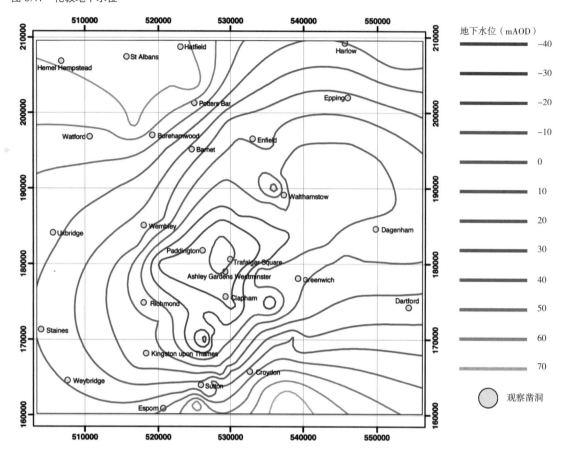

地下水位（mAOD）

观察凿洞

分布普遍（参见附录B），未来我们可以期待这种资源有更多的应用。第18章将介绍20世纪30年代利用地下水制冷的案例，关于如何在伦敦地下钻孔取出蓄水层的水供一个啤酒厂办公室用于制冷。

蓄水层中的地下水，池塘和水库中的地表水，污水管中的废水，甚至土壤本身，这些介质中蕴含的热能，都可以利用热泵进行提取从而实现供热。但是，目前广泛应用的热泵所使用的制冷剂是潜在的温室气体，如果被释放出来，会破坏臭氧层。所以这种技术更光明和长远的未来还有待于新型制冷剂的出现（或者重新利用原来的制冷剂，比如氨）。

奇怪的是，在某些城市，地下水正逐渐成为问题。这是因为与过去相比，现在我们为了工业生产而从蓄水层中抽取的水变少，导致地下水水位不断上升。以伦敦市为例，其地下水水位以每年两米的速度上升，直到2000年因为缺水和为了防止地下水泛滥而抽取地下水（达到每天3000万升），其水位才开始下降。目前正在使用的一个创新性方案是利用这些地下水来冷却伦敦的地铁系统。图6.17显示了伦敦市中心城区的地下水水位变动情况。[15]

地热能[16]同样可以利用，这取决于当地地质状况。比如在巴黎的许多区域，地热能的开采是通过从深度1500—2000m的蓄水层中抽取温度为73℃的地下水，用作热水供应服务。

社区供热和热电联供

在城市环境中，随着人口密度不断升高，对能源的需求也随之上升，因此就有可能在一个集中热力厂中产热，然后通过管道系统将这些热力输送到邻近的建筑物中。过去这叫做区域供热，现在普遍被叫做社区供热。第二次世界大战以后，在英格兰的住房建造方案中，社区供热非常普遍。图6.18a–b是卢贝金设计的住房（他还设计过图6.18c所示的伦敦动物园企鹅池），环形建筑用其高高的烟囱作为供热房和洗衣房（现在是一个社区的会议室）。

城市对电能也有很高的需求，因此，就可以考虑使用一个热电厂来发电以及回收发电过程中产生的余热来提供部分供热负荷。与传统的分散式供电和供热

图 6.18　卢贝金设计的 Priory Green 社区和企鹅池

（a）伦敦 Priory Green 社区一景

（b）Priory Green 社区内的锅炉房和洗衣房

（c）伦敦动物园内的企鹅池

用热电联供技术。

　　热电联供的实际应用情况比较复杂，相互之间的差异来源于多种因素：可用的技术；燃料的价格，尤其是天然气和电；以及二氧化碳产生量。关于热电联供与分散式供热和供电的效率比较已有研究。图 6.19 为一种典型的比较，结果看上去非常清楚，热电联供效率更高，因此是更好的选择。但实际上，许多热电联供方案中热电联供设备只是系统中的一部分，往往还需要城市分散系统提供的燃气和电作为备用能源。出现这种状况有技术和经济两方面的原因。简单地说，如果我们考虑 200 户的新建节能住宅，一年中的大部分时间不需要供暖，但是因为有沐浴和清洗的需求，全年都存在热水需求。因此，应该按照热水负荷来选择热电联供设备的容量以保证达到最大的运行时间（一般的规则是保证系统年有效运行时间达到 4000h），而并不是按照供暖和热水的总负荷来选定设备，从而避免了投入过高和容量浪费。备用能源来自城市分散式供燃气系统。热电联供设备同样也不是基于最高用电负荷进行设计的，而是采用城市电网作为备用能源（同时可在区域电力需求少时向电网供电）。因此对一个真正的热电联供系统而言，大约 40% 的供热负荷和 57% 的电力负荷来自热电联供设备，对于热电联供与分散式供热和供电的比较应考虑来自市政电和天然气的备用能源。这种系统的分析见图 6.20，其一次能源效率大约达到 65%。

相比，热电联供所产生的二氧化碳更少，从而具有显著的环境效益。

社区供热与热电联供

　　社区供热与热电联供（CH/CHP）已经在格林尼治千年村（Greenwich Millennium Village）和皮博迪零能耗发展项目（Peabody BedZED）中得到应用（参见第 15 章）。其他重要的创新包括沃金（Woking）在镇中心建设的社区集中能源系统，其中应用了热电联供、蓄热以及吸收式制冷技术。[17] 如果项目具有混合使用功能，负荷变动特征以及一定的基本负荷，就适合应

　　第 11 章中针对库珀斯路住房项目的一期和二期，

图 6.19 热电联供与独立热、电生成系统的对比

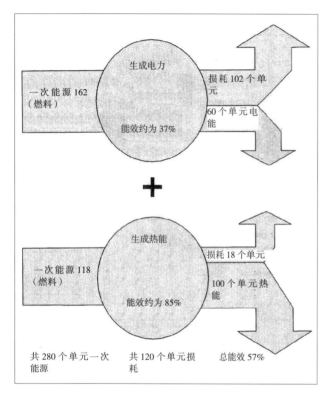

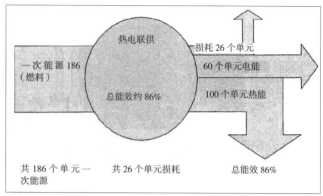

对社区供热和热电联供系统的可行性进行了分析（参见第 11 章）。四个庭院都被填满，设备机房都布置在最接近住宅区的角落，以减少连接建筑和设备机房中锅炉和热电联供单元的管道。每个庭院内均有大量管道通至住户。

整个 154 户采暖和热水的能源需求约为 1103334kWh/a，电力需求约为 349863kWh/a（参见图 1.6 注释）。可考虑的能源方案如下：

1. 独立的燃气锅炉满足每户采暖和生活热水需求，城市电网供电。
2. 热电联供系统中的燃气锅炉满足部分采暖和生活热水需求，热电联供系统产生的电用于公共区域或设备（如走廊和室外灯光，中央热泵系统），多余的电卖给电网。每户由电网供电。

基于热水负荷来确定热电联供系统的容量（70kWth，35kWe），根据实用性、设备容量以及费用等标准，选择传统的往复式发电机。

上述系统大约可以提供全年热负荷的 40%，以及全年用电量的 57%。与每户设置独立的锅炉和常规的电网供电相比，热电联供系统每年可以减少二

氧化碳排放 18000kg。由于单独的热计量需要较高的费用，这些统计数字没有基于单独的热计量，由此得到的数据是一种相对乐观的结果，实际能耗将比现在的高。

据估计，热电联供系统的增量成本为 200000 英镑，因此每年每千克二氧化碳的减量成本为 11.10 英镑。这些数据与其他技术的比较可见图 6.23。总的经济性分析计算是基于将电卖给当地电力供应商，相应的在税收和价格上并不占优势。如果系统管理方将电直接卖给用户（假设剩余的电充足），资金收益将会提升 [18]；这种方式有时被视作"专线电路"。尽管如此，据估计其回收周期可以达到 6—7 年。如果上述运行方式得到批准，回收周期可以更短。

上述讨论引出了不少问题。热电联供系统将在低二氧化碳排放方面具有明显的环境效益，但实际上这种效益并没有估计中的高。一个方面是因为在管线系统中的热损失很大，另一方面能源还需要依靠泵来进行输送。餐饮业内有种说法，厨房与餐厅越近，做出来的食物越好。类似的道理在这里也适用，讨论的核心在于如何将燃料能源转换为热。通过管道输送燃气到各户，然后将其转化为热水，即是这种思路的体现。

展现在我们眼前的是热电联供系统的优点和作用，但是随着建筑设计水平的提高，能耗越来越低，保证系统运行时间以及使系统高效率和低费用的运行愈加困难。与其他能源形式同样也存在潜在的冲突。如果使用了太阳能热水系统，就会与热电联供系统直接地争夺热水负荷。不同供应形式之间的竞争将会导致系统经济性变差。

图 6.20　Coopers Road 房产的能源均衡情况

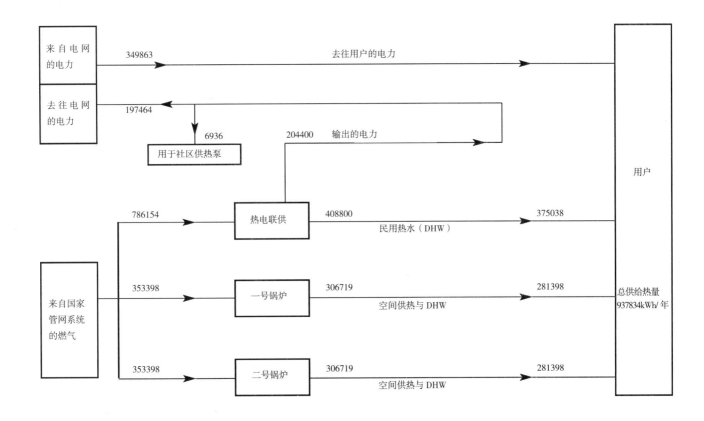

与许多分散式的小型设备相比，热电联供系统的中央设备可在未来转为使用替代性的燃料，如生物质或者废弃物（参见下文）。由此可能节约设备空间以及减少设备维护，或者至少便于集中控制和管理，这对于房主（landlord）以及租客（tenant）都有很大的好处（参见第 11 章）。

很明确的一点是：应用热电联供的场所需要进行仔细的评估。同时，随着建筑设计水平的提升导致的能耗下降，设备效率提高，以及其他方面因素。当前越来越强调能源供应系统要与能源需求一致。与城市电网供电相比，热电联供系统在供电方面就更好地做到了这一点，但同时也带来了另一个问题：如何有效地处理废热。密集的城市环境具备一些优势，比如可以将输送管线布置在走道或者地下空间中。这将减少管道的费用，降低潜在的热损失（至少损失的热量有利于加热其经过的空间）。

当前新技术具有发展的机遇，这将使得不同形式之间形成竞争。最常用的热电联供设备是燃气驱动往复式发电机，但是技术的不断发展意味着新型的、具有商业可行性的热电联供设备将会在现在或者未来出现。它们有时被称为微型技术，包括燃料电池，微型

图 6.21　一种（简化的）光电磁（PEM）燃料电池

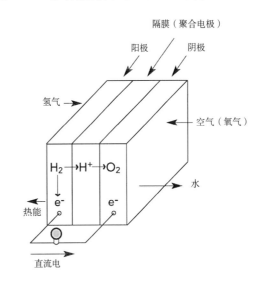

发电机（以燃气作为能源）和斯特林机（参见下文和附录 A）。

燃料电池

如果按照燃料类型来划分，燃料电池有许多种形式（详细内容参见附录 A），但是我们最感兴趣的是使用氢能的电池，其与氧的结合可以产生直流电（参

见"术语表")和水,并在此过程中释放热,因此这种电池可以用作热电联供设备。图 6.21 是一种常见的质子交换膜燃料电池示意图。氢由阳极进入,氧化剂位于阴极。阳极和阴极都涂上了铂催化剂,两者之间是电解液,一种类似特氟龙的聚合物膜。在阳极,氢释放质子(H⁺)和电子(e⁻),在阴极,氧、质子和电子形成水。

早在 1839 年就有对燃料电池的记载,但是只有美国国家航空航天局(NASA)对其进行了长期的研究,并在太空任务中运用了燃料电池,且目前仍在使用。NASA 发展燃料电池的主要原因在于认为燃料电池比核能更安全,并且可以产生适于饮用的水。一般而言,燃料电池的优点包括:没有机械运动因此几乎没有噪声,高效性,几乎无任何污染;而其目前的不足之处主要在于:成本高,需要使用氢作为燃料(详见下文)。

目前对燃料电池持乐观态度的部分原因在于:燃料电池是构成全面的氢能源(包括适当的原料、基础设施、用户)的一个不可或缺的部分。这个全面的氢能源能够以一种有效的、低污染的、有成本效益的方式连接建筑与交通运输、太阳能和风能、城市和农业废物。图6.22 显示了这个方案的一些基本要素。我们有可能看到的是同时使用了多种能源资源(如光伏、风、生物质)。

与其他燃料一样,氢也有其固有的危险:可以燃烧,能够形成爆炸物。氢不是一种普遍使用的燃料(虽然在第二次世界大战时期的英格兰,公共汽车所用的民用燃气大部分是氢),它的特性,尤其是使用上的特性,要求对其进行进一步的研究以保证使用的安全。尤其是将氢应用于交通运输系统中,因为与静止的建筑物环境相比,交通运输过程中的运动能够产生更加复杂的环境。例如,补充注油就是研究的重要内容,但是燃料电池本身是很安全的。

氢可以以压缩气体的形式存储在专用的合金储罐中,也可以存储在碳基材料制罐中,碳基材料的优点在于其材质轻,这一点在交通运输的运用上很重要。

图 6.22 "氢"经济概况图

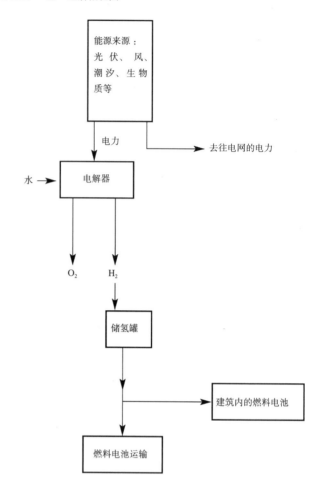

再生的燃料电池,即将电能转化为化学能然后再恢复成电能,也有可能成为基础设施中存储元件的一部分。氢能源的存储可以解决一些能源资源的易变性问题,如一些依赖于自然环境的能源资源——太阳能、风能。例如,还可以将白天的光伏电池发的电存储下来供夜间照明使用。

燃料电池正广为运用。一个 200kW 的电池所提供的电量可以供纽约中央公园的警察局使用,另一个容量相当的燃料电池已经在伦敦西南部的沃金镇(Woking)一个带游泳池的娱乐中心安装使用。[19] 辅助加热来自锅炉,而备用电力来自电网,当电量过剩时还可把多余的电送回到电网。这种在建筑中使用能源的方式(同时使用电和热)是不存在热电转换损失的,因此是建筑热电联供最有吸引力的一个特征。但是,目前尚不清楚的是使用燃料电池的成本是否比其他环境友好型的技术更具有竞争力,而且如表6.3 所示,专家们也未作评价。

燃料电池用作集中建筑群的热电联供设备可以使那些高密度和紧凑型建筑的输送成本降低。另一方面，燃料电池也可以是分散型的，如果它们能够替代传统的锅炉，就能得到安静的环境，这将是一种革新。但是我们需要权衡：在这种情况下，需要对热与电都有需求，且设计良好的建筑和城市对热电的需求更少。

废弃物

未来可持续的废弃物政策可能包括循环利用（参见第 9 章），制作堆肥，以及从废弃物中回收能量。

目前，在很多大规模的焚化厂中，废弃物被用作一种能源资源。英格兰在战后，开始建造大量住宅区，工程师经常考虑将焚烧炉作为社区集中供热方案中的供热源。从本书图 1.6 中，我们可以看到能源在家庭废弃物中所占的比例是很大的。当然，由于废弃物的循环利用，它的这种用途将会减少。

出于设计不好及管理不善的原因，废弃物焚烧会导致产生二噁英排放到大气中，并且废弃物焚烧也是对物质资源的损耗，因而遭到批评。现在出现了其他一些替代废弃物焚烧的技术，如热裂解（参见"术语表"）和气化。[20]

在英国，大部分的废弃物都被填埋。有些项目中这些废弃物厌氧降解所产生的沼气被收集用作一种能源资源。下水道的污泥也可以用消化器处理产生沼气，这些沼气又可以经过燃烧后产生绿色电能。

在德国弗赖堡市的 Vauban 被动屋，厨房和花园的有机废弃物，以及人的排泄物被用来在消化器中处理产生沼气用作厨房用气。[21] 一个类似的装置已经在瑞典的马尔默的 Bo01 安装使用（参见第 16 章）。

当考虑到从废弃物中提取能源，还要意识到废弃物分类这个重要的因素：定型的能源和原材料本身较之提取出来的能源更有价值。在第 9 章中可以看到关于废弃物分类更多的讨论。

生物质

生物质指的是为建筑或交通提供能源的植物原料。关于生物质能，其令人惊讶的特征便是能够相对快速地生产。如果考虑到 1000kg 的干生物质与 400kg 的原油含有相同的能量[22]，我们就会发现生物质的潜力。

生物质能被认为是二氧化碳中性的，因为生物质的燃烧不会造成大气中二氧化碳净含量的升高。这是由于这些作物在生长过程中能够吸收二氧化碳。但另一方面，生物质能在生产和运输过程中需要消耗化石能源，因此在严格意义上讲仍然会有一定的二氧化碳排放。

对于采暖，已有山毛榉、柳树以及木屑等来自农场或城市区域的生物质能得到应用（参见第 15 章）。最近在英国，一些外来的生物质能引起了人们的兴趣，比如由葵花籽和油菜籽提取的植物油，对芒草的测试也已展开。利用生物质能作为燃料电池的研究也在进行中。[23]

由生物质能取代化石能源所节约的一次能源量可见表 6.2，关于生物质能与其他替代能源的成本对比可见表 6.3。

也许有人会问，对于我们城市的供热和供电，生物质能是一种合适的能源吗？在高密度的城市区域中，应用场所附近不可能再有拓展利用的土地（$1.9hm^2$ 的库珀斯路项目需要 $9.4hm^2$ 的芒草地来满足电力需求[25]）。同时还需要储存和燃料处理的空间，这些在城市区域通常会产生额外的费用。另外，生物质燃烧过程产生颗粒物的潜力正在增加，这实际上加重了城

生物质能的能源特征[24]		表6.2
类型	生物质能相对于化石能源的一次能源节约量kWh/（$hm^2 \cdot a$）	取代的化石能源
菜籽油	10300	柴油
柳树	19500	轻油
芒草	41700	轻油

市空气污染。短期内，生物质能并不是能源危机的解决方案。据估计，对于欧洲地区在不影响粮食供应的前提下，生物质能仅仅可以提供整个欧洲能源需求的10%—15%。[26]

能源措施分级

　　面对这些能源选择，应该把资金投向哪里？一般而言，人们利用环境友好型的能源实现较低的能源需求，期望达到经济上的平衡。一个非常简单的方法是

未来发电成本估计[24]		表6.3	
技术类型	2020年成本（pence/kWh）	估计范围	估计排名
太阳能光伏	10—16	13	7
陆地风力	1.5—2.5	2.0	1
海上风力	2.0—4.0	3.0	3
生物质	3.0—4.0	3.5	4
潮汐	3.0—6.0	4.5	6
燃料电池	未知		
热电联供	1.6—2.4	2.0	1
微型热电联供	2.0—3.0	2.5	2
核能	3.0—4.5	3.8	5

利用类似图 6.23 的数据进行指导。

　　这些数据存在许多欠考虑之处：全生命周期的成本更有意义；可能达到规模效应；市场成本固定等等。然而，这只是一个开始，更深入的修正将会随后展开，也需要做更多的工作。节能措施也将会降低散热器和锅炉的尺寸。

　　上述数据可以与能耗以及二氧化碳排放量分析结合，用于选择环保且经济的策略。如图 6.24 所示，需要保持两条可见的成本曲线。从图 6.24 中的左端开始，首先使用节能措施。然后，节能措施由于回报减少变得越来越贵，在两条曲线的交叉点，就会转向

图 6.23　降低二氧化碳排放量措施的大约经济成本

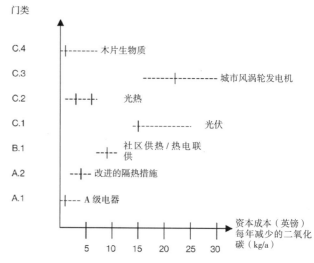

图例
A—表示降低能源需求；
B—表示改变功能方式但仍然使用化石能源；
C—表示提供能源

图 6.23 注释
　　使用如下设定：如果一个项目花费 100000 英镑，每年减少二氧化碳排放 10000kg，每年减少每千克二氧化碳的成本是 10 英镑。排放系数如下：0.47kg 二氧化碳 /kWh（电力），0.19kg 二氧化碳 /kWh（燃气）。为了比较，假设周期为 20 年。
　　许多项目不需要进行严格的比较，因此需要注意。光伏发电有直接的资金支出，但是对于社区供热 / 热电联供系统，两种成本之间存在差异。水平虚线表示估计的大致范围，垂直线和水平线的交点表示下文所述的分类。
　　A.1　基于 6.4ft³ 的冰箱，基准能耗为 230kWh/a，改良的能耗为 153kWh/a，对应的点：0.5。
　　A.2　额外的隔热，例如将隔热层由 100mm 增加到 150mm，屋顶隔热由 150mm 增加到 200—300mm。对应的点：3—4。
　　B.1　由单独的锅炉供热和城市电网供电转为热电联供，而锅炉和电网作为备用能源。对应的点：11.1；基于本章讨论的库珀斯路项目。热电联供系统的运行和维护费用可能更低，但是由于不确定性太高，此处未考虑。
　　C.1　单晶硅太阳能光伏系统安装成本：715 英镑 /m²，基于参考文献 13。假设每年输出 100kWh/（m²·a），减少二氧化碳排放 47kg 二氧化碳 /（m²·a），对应的点：15。
　　C.2　低点 2 表示大的太阳能屋顶，高点 6 代表普通家庭用系统，大约 4m² 的集热面积，成本 2000 英镑，包括热水箱和控制设备。
　　C.3　伦敦中心，小型规模，范围比较大，约为 15—30 或以上。对应伦敦中心 2.5kW 的屋顶风力发电机；估计成本为 1300 英镑 /m²，估计输出为每年 120kWh/m²，对应的点：22。
　　C.4　城市郊区，具备游泳池和剧院的混合使用功能场所。由 1250kW 的燃气锅炉改成 2 台 500kW 的木屑锅炉，配 1 台 300kW 的燃气锅炉辅助，额外费用为 150000 英镑。每年减少二氧化碳排放 326000kg。维护和燃料费用未计入，对应的点：0.5。

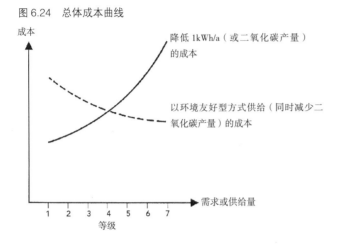

图6.24　总体成本曲线

成本

降低 1kWh/a（或二氧化碳产量）的成本

以环境友好型方式供给（同时减少二氧化碳产量）的成本

需求或供给量

等级

以环境友好方式提供能源的措施，并持续进行（直到资金用完）。

能源的未来及其对设计的指导

在 20 世纪的大部分时间里，能源供应业主要集中于发展大规模电厂，这些电厂主要用石油或者核能通过一个中央集中控制的电网来发电。当今环保主义观点（其中有些已在上文中提及过）支持向太阳能型社会转变，在这种新型太阳能型社会中，能够因地制宜，以一种更分散的方式提供可再生的能源来满足我们的需求。当然，作为一个新的正在落实的体系，这种转变需要考虑经济以及社会所关注的事物。这个体系还要同时考虑能源需求的下降和能源的供应。

在这个转变过程中还存在着很多未知因素。首先就是能源是就地供应还是远途运输供应，结果是二者兼有，只是每种方式所占的比率是未知的。远途发电存在 7%—8% 的运输损耗，这个比率是很高的，但是未来随着技术的发展（比如说超导电电缆），这一运输损耗比率可能降低。另外，城市的空间是有限的，因此可以在城市之外收集能源（比如风）和加工物料并从中提取能源资源（比如废弃物、生物质）。

以上介绍的这些新的能源资源，从太阳能、风能、水能（波和潮汐）到垃圾填埋地、沼气、小规模的热

电联供、生物质等，这些都可以看做"嵌入式"的发电机，因为它们都可以就地取材，而且没有被那些拥有电网的跨国公司所运营。

在城市里，我们将看到不同的能源资源彼此相互竞争的情况，而我们会根据当地的环境和成本考虑选择使用哪种能源。更多情况下，我们可能看到的是不同的系统平行运行，带有辅助锅炉的燃料电池就考虑了不同季节和昼夜对热电的不同需求。当巧妙的设计能够减少对能源的需求时，可能利用一个小型的带锅炉的系统能更好地满足低能耗的需求。

那么，现在城市设计师、建筑师、工程师应该怎么做呢？他们应该在令人激动和不可预测的未来做一些更为灵活的设计。在 21 世纪，建筑物有可能会经历 3—4 个能源供应系统（本书的作者所居住的 19 世纪的房子在 120 年间已经历了这些）。从实用性上来看，这就意味着在城市规划时要考虑到太阳能，安排服务分配和城市空间的分配（即使其不被建造），同时包括集中的建筑资源和分散的建筑资源。同时考虑上部空间的分配，以使其可以自下而上或者自上而下地提供服务，例如太阳能光伏发电和光热利用。没有什么比这更简单。

能源与运输

在未来的十年左右时间，我们期待看到目前的内燃机技术能够持续改进，这样能够改善燃料消耗和环境污染；同时，我们将会看到更多的有轨电车。根本的期望是能够找到新的解决方案，首先是电动交通工具，其次是燃料电池动力交通工具能够广为应用，有利于减轻城市的交通堵塞和交通带来的环境污染问题。

现在，低排放汽车已经有所应用，但是其发展却受制于电池技术（第 3 章有更详细的讨论，第 15 章有电动汽车应用的例子），燃料电池汽车所涉及的技术与本章前面讨论的建筑物使用的燃料电池技术基本相同，只是需要解决在运动环境下燃料电池带

来的问题。汽车制造商开始与一些石油公司合作，研究氢燃料电池，尤其是储存技术。但愿燃料电池在建筑上的创新应用能够通过规模效应降低成本，进而引导燃料电池在交通运输上的应用。这样，就可以利用可再生能源的优势，显著地降低环境污染水平。

作为欧洲洁净交通欧洲创新行动的一部分，包括伦敦在内的 9 个城市，参与试用了燃料电池公共汽车。[27] 这次尝试非常成功以至试用期延长了一年，还有一些城市包括北京和珀斯（澳大利亚）也参与了这次行动。

最通用的燃料选择可以是具有革新意义的替代性燃料，自身能够产生氢气，通常是甲醇，或者是依赖补充站直接向其提供氢气。后者需要基础设施的建设，以及充足的机动车用户来保证其经济性。伦敦仅有 60 辆氢能机动车用于公共服务，包括货车、汽车、摩托车，甚至一辆叉车。[28]

不列颠哥伦比亚省（British Columbia）正在发展一个初步的氢经济，该地区的"氢能高速公路"从维多利亚海岸延伸到惠斯勒的山脉，沿途布满氢补充站点，以及固定式和便携式燃料电池应用展示，从中可以看到氢燃料电池技术的实际应用。

另一个极具潜力的、能够影响城市形态的领域是光伏发电，光伏发电能够在需要的地方，甚至需要的时间进行使用。在我们复杂的未来城市，交通与建筑将是另一个联系。因为光伏发电，我们将能更自由地呼吸。

信息技术

信息技术使得可持续城市成为可能，大体上，我们可以看到信息技术在两个方面发挥作用。

1. 系统和部件控制；
2. 为用户提供信息。

控制

信息技术当前已紧密用于建筑工程系统控制。简单地说，信息技术可以保证在需要的时间和地点，以需要的量向建筑供能。此外，天气预测技术将在建筑和交通系统中发挥越来越重要的作用。

信息技术的应用将越发广泛。未来我们会看到低成本、可追踪太阳的能量收集装置，也会看到如混凝土块之类的常规建筑材料包含信息技术，同时如玻璃之类的组件可以对环境状况的改变作出反应。

在交通系统中，信息技术将能够保证公共交通比私人车辆取得优先权，以及使自行车和步行得到更安全的路线。最近一项提议建议设立精密的本地天气监控系统，以保证在下雨时给予行人和骑自行车者优先的交通信号。总体上，这些技术发展将使得能源更高效的产生和利用并降低二氧化碳排放。

为用户提供信息

在设计阶段，基于本地信息的详细数据库将有助于设计者作出更好的选择，包括城市形态（如第 1 章所述）、材料选取、自然能源选择等。信息技术使预测和监控性能成为可能。

信息技术使人们能够参与设计过程，并使设计的用户了解到系统的状态，无论是人工的或是自然的。这包括如下数据：空气质量（参见附录 C）、能量储存、储水量、光伏板发电量、耗电量、房屋正门与街道的安全、下一辆公共汽车上的剩余座位、汽车短租服务状态、循环结果、城市里任何时刻鸟的种类数目，以及许多其他的信息。这让个人和社会对我们的环境以及如何提高环境质量形成更清楚的认识，因此可以增强教育和刺激作用。信息技术也能让居住者更加有效地控制环境。

最后，信息技术将能够改变社会形态，比如视频会议能够减少差旅活动，无论城市和农村地区都能得到充足的信息。

指南

1. 太阳能设计对城市与建筑形式都会产生影响。
2. 保持方案开放。在设计场地与建筑时，考虑日后可变。在项目的整个生命周期中，至少要使用3—4种能源形式。
3. 同时分析需求与供给。降低能源需求具有环境、经济以及其他益处。
4. 可再生能源的集成利用，从太阳能光伏到风能再到生物质能，有望成为大部分城市的未来利用方式（包括城市周边区域）。
5. 基于热电联供的社区集中供热在许多应用方面起到重要作用。
6. 燃料电池能够无污染地提供热和电。它们将是未来氢经济的重要部分。
7. 我们的废弃物是一种重要的潜在能源，不能够忽视。废弃物的处理会产生许多影响，包括土地利用以及健康。
8. 能源与交通是相关的，因此应该联系起来考虑。
9. 从设计到市民的舒适与安全，信息技术与可持续城市的方方面面紧密相连。

拓展阅读

Boyle, G. (2004) *Renewable Energy: Power for a Sustainable Future*, 2nd edn. Oxford: Oxford University Press.

Department for Communities and Local Government (2004) *Planning for Renewable Energy: A Companion Guide to PPS22*. London: TSO. Available: http://www.communities.gov.uk/documents/planningandbuilding/pdf/147447

Greater London Authority (2004) *Green Light to Clean Power: The Mayor's Energy Strategy*. London: GLA. Available: http://www.london.gov.uk/mayor/strategies/energy/docs/energy strategy04.pdf

London Energy Partnership (2006) *Towards Zero Carbon Developments*. London: LEP. Available: http://tinyurl.com/2tpr4k

Royal Commission on Environmental Pollution (2000) *Twenty-second Report: Energy – the Changing Climate*. London: RCEP. Available: http://www.rcep.org.uk/newenergy.htm

Royal Commission on Environmental Pollution (2004) *Biomass as a Renewable Energy*. London: RCEP. Available: http://www.rcep.org.uk/biomass/Biomass%20Report.pdf

Thomas, R. (2001) *Photovoltaics and Architecture*. London: Spon Press.

Town and Country Planning Association (2006) *Sustainable Energy by Design*. London: TCPA. Available: http://www.tcpa.org.uk/downloads/TCPA SustEnergy.pdf

（上述网站访问时间：2008年2月2日）

第7章 材料

萨拉·罗伊斯

引言

仅占世界陆地面积 2% 的城市所消耗的地球物质资源超过了 75%。[1] 不断优化和扩张的城市环境对现有建筑物、道路、景观的创新与升级提出了更高的要求（全球约 40% 的原材料流动发生在建筑业[2]）。在英国，建筑材料的生产占据了全国二氧化碳排放总量的 5% 以上[3]，而且还有 5% 的碳排放是在其运输过程中产生的。[4]

如果继续按这个速度消耗材料，我们就可能对环境产生不可逆的破坏。因此，我们一定要在我们的城市中改变管理物质流动的方式。本章的目的是寻找使我们能够设计和建造更多环保城市的方法。此外，由于全球气候变暖而对未来气候产生的不确定因素将对我们的城市环境提出挑战，仔细选择材料将帮助我们适应与保护未来的城市。幸运的是，设计师、制造商和开发人员已经开始研究材料效能、可替代材料和新的生产技术。但是，基于诸多因素（有时相冲突），该从何处着手呢？现就一些主要的考虑因素概述如下。

材料的选择

传统材料的选择是基于一些因素，如当地的可用性和功能，而如今市场的全球化和廉价的交通运输为设计师提供了更多的选择余地，可以从大量的材料中基于时尚、外观和成本进行选择。然而，最近一些供应链对环境的影响已经显现，并已显示这种方式是不可持续的。

选择可持续材料的主要标准是：

1. 适宜性，从性能、外观、便于维修、寿命和成本角度考虑。

2. 经济成本，包括资本和运营维护。

3. 开采材料对当地环境的影响，例如砍伐、采石等。

4. 对全球环境的影响，例如二氧化碳的排放量和有限的资源枯竭。

5. 材料的加工和使用对健康产生的危害。

话说回来，基于适用性的材料选择对所有人都是很熟悉的：在温暖的天气，人们选择轻薄透气的面料，如亚麻布，以帮助保持人们的凉爽；如果是天气寒冷或者下雨，一件羊毛衫或防水夹克则可能是着装的首选。

通常情况下，一些材料符合选择标准，然后再根据其成本作出决定。然而，人们还应该考虑如何使用材料，以及它对营运成本的潜在影响。全寿命成本[5]（WLC）是判断最佳综合经济价值的一种方法。例如，对更昂贵、更高性能的保温材料进行投资，实际上与一般的保温材料相比，可以减少因加热而消耗的能源。

比较建筑物固有能量与其运营能耗也是很重要的。许多建筑物在其使用的全生命周期内消耗的能量比它们本身含能大得多。尽管如此，将来，随着节能措施成为常态，耗能量（迄今很少受到关注）将在整体能源"预算"中占据越来越重要的部分。

烧结材料，如砖块和黏土瓦，由于是干燥窑烧制的，故其具有很高的耗能量。而由于运输的能源消耗，进口材料比本地采购的具有更高的耗能量。一些材料主要的消耗能（以 GJ/t 计）在附录 G 表 G.1 中已给出。

两种或两种以上材料的恰当比较应该考虑到材料

图 7.1 羊毛隔热和羊

在开采、加工、运输、使用、维护以及最终废弃等过程中的能源消耗。生命周期评估体系[6]（LCA）用以评估材料在其生命周期内的能源消耗并分析在何时何地会对环境产生影响。

关键材料
木材

被看做最环保材料之一的木材是一种有机的可再生资源，如果是在本地砍伐的木材，它仅需要少量的能源消耗来加工。但是，木材的生长地和使用地往往在不同地域；英国建筑业所使用的 55% 的软木来自英国本土，45% 来自海外，主要来自斯堪的纳维亚半岛。[7]随着英国住房市场预期的增长，对木框架建筑物的需求预计将增加，可持续的木材采购将变得越来越重要。

森林砍伐和非法伐木是更大的问题。有研究结果表明，森林退化和土地用途的改变对大气中每年人类造成的碳排放的 25% 负有责任[8]，根据一项世界野生动物基金会的报告，英国高达 26% 的进口木材是非法的[9]，正在努力采取措施使木材产品合法化或者可持续，从而来阻止非法木材的进口。一系列的认证方案已经建立起来，以确保伐木业正规的运营，而不会

导致生物多样性和栖息地的丧失。问题是确保产品均来自正规的运营公司，并且对可疑来源的木材产品经过了多次的讨论后，方可取得"生态标签"。认证方案包括森林管理委员会（FSC）和森林认证体系认可计划（PEFC）[10]以及其他方案，这些均能在"术语表"中所找到。

在木材的使用周期内，要考虑在未来环境中会出现的情况。例如，研究发现，对木制门窗（超过 60 年的生命）的所有影响中有大约一半是在维修和废弃过程中出现的。[11]研究提到了对耐久性的关注，提供了一些对木结构规范发展趋势的解释和其保护方法。如果要使木材作为一种长期可行的材料，需要更多这方面的研究。

其他材料

其他有机隔热材料包括羊毛（图 7.1）。据称它对环境的影响比矿棉低得多，而且已有很精确的导热系数（$0.04W/(m \cdot K)$）[12]，也能够适应潮湿的环境，有时也会用于建筑中。缺点包括需要对羊毛化学处理以防止螨虫的侵袭，并降低火势蔓延的风险。

最近，在建筑物中使用天然植物纤维，如亚麻、大麻和纤维素也多了起来。位于英国萨福克郡索思沃尔德的 Adnams 公司的瓶店是英国第一个使用石灰麻建造的商业建筑。用大麻纤维填充的双层砌块墙（图 7.2）因其具有高蓄热性和低内能而被选用。麦秆，来自小麦的废置品，正引起一些兴趣。麦秆草捆有很好的绝缘隔热性能，已经被当做"建筑砖块"使用。但是易受啮齿目动物的攻击，所以仍然是一个问题。

混凝土

混凝土是使用最广泛的建筑材料之一，主要因为它能增强与钢筋结合的结构特性，而且还因其具有保温和隔声的特性。图 7.3 显示了在英国建筑环境研究所的混凝土楼板/吊顶建筑的通风路径与蓄热相结合，以利用其进行夜间冷却。[13]

图 7.2 大麻纤维填充墙

图 7.3 环境建筑中混凝土施工，显示空气进入方向

　　然而为获取混凝土而使用的配料会对物质环境产生影响，水泥的耗能格外引人关注。1990 年以来，混凝土行业在能源利用率方面已经提高了 25%，但令人震惊的是全球 8% 的二氧化碳排放量仍然来自当今的水泥生产。[14] 称作"生态混凝土"的替代品将包括燃料粉煤灰（PFA）和地面颗粒高炉矿渣（GGBS）[15]——全部来自电力发电的废品——可以作为 50% 水泥混凝土配料的替代品。研究表明，这些分别可以减低 15%—20% 和 35%—45% 的二氧化碳排放量。[16] 然而，缺点是混凝土生产时间加长，因此需要较长的建造时间。

　　在德国，透光混凝土是一种正处于开发过程中的相对较新的产品。由匈牙利建筑师阿龙·洛松济（Aron Losonczi）发明，这种名为 Litracon[17] 的混凝土材料是由光学玻璃纤维组成的，光可以从材料的一边传到另一边（图 7.4）。通过使用不同直径的光纤（从 2μm 宽到 2mm），可以实现不同的照明效果。[18] 由于采光性良好，这种半透明材料用于隔墙可使建筑内部空间即使不与室外靠近也能够获得自然采光。

　　自洁混凝土是另一种新的、令人感兴趣的产品。

当加入到混凝土里的光催化剂暴露在紫外线下时会使这种产品具有很高的活性，并可以分解混凝土表面的有机材料，例如灰尘、空气中的污染物和一氧化二氮。研究表明在城市里，例如米兰，在道路和建筑物表面覆盖 10%—15% 这种材料可以减少 40%—50% 的空气污染。[19]

金属

　　金属在建筑业中的使用是很广泛的，举几个例子，如结构框架和混凝土的配筋、铁轨和桥梁以及避雷装置和电缆等。

　　生产 1 吨的钢材所消耗的能源大约是 5500kWh（大概相当于一个普通英国家庭每年的电能消耗），而且这仅仅是冶炼过程；一个完整的生命周期评估包括原材料的开采（铁矿石、煤炭和石灰石）、运输和生产，这些将会给予更高的数值（附录 G 给出了其范围在 8500—16500kWh 间）。钢材使用需注意一个事实便是钢材是 100% 可循环使用的，虽然在重新冶炼的过程中会消耗能源，但随着每次的重新利用，它的综合能耗都在下降（在英国钢结构产品的循环使用率是 94%[20]）。当然，如果材料在使用时没

图 7.4　使用 Litracon 材料的建筑物；阳光有效地穿透墙体

图 7.5　在康沃尔伊甸园的四氟乙烯建筑

透光性以及保温上具有优势。图 7.5 显示了 ETFE 在康沃尔伊甸园项目中的使用情况。这里由于轻型镀层材料的高耐久性、良好的绝热性能和透光性而被选用。

另一个有趣的创新是结合光伏（PV）玻璃电池，它将提供发电和斑驳阴影的双重功效。该系统的优点是适合标准的门窗型材，通过不同的电池间距改变透光率（参见图 6.11a）。

有深度重处理，它的能耗会更低，如贝丁顿生态村（参见第 15 章）。

玻璃

随着技术的不断发展，出现了许多多功能玻璃系统，例如氩气填充或含有排放层的、能选择性透射光的、有低辐射涂料和自洁功能的单层或多层玻璃窗。对比玻璃窗的全生命周期评估和全生命周期成本，我们认识到每个功能所提供的环境效益和经济效益是很重要的。例如，太阳反射玻璃窗可以减少内部空间太阳能的获得，从而达到凉爽的要求。然而，涂层也能减少日光渗透的强度，这将增加对人工照明的要求。

新的，半透明材料如 Kalwall 和四氟乙烯（ETFE）与传统的玻璃材料相比，在重量、成本、

新材料

相变材料（PCMs）可以对重质蓄热材料提供类似的效益。它们通过改变物理状态挖掘材料的潜伏热效应而达到蓄热的作用。

对于建筑的应用，典型的化合物 PCM 的熔点为 22℃。在熔化阶段，它将房间里的热量吸收并储存起来。当室内温度下降，它重新凝固并释放热量到房间里（热量存储的益处已在第 5 章讨论）。PCMs 具有很高的能量存储密度，这意味着仅需要较少的材料就能达到其他热效应材料的效果。例如，混凝土有约 1kJ/（kg·K）的比热容，然而，研究表明，一些 PCMs 与同体积的

图 7.6 "斯托克韦尔制造"的工地废渣分离

混凝土相比,可以储存高达 200 倍的热量。[21] 不过,关于有机 PCMs 的易燃性和有毒性令人颇为担心,目前尚处于研究阶段。一系列的试验项目正在进行并被密切关注。

材料废弃物

在整个建设阶段中减少废弃物是学习反思建设的一个关键信息。[22] 在英国,超过 90% 的非能源矿物被开采用于建筑业的原材料。每年约有 700 万吨的建筑及废弃材料和土地最终成为废弃物,其中 130×10^5t 未被使用就被废弃了。[23]

英国政府正与建筑业携手合作,考虑通过减少废弃物、材料再利用和循环的办法,到 2012 年,实现将填埋场中的废弃物减少一半的目标。[24] 这些目标的成功关键取决于正确的规程,如"斯托克韦尔制造"(参见第 18 章)所示,98.7% 的工地废弃物被回收利用(图 7.6)。第 9 章探讨了如何在承包商和回收公司间共享建筑废弃物的信息。

环境后果依然存在,例如由于运输和可回收的处理导致了二氧化碳的排放,因为人们认识到最大的效益是对材料再利用的创新方法。贝丁顿生态村项目(参见第 15 章)使用了 98t 可回收使用的钢材,占总材料的 95%。据估计,可节约 2580GJ 的能源,这相当于减少了总碳排放量 3.8%。[25] 为方便这些举措的实施,解构设计(DFD)[26] 是一个概念设计,它鼓励设计者考虑在建筑物使用期结束后如何拆卸,回收利用可重复使用的材料。

未来

考虑什么是用于未来的可靠环保材料是令人兴奋的,随着由市场引导的最有效商业生存能力被激活,这个问题将会在于是否成本高于利润或者客户是否乐意投资。

令人感兴趣的发展领域包括如下方面:

● 为 PCMs 更有效的热能存储,利用合理和潜在的热量;

● 受环境控制的"智能"材料可以根据外部条件改变它们的特性,如可变透光率玻璃;

● 涂层材料允许只在一个方向传热;

● 电致发光塑料可作为光源;

● 从有机材料中得到"生物结构"和"生长的建筑"理念。

指南

1. 采用全面的观点，并考虑可能提供不止一种功能的材料。
2. 当环境受影响时了解生命周期，确保评估的边界有明确的定义。
3. 理想地在附近位置探测潜在的可回收使用的材料。
4. 评估非现场施工方案以减少现场损害的浪费，通过可控操作改善健康和安全。
5. 引入更严厉的措施帮助阻止非法砍伐木材；通过对来源和采购程序更严厉的管控是最有可能实现的。
6. 在设计和建造时采用最低效率。为了减少送到垃圾填埋场的废弃物，考虑原料的提取和最小限度的回收需求而进行解构设计。
7. 对有害材料的设计要求；在生产和使用过程中考虑材料引起的健康和安全问题。

拓展阅读

Addis, B. (2007) *Building with Reclaimed Components and Materials: A Design Handbook for Reuse and Recycling*. London: Earthscan.

Anderson, J. and Shiers, D.E. with Sinclair, M. (2005) *The Green Guide to Specification*. Oxford: Blackwell Publishing.

Murray, R. (2002) *Zero Waste*. Greenpeace Environmental Trust.

Nicholls, R. (2006) *The Green Building Bible*, 3rd edn, Vol. 2. Llandysul: Green Building Press.

Sustainable Homes (1999) *Embodied Energy in Residential Property Development: A Guide for Registered Social Landlords*. Hastoe Housing Association, Middlesex: Sustainable Homes. Available at: http://www.sustainablehomes.co.uk/pdf/Embeng.pdf

Thomas, R. (2005) *Environmental Design*. Abingdon: Taylor & Francis.

（上述网站访问时间：2008 年 2 月 12 日）

第8章 水

兰德尔·托马斯，亚当·里奇

引言

当今社会的水源主要由地下水、河流水和当地周围的水库提供。[1]伦敦（包括泰晤士河流域）是一个多人口、低降水（东南部地区年平均降水量为740mm/a）[2]的地区，是那些需要对珍贵水资源进行详细规划管理的扩张城市中的代表。有件很令人震惊的事，我们发现位于英国东部以多雨气候著称的萨里郡比叙利亚更干旱。[3]

需求能减少吗？通常我们会就这一点来检查事物的可持续性。另一个重点是产品质量和其用途的关系，举例来说，厕所无须使用饮用水质量的水来冲洗。这两点我们都会提及，但首先需要提些定义。绝大多数水由输水系统提供，作为"卫生"（饮用）水的主要来源，其受到了严格的质量控制——主要包括过滤、臭氧化和氯化。地下水通常情况下从地下含水层（有渗透性的地下结构，通过地上钻孔能从中抽取水）抽取。通过降雨到达地表并以河流和水库的形式存储的水称为地表水。英格兰和威尔士的供水类型有地下水也有地表水。在英格兰东南部，超过70%的水来源于地下水；而在西北部，这个数据只有11%[4]（英格兰东南部主要地下水含水层分布图参见附录B）。

治水对可持续发展城市来说至关重要。比如地下水会遭受多种途径的污染，被道路中使用的抗冻化学物污染，被燃烧过程产生的酸雨污染，被垃圾填埋物中的氯化物或氨化物污染。在许多城市的灰地（参见"术语表"），总有遗留下的土地污染物会渗透进入地下水，这需要特别注意。

正如第4章所讨论的，对地表水的处理是重要的并且需要采取积极的行动。城市化的发展趋势占用了越来越多的土地面积，通常也伴随着毫无美感的柏油路（参见"术语表"）。由此带来的问题是需要在短时间内处理巨大的水流量，以满足暴风雨情况下对排水的要求。如此对柏油路的另一个影响是增加了对太阳辐射的吸收，为城市的热岛效应推波助澜。而我们对此有一个更好的选择或是补充方案，那就是美化环境。

水与景观

一个黑色不渗水的表面不能吸收降到它表面的雨水，却能吸收大约90%的太阳辐射。拥有树木和草地的公园能吸收几乎全部的降水和绝大部分的太阳辐射。准确吸收的太阳能量会随树木和草地的比率及种类不同而有差异，但是粗略计算，比率会达到80%。[5]

植物的正确选择包含两层含义，第一仅靠降雨能满足公园植物对水的需求，第二能接受草地在干燥的夏季变枯黄，这在当今英国南部是常有的事。在具有代表性的夏天（大约5月份至8月份），伦敦公园的平均降水量为每天1.6mm。这些水的大部分会被植物的蒸腾作用所消耗（参见附录F），这能让空气降温从而使城市生活更舒适。

湖泊、池塘和泉水有相同的物理降温效果；并且还能愉悦心灵，获得一种纯粹的快乐心情。水平面的水宁静，快乐的泉水欢腾——对城市来说，这两种水都需要。水同时也是植物和野生动物栖息地不可替代的资源，它促进了生物的多样性。

在西班牙格拉纳达的Alhambra，来自内华达山脉的水在这些方面以及很多其他方面都有着显著的效果

图 8.1 坐落于格拉纳达的 Alhambra 庭院水池

图 8.2 位于纽约美洲大道的 Alliance Bernstein 大楼外喷泉

（图 8.1）。池塘中蒸发出来的水汽弥漫在夏日炎热的格拉纳达，降低了空气及周围建筑物的温度。经过精心设计的喷泉能通过提高蒸发率来增加这种降温效果。一个有代表性的例子就在纽约美洲大道上的 Alliance Bernstein 大楼外，行人能瞬间感受到在炎炎夏日被凉气包裹的快意（图 8.2）。

现代城市发展已经让人们忘了将水用于景观；我们过渡热衷于生存、健康和安全方面的风险评估，从而忽略了其令人愉悦和享受的一面。在伦敦，一些我们喜爱的住所（和高价值的住所）是建造在运河或是河流边的；名中冠有"河边"、"滨水"字样能使地块增值。在城市范围，汉堡、阿姆斯特丹和威尼斯的成就都归功于建筑之间的水景。

德特福德码头项目的提案（参见 18 章）承认了水的重要性，并恢复了一段被回填的河道，它曾经是大萨里郡运河（Grand Surrey Canal）的一段组成部分。水同时为我们提供了：一堂历史课，一份惬意，薄薄的水面，清凉的夏日，同时也扩大了栖息地。它的成功之处不在于设立一米高的环绕式安全围栏

和树立过多的警示标志，河道的现状要归功于管理上对填埋的抵制，就像在马尔默的 Bo01 的池塘一样（参见 16 章）。

在楼宇之间的空间内，设计师和规划者结合城市排水需求、舒适性和降温效果能作出很多全新的设计方案。

水与建筑

当然水的供应方式有很多种。在日本，当地政府鼓励循环用水。比如在东京，建造一栋超过 30000m² 楼层面积的楼要获得规划许可，这栋楼必须有雨水循环和楼内灰水处理系统。循环用水的措施有很多种，但是对雨水的利用是最常见的一种方式，其次是灰水利用，第三是黑水利用。在这里，灰水指除厕所以外的生活用具排水。因此它包括厨房水槽，盥洗室脸盆，浴缸，淋浴，洗衣机和洗碗机排水。黑水是那些混合之后流经下水道排入阴沟的水。所以黑水包括所有的灰水和厕所排水。[7]

我们对居民用水稍作观察发现，2006 年全英国

图 8.3 典型的生活用水 [6]

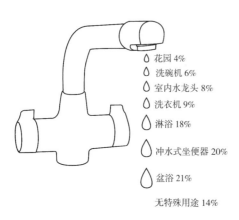

花园 4%
洗碗机 6%
室内水龙头 8%
洗衣机 9%
淋浴 18%
冲水式坐便器 20%
盆浴 21%

无特殊用途 14%

可持续家庭规则：饮用水得分		表8.1
用水量（L/人/天）	得分	目标等级
≤120	1	1级和2级
≤110	2	
≤105	3	3级和4级
≤90	4	
≤80	5	5级和6级

人均用水量为每天 151L。[8] 然而在英格兰和威尔士的 2200 万用户中只有 28% 的人装有水表，所以数据的准确性有待提高。图 8.3 显示了一些现今常见的水用途。

只有 8% 的供水是通过室内水龙头被使用（饮用、做饭和洗手），但是所有的供水都是按照国际饮用水标准来供应的。这就如同在低级别能源——燃气可以使用的情况下使用最高级别的能源——电来为房间取暖。同时也注意到，有五分之一的水被用于厕所冲洗，而这部分水可以用低质量的水来代替。分析一下我们的用水需求显然能找到更好的用水方法。

先前提到过，我们的出发点是减少用水需求。这能通过多种方式实现，包括使用更高效的洗碗机和洗衣机、低冲水量的坐便器、放出小水流的水龙头和低水流量的淋浴喷头。通过对用水量进行积极的控制，人均用水量很有可能降到每天 100L 左右（这是图 1.6 的前提）。

表 8.1 所示为《可持续住宅规范》[9] 中的饮用水消耗目标（不包括外部使用）。第一阶段目标——简单阶段，用水消耗量要比现在的国家平均水平有显著降低；当达到第六阶段——最难阶段时，用水消耗量将是现在国家平均水平的一半。为实现这些目标，我们需要了解雨水和灰水在节约用水方面起到的作用。

水的获得和再利用

用水的首选对象是雨水，雨水通常被认为比灰水要来的干净，并且不容易发生由于系统操作不当而带来的水质污染。雨水的质量通常情况下是好的，但是它也会一定程度地受大气中气体、灰尘和生物的影响，也会被雨水收集器的表面——传统的屋顶所污染。在城市中或城市周边地区，燃烧后带有二氧化碳和二氧化硫气体的排放能增加水的酸性和腐蚀性的。

传统上，雨水由罐子收集后用于浇灌花园。下一步雨水可以储存在由用水泥或是塑料制成的称为地下水池或地下存储罐空间内。图 8.4 所显示的就是这样一种已被广泛利用的构造，雨水被用于冲水式坐便器、洗衣机和浇灌花园。当没有充足的雨水时，一个全自动的主干补给系统确保了水的供应。

从个人为满足自己的用水需求而建立雨水收集点开始，城市的高密度使得建立临近的系统变得很简单，成群的建筑都由同一个雨水收集网络相连。这种情况下使适合安装地下存储罐的问题或者想将地下室挪作他用的问题可以得以解决，同时也降低了成本。

根据需求的不同，存储罐的大小也不同，雨水收

图 8.4 雨水收集与回用系统

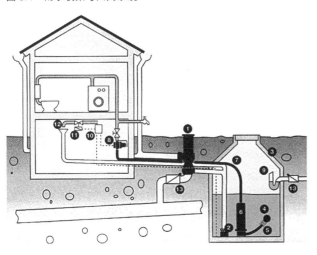

图 8.5 一种"生态型"灰水循环利用系统

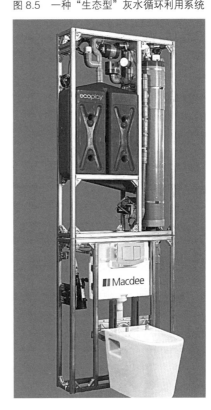

注释

1—埋地旋流过滤器；
2—入流缓冲过滤器；
3—贮水池；
4—浮动吸入式细过滤器；
5—吸水管；
6—多级泵；
7—压水管；

8—水泵自动控制器；
9—溢流存水湾；
10—自控主板；
11—电磁阀；
12—"A"型空气间隙；
13—防回流装置

集面积的大小和需求百分比也是建造存储罐需要考虑的问题。（显然一个巨型存储罐能满足严重干旱时对雨水的需求，但这将会花费巨资）。还有一点需牢记的是，降水量会随季节发生变化。

这样一个系统对单个家庭来说花费大约在 2000—2500 英镑之间（注意用于新建建筑比用于改造建筑更经济），根据现在的水价——包含排水费，成本回收期约为 50—70 年。然而对环境的好处是持续的，对主干水系统的用水需求会减少，对主干水系统和地表水处理设施这些公共建设支出也会减少。

下一步是灰水循环——但是针对哪些灰水？浴缸水和淋浴水是经常被考虑的候选循环用水。厨房水的价值略小，因为它包含需要被冲走的脂肪和有机物质。收集浴缸水用于冲洗厕所的个人系统已在市面上出现

了。图 8.5 所示的系统已被推广应用于切斯菲尔德的新建住宅中（更多详情参见第 9 章）。另一方面，为居住小区服务的地下室内的大型公共系统也是可行的。由于雨水分布不平均，需要经过评估才能确定灰水在地下区域的分布是否合理。然而对于灰水而言，合理的方法是使供需平衡，这样就不用存储多于一天的水量，也能避免灰水变质。

在科比帕克兰（Corby Parkland）入口，一个新的游泳池和一座剧院在间隔不到 200m 的地方开工建造。

游泳池提供多余的来自淋浴和游泳池稀释水的灰水，同时剧院对厕所冲洗用水有巨大需求。基于这种共生的关系，一个灰水管道在两座建筑底下建成了。在其他地方，如伦敦南方银行，一个灰水管道被提议建在皇后道旁，从而可以循环利用皇家节

图 8.6　伦敦皇后道的灰水利用系统

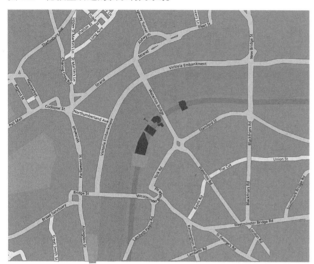

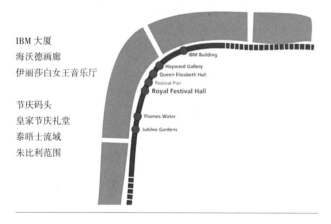

IBM 大厦
海沃德画廊
伊丽莎白女王音乐厅

节庆码头
皇家节庆礼堂
泰晤士流域
朱比利范围

求而产生的（淋浴属于这种情况而盆浴则不算），这种废水再利用是很成功的，因为它不需要存储。在一些设计中，为使热交换器不受污垢影响，对水进行一段时间的存储是需要的。而在新的设计中使用的简单的热交换器已被改良。

在北美，从区域层面上看，从下水道中的水中提取热量的利益巨大。在温哥华的奥林匹克村，我们会在第 19 章中描述，通过使用特殊设计的热交换下水管道，下水道中低等级的热量和废水将被重复使用，并且通过热泵来提高热量等级。

展望未来

总体上看，英国并不缺水，但在某些区域，像东南部地区，水的供求平衡关系并不稳定，这意味着水需要被存储或是通过国家水网进行运输（就像现在的电力和天然气一样）并消耗相当数量的能源。这部分能源需要被留出、运送并且提供给输水线，更不用说废水处理——这是不能被忽视的。英国的水厂需要为（相当于）4×10^6t 的二氧化碳排放量负责（水厂每天提供 16×10^9L 水，1L 水大致产生 0.7g 二氧化碳）。[11] 而在瑞士，不会优先考虑对水的存储（参见第 16 章），水的碳足迹意味着减少水的需求，这对任何可持续发展的城市设计来说是必要的。

日厅中用于礼堂制冷而抽取的地下水（图 8.6）。现在排入到泰晤士河的水将被用于办公楼的厕所冲洗和浇灌当地公园。[10]

我们回归的主要概念是根据使用需求提供相应等级的水。提供给建筑两种水，一种是用于饮用、清洗等用途的饮用水，另一种是低质量的用于厕所冲洗的水，这将成为新发展和未来城市的共同特色。

从废水中提取热量

原则上，从温暖的废水中提取热量是可能的，且偶尔会在项目中用到。当温暖的废水是由对热水的需

指南

1. 减少需求。
2. 确保水的质量同用水需求匹配，不能高于用水需求。
3. 组织好雨水回收站点，使降下来的雨水尽可能再利用。
4. 即使在项目的一开始不能对水进行循环利用（例如缺乏排管空间，或无法满足双管供给等），也要在日后将其纳入。
5. 在每个新项目中考虑对雨水和浴缸用水的再利用。
6. 选择种植在夏季不需灌溉的植物。
7. 水是不可或缺的并滋养着万物——用它来进行设计。

拓展阅读

Chartered Institute of Building Services Engineers (2005) *Reclaimed Water* (CIBSE Knowledge Series). Balham: CIBSE.

Department for Communities and Local Government (2007) *Development and Flood Risk: A Practice Guide Companion to PPS25, 'Living Draft'*. London: TSO. Available: http://www.communities.gov.uk/documents/planningandbuilding/pdf/324694

Environment Agency (2007) *Conserving Water in Buildings: A Practical Guide*. Bristol: Environment Agency. Available: http://tinyurl.com/24rtev

Grey, R. and Mustow, S. (1997) *Greywater and Rainwater Systems: Recommended UK Requirements, Final Report 13034/2*. Bracknell: Building Services Research and Information Association.

Water Regulations Advisory Scheme (1999) *The Water Regulations Guide*. Newport: WRAS.

Woods Ballard, B., Kellagher, P., Martin, P., Jefferies, C., Bray, R. and Shaffer, P. (2007) The SUD Manual. London: CIRIA. Available: http://www.ciria.org/suds/publications.htm

（上述网站访问时间：2008 年 2 月 2 日）

第9章　废弃物和资源

亚当·里奇

引言

关于废弃物的前景我们有着乐观的理由，即我们的未来可能不会如此悲观。但是，也不能太过于自鸣得意，因为我们仍处于开始阶段，2003—2008 年间（实际上是本书前后版本的时间间隔）的数据显示，改变人们的生活行为是可能的。在英国，循环利用率在上升，而填埋率则在下降。[1] 标题背后隐藏的不过是一些令人震惊的趋势，本章将尝试给出解决的办法。

垃圾是一种混合体，富含各种材料和矿物质。在能量构成上，和甲烷一样（所含的温室气体是二氧化碳的 23 倍），在使用过程中会产生污染，这样就直接导致气候变化日程表上污染的增加。在英国，每人每年产生半吨的废弃物（不包含废水），且这个数值仍处于上升趋势。只有 31% 的垃圾得到循环再利用[2]，而且大都市的利用率小于其以外地区，这种现象也值得引起重视。很明显，为了减少整体垃圾的数量，我们必须设计出新的废弃物处理策略、提高循环再利用率、堆肥恢复能源以及让废料成为一种能源。

城市和区域的废弃物——概述

常规废弃物收集与城市排水设施会让人们在废弃物产生量与治理方面产生一些过于乐观的情绪。某个排水系统的堵塞，甚至是一个废弃物收集系统的小问题就能显示出我们对其处理基础设施的依赖。图 9.1 显示的是 1978—1979 年"不满的冬天"大罢工期间伦敦广场上堆放得像小山一样的垃圾。

在城市中产生的废弃物，绝大多数情况下被运输到附近地价低廉及存在垃圾掩埋或焚化设施的区域。污水处理工作有时候采用能源密集型技术利用少量土地处理大规模的污水。这种趋势通常选择在

图 9.1　1978—1979 年"不满的冬天"期间在伦敦莱斯特广场上未收集的垃圾

气味与视觉环境要求不高的地区，在偏远地区经常可以看到。

在英国，每年大约产生 272×10^6 t 废弃物，而且仍以每年 0.5% 的速度增加。其中三分之一是工业、商业和家庭垃圾。[3] 三分之一属于建设工地垃圾，而另外三分之一则属于废水污泥、采矿和农业垃圾。因此，涉及建筑施工及建筑使用的这部分人群在减少垃圾排放方面承担重要的角色。

不同大小地区（局部、城市、区域等）的废弃物应控制在怎样的水平是一个哲学问题。这是个活生生、充满激情的话题，在不同地区会有不同的解决方法。对于能源问题，某些解决方案将牵扯到不同的途径。

城市废弃物合理管理最关键的问题是减少第一现

图 9.2　废弃物等级

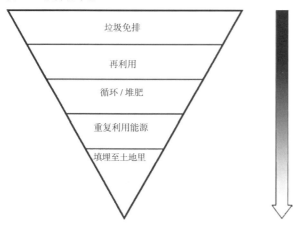

垃圾免排

再利用

循环 / 堆肥

重复利用能源

填埋至土地里

图 9.4　（a）典型独栋建筑的废弃物收集，伦敦哈林盖区

图 9.3　洗手盆下多隔间垃圾箱

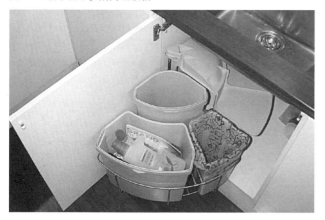

（b）每种废弃物流通线路显示

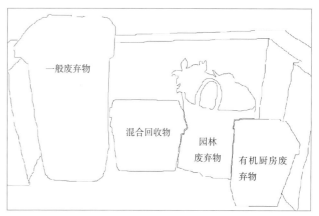

一般废弃物

混合回收物

园林废弃物

有机厨房废弃物

场所产生的垃圾量，或者引用巴克明斯特·富勒的话说"以少造多"。在第 8 章，我们已检验在建筑物中利用节水器具和灰水循环系统以存储并循环利用水的各种方法。这些简单的案例告诉我们，如果在源头上减少水的用量，则需要运输和处理的废水量也得到了减少（它也显示出第 1 章描述的错综复杂环节的另一部分）。

作为资源的废弃物

在我们的生活中和工作中，资源将在自然环境、城市和建筑物的每个环节进行流通。我们已经习惯于资源的开采、转化、利用和处理这个直线过程，并且认为经济增长与废弃物排放的增加不可分割。然而，我们需要接受新的、可持续的观点，这种观点将直线过程转变为循环过程：对垃圾进行重新使用、再循环产生收益和提供就业，进而对经济增长作出贡献。对一部分人是垃圾的东西而对另一部分人而言可能是宝贵的资源，但是信息匮乏等问题却阻碍了这些互惠关系的发展。

在考虑如何进行时，图 9.2 显示的废弃物等级图

是非常有用的工具。我们可以看到，与第 6 章能源一样，重复利用和能源保护是一切的出发点。如何才能在源头上就避免垃圾的产生呢？对老建筑进行重新利用而不是拆除原地重建，则是值得推广的策略。在第 18 章将会描述绿色斯托克韦尔的瓶之店建筑，如果重新利用将避免大约 $4000m^3$ 的碎混凝土垃圾，更不用说运输成本以及重建所需要的原材料。另一种策略是尽可能多地为单个建筑构件找到更多用途。例如混凝土楼板，可以作为结构，帮助控制环境（通过其热质量），如果表面质量够好的话可以作为建筑外表使用。

循环

对于建设项目而言，采用网络设施如"智能"垃圾[4]可以帮助对材料性垃圾进行识别和分类，确定监测目标，并把本地企业紧密相连，重新使用和回收垃圾（参见第 7 章）。

如果节省下的能源超过可恢复的能源（尤其是焚化植物所占的 20%[5]）与分离垃圾所消耗能源之和，再循环可以环境适应性地开采能源。除了再循环过程中

（b）地下垃圾回收箱的地下构造

图 9.5 （a）地下垃圾回收箱

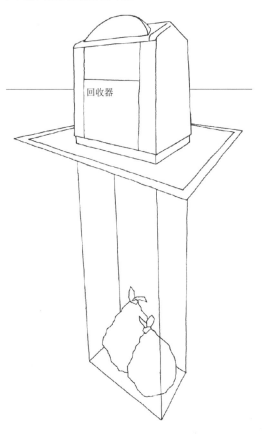

提供的就业等显著实惠，焚化植物过程中所排放的二氧（杂）芑也必须予以考虑。

　　建筑设计可以为分类过程提供方便，从而使废弃物从一开始就进入合适的流通渠道。从源头上分类对于废弃物流通渠道尤为重要，因为像厨房废水和干纸及硬纸板等不同的垃圾如果流通到一起会相互污染。提供（或者至少允许所需的空间）额外的或多格的垃圾分类箱（图9.3）可以让普通家庭容易在源头上把不同类型的垃圾相互分离。在每个回收点也必须提供基本的设施，通常是在每个建筑物外附近的街边上（图 9.4a–b）。因为分离废弃物流通渠道占用更多的空间，这个因素也带来了一些重要的城市设计所需要考虑的内容。

　　对于办公楼和多功能建筑的更集中发展，传统的做法是将垃圾放在称为欧式垃圾桶（eurobins）或palladins 的大容器内；保存或者溢出到存储箱底部的地面上，按照格雷厄姆·豪沃思（Graham Howarth）的话说（参见第 14 章），一些人已经习惯于这种"现实生活中每天的垃圾"。但是新的解决方案，例如图 9.5a–b 所示的地下垃圾回收箱[6]，可以减少街道的垃圾堆放现象。第 16 章介绍的马尔默 Bo01 项目采用了这种方法，并且在地下垃圾运输系统中采用了真空管道，从而令这种方法得到了更好的发挥。这样，住户可以将有机或混合垃圾分离投递到中央垃圾处理设施，从而减少了利用卡车在街道上运输垃圾的需求。同样，为灰水、臭水（黑水）设计分流排水系统也是在源头上将垃圾分类的办法之一。

从废弃物中提取能源

　　一部分家庭垃圾可以以材料的形式得到回收利

图 9.6 废弃物中的热值

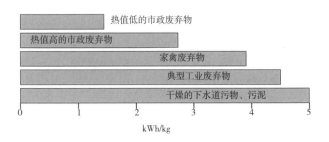

用，其中一些可自然降解，另外一些则较易燃烧且不需要额外燃料。材料燃烧过程中释放的能量用热值来度量。图 9.6 给出了一些垃圾废料的热值。

　　将垃圾废料转变为热、电或燃料有多道工序（直接燃烧、热裂解（参见"术语表"）、消化、发酵等）。一些地区、城市或局部区域层次的案例已经在第 6 章和附录 E 中讨论。

　　图 9.7 从二氧化碳排放量方面给出了针对各种材料的垃圾处理工艺和不堆埋方法的优缺点。垃圾减少和再循环与气候变化存在着明显的内部联系。针对不同的建筑规模，每种方案都有其一定的优缺点，所以对每个项目都要仔细考虑到其适应性和背景。

图 9.7　不堆埋的二氧化碳减排效益 [7]

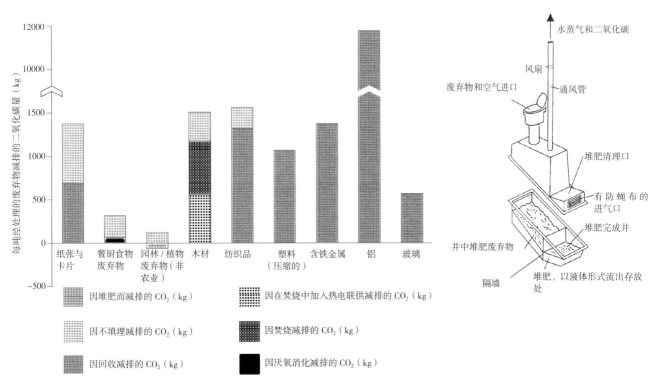

图 9.8　堆肥厕所

人类废弃物

　　人类废弃物含有各种能导致疾病的有机物。人类废弃物的处理方法必须将这些病原体处理到安全的水平，且必须在不破坏其他生态系统的前提下为微生物提供充足的氧气，这些微生物是用来分解垃圾中各种有机物的。

　　在局部区域或地区存在着很多解决方案，有些方案是在城市背景下开发出来的。现有的城市解决方案是大型污水处理系统，依赖于复杂的污水处理设施，包括管道、过渡舱、泵等，所有这些都需要日常维护。因为人类废弃物必须被运送到一定距离之外，所以如今污水系统中的主导设施是运送设备。

　　问题是我们是否应该将人类废弃物处理系统整合到整个城市环境中，以减少垃圾的运送距离，如果这样做，怎样才能保证安全性？业务法规强调不希望在有限的面积内有多个污水处理系统。[8]

　　一个可能的办法是固化人类废弃物和其他有机垃圾，提供有价值的氮和有机物，可以作为城市景观土壤添加剂，从而减少所需要的其他肥料。

　　如果条件允许，利用堆肥厕所（图 9.8）对人类废弃物进行有氧分解，通过多道固体分解和水分蒸发工序可以减少 90% 的垃圾量。[9] 通过一个通风管道，利用小型抽风机可以将空气从堆肥房间抽到外面。如果设计合理，这种系统可以无须额外安装机械通风设备。

　　以前这种系统只适用于单个独立的居所，但是通过增加存储房间的容积和设计合理的厕所布局，现在它也可以应用于大面积的办公楼。如果空间允许，存储房间通常设置于地下室，或者与基础合二为一，例如温哥华某大学的 C.K. Choi 楼。[10]

　　有机厨房废弃物也可以通过厨房的垃圾通道纳入系统。1—2 年周期以后，把堆肥从堆肥室清理出来，用于园林和公园。依靠刨花等附加膨胀剂，液体垃圾可以在堆肥室里分离开来，然后用于景观废料。

　　另一种人类废弃物处理的方式是化粪池，这种技术被广为接受，在无总体垃圾处理系统的地区有着较长的成功应用历史。化粪池是一种固定式容器，垃圾在里面储存足够的时间使有机物经历厌氧分解。固体垃圾在经历分离与分解的过程中产生的液体需要进行二次处理，以产生高质量的液体，然后安全地排放到自然环境中。化粪池底部沉淀的污泥需要经常清理，然后可以用于农田肥料。

苇地

化粪池污水的二次处理可以采用芦苇地代替常规的地下过滤设施。这是一个自给型湿地生态系统，复杂的土壤微生物处理过程促进了有机物和化学物质的分解。利用芦苇有很多原因，其中之一是它们通过根部输送的空气有利于有氧分解。污水或者通过芦苇田地面输送，然后渗透至地下，或者通过设置在芦苇田前端的地沟输送，然后水平流出去，见图 9.9a–b。[11]

芦苇田方法既适用于小型独栋住户，又适用于为上百人提供服务的中央设施。该方法需要开阔的土地，而土地在城市环境中是比较珍贵的。然而，可以探索着将芦苇田与城市公园用地进行整合。正常情况下，每人需要大约 $1—2m^2$ 面积的芦苇田。在选择芦苇田规模和类型的过程中[12]，重要的因素是流量、有机负荷和处理后污水的质量。场地地形也决定了芦苇田的类型。

实践中，在城市里为芦苇田找到合适的场地不是容易的。例如，在库珀斯路的开发中（参见第 11章），$1.69hm^2$ 的土地上居住着 664 个居民，如果为每人提供 $2m^2$ 的芦苇田，则共需占用 8% 的土地。这么大的面积是很难找到的，所以这个例子说明此方法在城市地区使用有一定的困难，但不是说这种方法不可能。

可持续的城市排水系统

城市地表水收集和排水系统的景观整合已在第 4章讨论过。

实践中的污水处理策略：生态圆屋顶

在切斯特菲尔德市北部郊区—东中部地区的匹克区边界处，开发的生态圆屋顶是一种全新的休闲用地，它包含了酒店、酒店式公寓、一个运动诊所

图 9.9　苇地田废弃物处理系统

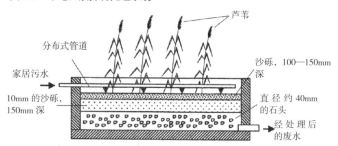

（a）垂直方向

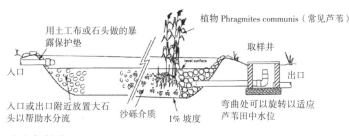

（b）水平方向

和一个水上公园。另外圆屋顶景观中还包含 250 个小木屋、一些湖泊和一个高尔夫球场。休闲与旅游业以产生过多的污水而著称，但是现在对生态度假场所的需求也在增加。生态圆屋顶主要的环境设计策略之一是利用废料作为资源，图 9.10 给出了一些概念。

每个小木屋都有一个灰水循环系统（图 8.5）。小木屋产生的黑水将由成套污水处理场就地处理，经处理后的水排向芦苇地，然后用于高尔夫球场的灌溉。落到屋面上的雨水将被收集，然后存储到地下容器。地下储水容器将保持黑暗状态以及相对稳定的 10—12℃以延缓细菌的滋生，因此能保持合适的水质，虽然很干净但不能直接饮用。雨水也可能会被大气污染或者被鸟粪和屋顶落下的碎片所污染。因为初次从屋面流下的水会有较严重的污染，所以过滤系统将会在雨水收集容器开始集水之前将这种水直接输送到下水道。收集的雨水将被用于冲洗厕所、灌溉以及清洗窗户。

图 9.10　生态圆屋顶水与废弃物原理图

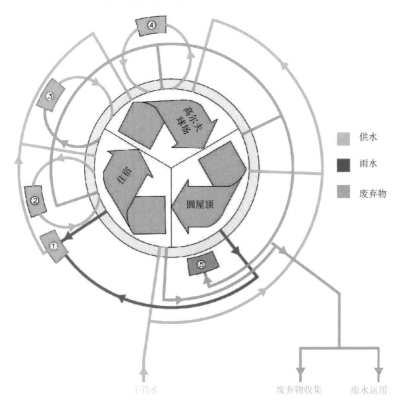

供水

雨水

废弃物

下管水　　　　　废弃物收集　废水运用

废弃物的管理和处理设施、电动收集设备（不允许车辆进入主要场地）也同样需要场地。设施根据可再循环与不可再循环分为三个分支：有机与混合的循环（玻璃、纸、金属、卡片和大部分塑料）与不可循环。除了将废弃物最小化（例如，减少出售产品的包装）的经营策略以外，不可再循环利用的废弃物碎片将会被现场生物气化厂加热或电解气化。

结论

很明显，废弃物的减少和循环利用是可持续设计的关键。在建筑物层面，废弃物处理策略应该延伸至场地周边地区，同时应考虑到废弃物给我们带来的有用物质，如能源的产生，或者更简单具有丰富养分的废料。在城市设计层面，设计师和规划师开始思考整体垃圾处理策略，比如马尔默开发的方法，促进废弃物生产者和回收利用者之间的有益关系。

指南

1. 通过最小化需求量使废弃物产生量达到最小。
2. 紧跟垃圾层次，将废弃物转变为材料来源或能量来源。
3. 在运输和处理人类废弃物过程中将用水量降至最低点。
4. 合理使用场地雨水。

拓展阅读

Grant, N., Moodie, N. and Weedon, C. (2005) *Sewage Solutions: Answering the Call of Nature*, 3rd edn. Machynlleth: Centre for Alternative Technology.

Grey, R. and Mustow, S. (1997) *Greywater and Rainwater Systems: Recommended UK Requirements, Final Report 13034/2*. Bracknell: Building Services Research and Information Association.

Hogg, D., Barth, J., Schleiss, K. and Favoino, E. (2007) *Dealing with Food Waste in the UK*. WRAP. Available: http://tinyurl.com/2a24dc

Murray, R. (1999) *Creating Wealth from Waste*. London: Demos.

Van der Ryn, S. (2000) *The Toilet Papers: Recycling Waste and Conserving Water*. Chelsea Green.

（上述网站访问时间：2008 年 2 月 2 日）

第 10 章　总结

亚当·里奇

城市的复杂性意味着打造一个可持续发展的城市需要一套复杂的解决方案：我们不应轻易放弃尝试，前面几章都已提供了各种各样的解决方法。

通常我们都会以史为鉴，正因为如此，我们需要分析带来成功的一些要素，然后再如法炮制。而这并不是说要回到维多利亚时代的规划或是再来一次田园城市运动，因为我们的方案目前要解决诸多现代问题，诸如气候变化，更多的人需要居住在一个更人性化的环境中。

我们现在所做的物理环境规划需要包含一个比当前涵盖面更广，与可持续发展相关的标准。应降低传统上关注的密度、高度、道路工程等方面的严格程度，而只是将这些作为一个大局中的一部分。我们必须牢记，城市首先要以人为本。

本书中列举的一些好的例子就是对传统智慧的一种挑战。试想，如果在每一个角落，我们都遇到的都是那些可预见且单调乏味的街道、建筑物和材料，哪里还有乐趣可言？

主要的环境可持续性标准可被视为一个"形式／密度、运动／运输和建筑／能源（使用和生产）"的三角模式。看似更加紧凑型的城市需要的基础设施更少，能源消费量更小，但并不这么简单，降低某一方面的能耗（如照明）可能会造成另一方面能耗的上升（如供暖）。

我们希望（并应该要求）政府在政策上能有一些重大的改变。欧盟建筑能效指令（EPBD）现要求所有住宅和大型建筑都必须有能效证书，公共建筑都要有这些"能效标签"，就像现在家用冰箱的做法。未来，个人碳排放配额交易的发展可能与目前欧洲大公司间的碳排放贸易体系类似。

交通与运输将逐渐地摆脱小汽车，转向步行化的社区，代之以自行车和大众交通。这一转变将有利于提高密度，但促成这一转变的不仅仅是能源和污染。减少交通堵塞是第三个因素。可靠而精心的公共交通设计最终将改变那种公共交通是最后选择的观念，尤其是当它比其他出行方式更快捷、经济和安全的时候。第四个重要因素是公共健康水平的降低。目前约有三分之二的英国人超重，大部分是由于不良的饮食习惯和缺乏锻炼。如果我们这代和子孙后代的预期寿命将真的因此而下降的话，那么安全步行和骑自行车将会有益于我们的健康，并有潜力来扭转这一趋势。

景观在发展可持续城市中起着至关重要的作用。在其诸多的好处中，建筑物间的空间能够培养我们的审美意识，提高空气质量，缓解暴雨冲击。建筑物和景观是整体发生作用的，在许多案例中可见一斑。夏季，城市里的温度必然高于周边地区，但那些城市里的开放空间、种植地和水面将让环境更容易承受。

考虑到整个使用寿命周期内的影响，建筑物要仔细地选择其确实需要的资源，以便更少地索取。为此，马克斯·福德姆制定了一个简单但富有挑战性的日程表：

● 在切实可行的范围内，设计应以为建筑物提供充足的自然光为目的，只要太阳在地平线之上。

● 一幢建筑通常的新陈代谢，即能源的各种各样的使用都是为了充足的供暖（如厨房用具、夜间照明、人体新陈代谢等等）。

● 通过被动式手段拒绝剩余能源。

● 任何额外的需求都不能超过供给，应在可再生能源的可承受范围之内。

可持续城市愿景中最主要的改变是建筑物产生能源的可能性。这包括一系列的解决方案（太阳能、风能、地缘交换等），这些不仅使城市变得可持续，且增添了更多的趣味。

目前还没有什么城市项目涉及所有这些相关的议题，我们正处在一个过渡期，对一些可能性及互相作用的认识逐渐在增加。类似地，一些专业人士，诸如地方当局的规划师、设计师和工程师之间进行协同工作也才慢慢被接受。他们要与城市环境的用户、建筑物的居住者合作的这种观点在目前看来还是非常新奇的，不过，下列案例研究显示，这种合作正变得越来越普遍，并有助于形成更好的社区。我们还需要在基础工作上付出巨大的努力才能获得成功。那种一个建筑师，如勒·柯布西耶，可以在飞机上设计一个城市的时代已经结束了。

第二部分的案例研究向我们说明了第一部分中的那些原则是如何被应用到实际情况中的。由了解设计相关事务的人士撰写，有助于创造出快乐的城市。这些研究主要针对环境的可持续发展，有些也有助于社会与经济的适度发展。每个案例研究都有其侧重点和方法，这是对各种各样不同城市本身的一种反映，也是当地特色或当地发展计划的反映。

第 13 章"科因街"主要解决的是设计和管理过程中用户的参与。第 15 章的"贝丁顿生态村"涵盖了许多社会和环境问题，包括高密度下的混合功能设计，首次大规模尝试解除城市发展对化石燃料产生的能源的依赖。第 11 章的"库珀斯路"是对城市社区再生的

研究，第 16 章的"马尔默"关注的是以高生态标准创造一个新社区所面临的困难。

这些项目目前均已完工并投入使用，强调了项目进行过程中，设计者、施工者与终极用户——通常不是设计客户——之间对话的重要性。我们可以通过回顾一个项目，对设计的每一个部分的成功或不成功之处进行评价，从中吸取经验教训。

在第 12 章的"帕克芒特"研究中，阐释了如何塑造城市空间以更好地利用阳光。第 17 章的"斯通布里奇"中描述了设计中不断地反复、计算机模拟、再进一步设计等以达到最佳自然采光效果。

研究显示了在创造有利环境和令人兴奋的建筑物方面富有想象力设计的重要性，比如，第 14 章中的Contact 剧院。人们常常被那些能加强当地城市肌理的建筑所打动。

第 18 章中的"绿色斯托克韦尔和德特福德码头"描述了包容城市工业地历史的重要性，这对于参观者而言表面看似坚硬、难看，但对于当地社区而言，这已成为可接受的、他们生活中更深的一部分。设计这一案例的专业团队的规模表明了城市中心社区再生设计所需的知识比过去要更广，当然也体现了可持续发展的城市设计的复杂性。

来自加拿大（第 19 章）和瑞典（第 16 章）的案例研究再次强化了这样一个观点，即结合当地文脉的设计方法是至关重要的，这也使我们认识到，在所有的发达国家从越来越少的汽车和更高效的能源利用中获利的同时，每个国家都有其自身具体的问题需要去解决。例如，英国必须减少电力行业中的碳排放量，同时降低对国外化石燃料的依赖。同时也受到对日趋老化的维多利亚时期基础设施（漏水的水管、污水管合并、拥挤的火车等）历来投资不足的困扰。

因此，向碳中和型城市转型绝非易事，这种发展无疑会涉及城市和毗邻地区。解决的方案倒不是唯一的。相反，在某种程度上这与光伏板的发电效率相似，我们可能会看到许多能提供最佳效果 95% 的解决方案。如果这是正确的，将非常鼓舞人心，因为这有利于多元化、增加场所感和地方特色。

结合以下第二部分的案例研究——这些都是来自世界各地的经验——讨论可持续城市设计中主要的环境问题。这些案例向我们描述了越来越多为适应和创造未来城市而开展的活动。

第二部分　案例研究

第11章 库珀斯路住宅：再生

戴维·特伦特

设计团队

委托人	皮博迪信托公司
建筑师	ECD 建筑师事务所
景观设计师	景观设计事务所
设备工程师	马克斯·福德姆有限责任公司
结构工程师	普林斯和迈尔斯（一阶段）
	布兰德·伦纳德（二阶段）
工料测量师	BPP工程顾问公司
清洁发展机制协调	Philip Pank合伙公司

主要项目信息

项目类型	居住和社区中心
地块面积	1.69hm²
每公顷住房	138
每公顷可居住面积	615

引言

库珀斯路地产是 20 世纪 60 年代开发的失败地产，因而需要大量投入；高层建筑底层入口使他们成为反社交性的存在；楼宇之间的公共空间利用极不充分并缺乏监管（图 11.1）。1999 年，经过与居民磋商，萨克森物业做了一个激进的决定：拆毁房屋，并和皮博迪信托公司合作重新开发。2000 年，ECD 建筑师事务所被指定参与咨询设计和制定总体规划设计的过程。此规划设计将重点强调规划尺度、可辨识性、安全性、公共空间所有权以及周围地区关系等城市规划议题。重建工程主要分为四期进行（图 11.2）。一期于 2005 年 12 月竣工，由供出租的 74 户住宅组成。二期于 2008 年 5 月竣工，由 80 户组成，其中包括 33 户所有权共享的住宅。三期（成功之家）将建成供出售的 46 间公寓套间及复式住房（其中 14 套共享

图 11.1 现有场地俯视图

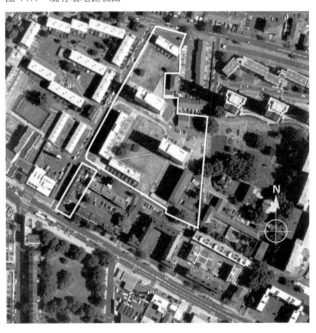

图 11.2 阶段规划

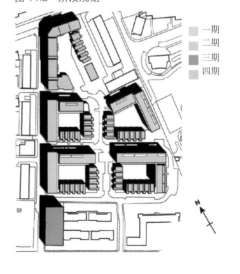

一期
二期
三期
四期

图 11.3 场地现有绿色空间图表

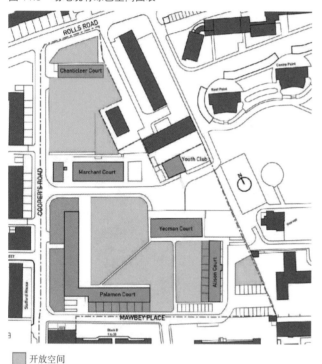

开放空间

图 11.4 与当地居民协商

所有权）和一个为当地居民建立的青年俱乐部。四期将再建 50 套出租房。总体密度是每公顷 138 套住宅（合 615 居室），这与原来的房产密度相近，但高度相对偏低或者中等。除了新建的住房外，皮博迪信托公司对毗邻的肯特大厦进行了翻新。到竣工之时，库珀斯路将成为环境安全、优美的现代高效节能住宅，成为可持续城市再生的典范。

地块环境

库珀斯路坐落于远离老肯特路的伦敦南部，紧靠伯蒙德西温泉重建区，离大象堡仅一小段车程。当地便利设施包括乐购超市和伯吉斯公园。老肯特路拥有三栋独特的高层塔楼，周围的区域大部分归房地产委员会拥有，西邻伦敦自治市萨瑟克区地产，东靠伦敦亚芬达房地产集团。老肯特路本身就是一个繁忙的街道，是欧洲进入伦敦的主通道，周遍着散布着各类零售店。

现已拆除的原地产由 5 个街区，共由 196 处从 3 层到 11 层高度不一的住宅所组成。现存的开放空间主要由一些散种着少量树木的草坪组成。人们丝毫没意识到拥有如此大块的空间，它们处于未开发状态，几乎没有产生什么实用价值（图 11.3）。游乐区没有得到良好的维护，并且设施有限。毗邻的地块是成功之家，它位于老肯特路 419—423 号，与现存的两栋皮博迪大楼、南肯特楼以及北肯特楼相邻。之前位于该地块的是一栋三层高，占地 600m[2] 的办公兼仓储的建筑。

工程概要

所有用于出租的房屋的设计符合（Lifetime Homes）康乐住房标准 [1]，配有轮椅通道。工程计划分阶段逐步拆除原有街区。工程一期和二期的委托人皮博迪信托公司要求达到英国生态房屋等级中的"非常好"。[2]

磋商

原有居民的社区意识很强，就该工程长远意义上的成功来说，社区意识的保留是主要要素之一。住户们与来自皮博迪信托公司和南瓦克住房公司的代表们组建了一个指导小组，通过系列的会议及研讨会密切介入总体规划的进度。

所有关键阶段和重大活动都有回迁居民的参与。鼓励居民能把自己的愿望和不满写在即时贴上，贴在移动"办公室"的海报栏。这个建议列表形成的总体规划提案初稿，随后会在几个"娱乐日子"里向房地产公司提出（图11.4）。相邻地产业主也参与这些活动，以增强地方意识并搞好邻里关系。

居民们对设计施加的影响包括供热系统的选择和住房布局。当被问及住房是采取在单户锅炉供暖还是中央供暖系统时，居民们更喜欢与他们原来相似的区域供暖系统，并认为该类系统在出现故障时能被很快修复，因为它影响的是很多人而非个人，且如果出现了问题，可以很快维修。收到的规划意见主要针对建议方案中两居室布局进行更改，这样一来就意味着房客们可以享受独立卫生间和浴室。

磋商过程贯穿了项目的施工图设计和工程建设阶段，并关注了该项目的未来管理问题。

设计策略

新的住宅设计成环绕的四个庭院布置（图11.5）。经过与居民的磋商，庭院的空间构成提倡社区理念、营造出强烈的归属感。庭院创造了清晰的私密、半私密和公共空间的层次关系，为城市再生提供很好的模板。

每个庭院由大概40户一室、两室、三室公寓房和三至四室家庭住房混合组成，四层公寓群和三层住宅组成一个平衡的社区（图11.6）。这样的安排设计灵活，能够满足不断变化的需求，适应未来居住方式的发展。

图 11.5　提议房产的总平面图

图 11.6　不同单元类型组成庭院社区

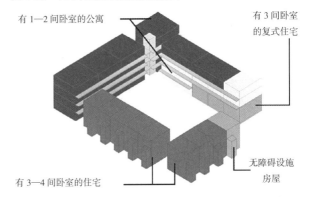

有1—2间卧室的公寓

有3间卧室的复式住宅

有3—4间卧室的住宅

无障碍设施房屋

主要的设计原则

1. 使用巷道、庭院、小道、花园恢复城市的肌理。庭院住宅形式延续了从19世纪开始的城市设计主题，

图 11.7   建筑景观有机融合

图 11.8   当地 1896 年的规划

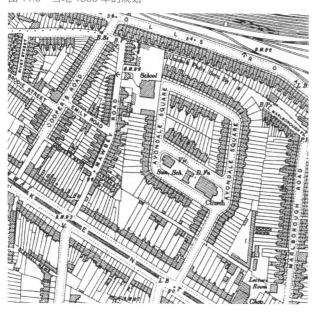

从当时当地地图就可以看出以小面宽的联排别墅为单元积聚形成住宅区的模式（图 11.8）。

2. 通过建筑和风景有机融合来提供吸引人的、易识别、易维持的私密空间和公共空间。大、小尺寸的植物布置与周围建筑相呼应，耐久材料与遍植的半成熟的树木一起营造了场地内的绿色氛围（图 11.7）。

3. 为了营造一种社区归属感，设计了单独住房和底层带前后花园的公寓，这些因素形成了不错的私人空间。后花园面向更大的公共花园，公共花园的尺寸为 21m×34m，在尺寸上可与小伦敦广场相比（图 11.9）。

景观

　　景观设计的目标是形成四个新建庭院体块之间物理意义上的连续性，以及一个高度可辨识的空间。新

图 11.10 居民俯视下的社区庭院

图 11.9 面向内庭院的私密花园

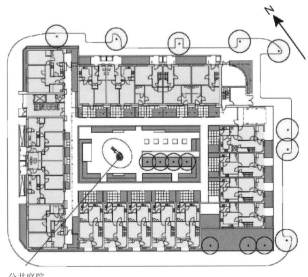

公共庭院

建住房的天然纹理具有观察远景和朝向上的优势，从而形成物理安全感。景观方案提供了与自然世界和变化的四季的基本联系，提升了幸福感。

　　每个庭院具有共同的特点就是首层有个带露台的小花园，露台花园面向公共花园，仅供庭院居民使用。随着时间的推移，居民将参与到这些空间的设计和维护当中；这些空间有望成为社区自豪的焦点。首层之上都有宽广的阳台俯视庭院（图 11.10）。

图 11.11 社区街道

　　道路通道设计成为"家庭区域"[3]以强调他们用于行人而不是车辆。家庭通道允许行人和非机动车使用者占用街道，因为相对于限速 20（32km/h）机动车，他们具有优先权。路短运程设计，同时也采取广场、减速带等措施。路被设想为安全、易于使用的外部空间，并且是社区生活的焦点（图 11.11）。

　　大多数住户已经在这些住宅或附近居住 40 年了，对于他们来说，通往私人舒适空间应优先考虑。公共花园空间是安全空间，属于各自的庭院体块。花园社团和工作坊现在着手鼓励与协助到现在都未

图 11.12　进入庭院的阳光通道

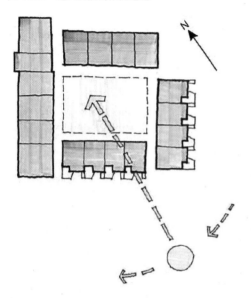

打理花园的住户去打理。在公共花园里有园艺区，自行车存放区，儿童嬉耍的空间，有休憩、野餐的空间。有趣的是，公共自行车存储场地实际上并不受欢迎，居民门更喜欢将他们的自行车放在私人露台上。

可持续性

从一开始，委托人和设计团队便作出承诺要将库珀斯路打造成可持续城市更新的典范。这也就意味着要设计一个可以提供高质量宜居的方案，不仅着眼于短期，而是着眼于今后的 100 年。

在库珀斯路庭院规划中，方位和阳光入射途径是最优先考虑的（如图 11.12 所示）。较低的三层住所放在更高的四层公寓体块的南面。并且屋顶设计成面向南方，并且无论在哪儿都能为将来太阳能光伏板的翻新提供可能。通过白天阳光入射住宅的最大化，从而降低人工取热、照明的需求。

灵活性和适应性是设计团队要解决的另一个关键问题。例如：给水立管位于建筑外部，可达性高，并且大尺寸以适应将来的诸如太阳能光伏板与雨水再循环设备在安装时能够经济可行。

除这些以外，我们的可持续策略主要体现在 6 个关键的方面：

- 节能减排；

- 节水；

- 节材；

- 垃圾处理；

- 公共交通与私车使用；

- 社会福利。

我们的目的是到 2020 年，通过可行的建筑设计技术达到零碳排放，而不用改变城市肌理、服务设施、基础设施。在当地首选要考虑的事情就是要减少能源的需求。然后我们需要选择高效的系统以输送能量，最终我们要设计出逐步分阶段的可再生能源供应策略以保证能够达到我们的零碳排放目标。

建筑策略
减少二氧化碳排放

主要可以通过良好的日间照明，被动式吸收太阳能，细部构造设计减少空气渗透和高标准隔热来降低能量需求。我们认为高标准隔热代价大，价格高。因此，我们参照《建筑规程》2002 年修订版采用了另一标准［墙传热系统 U 值为 0.3W/（m^2·K），屋顶的传热系数 0.25W/（m^2·K），窗户的传热系数为 2.0W/（m^2·K）］。在伦敦电力（即现在的 EDF 能源）额外的财政资助下，鼓励居民们使用 A 级节能家电。据 SAP 计算[4]，二氧化碳排放量低于 25kg/（m^2·a）。

当地电能

选择热电组合的公共供暖作为可以同时减少二氧化碳排放和提供热电的可持续的方式。由马克斯·福德姆有限责任公司进行的详细的可行性研究报告得出结论认为尽管初始经费投入比较大，但是这个系统投资回收期将少于 10 年（详见第 6 章）。燃气热电联合引擎可提供 11% 的供热需求和 12% 的电力需求（图 11.13）。

中央锅炉的优势之一是能顺应未来燃料供给的变化。接下来 10—15 年内向生物燃料的转变可以大大减少二氧化碳排放，从而让客户或者社区购买"绿色"电力成为可能。

节水

节水主要通过在洗手间安装低容量冲水设备和在厨房安装喷雾式水龙头来实现。雨水收集系统装置将之前的蓄水过滤后重新用于冲洗洗手间。在一些带花园的住宅中也安装了雨水大桶。

材料选择

生产耗能低和弃后对环境的影响小是选择材料的依据。这意味着相对于塑料和钢铁而言，木材和石材更受青睐。此外，为了把运输中二氧化碳的排放量减到最小，鼓励承包商在方圆 50 英里（80km）内选用原材料。建筑垃圾通过窗户及涂层的提前装配和部件规范化降到最少。

承包商曾经由于在寻求联邦科学委员会（FSC）认证的木材过程中遭遇困难，因而失去了生态之家项目的信誉。不过，现在更多的供应商采取这个方案和其他得到了 BRE 的认可的木材认证机构，如加拿大标准协会（CSA）和泛欧森林认证体系认可计划（PEFC）（参见"术语表"和第 7 章）。

回收利用

所有住宅的厨房内都有一个为方便家庭垃圾分类而设置的箱子，并且定点提供公寓存放垃圾的回收设备。所有房子都在垃圾回收站邻近设有一个用于存放可回收利用材料的外部架子。

景观策略
土壤修复

实地调查显示出场地低水平污染，因此私人和公共花园刨掉并更换了中性的外运来的表层土。新铺的 300—500mm 深的表土层足以负荷土壤修复的要求。

图 11.13　地块上使用热电联供引擎的发电机

节水

选择透水铺装地面从而使得雨水能渗透底土，达到自然排水。这个地块采用传统排水与自然排水相结合的排水方式。中心庭院花园和周围的渗透铺装地面在场地核心内作为自然排污措施。大约一半的流通区域，诸如停车场，使用渗透铺装地面，而沥青路面采用传统排水。

混合堆肥和回收利用

鼓励居民循环利用厨房垃圾，在公共花园区作为堆肥利用。在花园里收集的落叶、修枝、剪草也可以堆肥并作为土壤肥料重新回到地上。

创造栖息地

在东边、北边构筑柳树、接骨木、山楂树等本地树种的树篱作为鸟类和昆虫的掩护和食物。多茎干桦木和榛木作为标准树种构成了保护小块栖息地的主要框架，该标准树种也包括本土欧洲甜樱桃。

绿色环境

在街道边栽植树木，并以此区隔了流通空间、家庭区域、停车场。栽植的树木位于地块北边，避免了

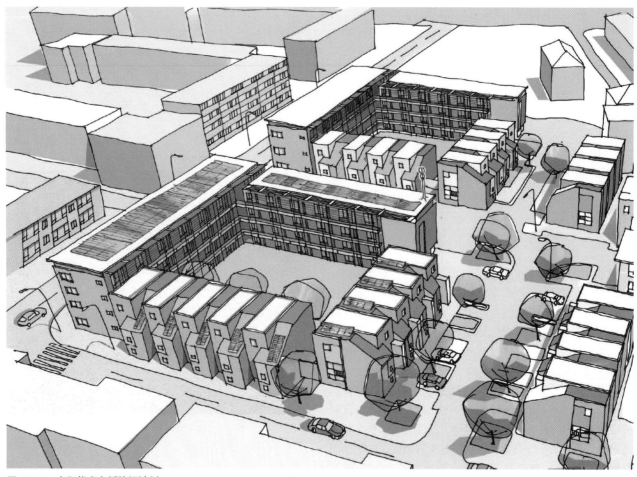

图 11.14 太阳能光电板验证计划

过度遮蔽，未限制获取南立面的被动太阳能。而夏天的几个月里，马路和人行道特别阴凉。行道树选自本土物种或者国产物种，比如喇叭花、白蜡木、梨树和花楸树。果树和能吸引野生动植物的有用植物则种在后花园和庭院里。

树木吸收二氧化碳，排放氧气，过滤灰尘和污染物，给养各种野生物种，尤其是鸟类和昆虫。建筑立面和花园围墙形成街道的保护栏，组成了绿色墙体。种在砌墙下的攀缘植物成了涂鸦者的障碍。

前院两边围上了保护性树篱，混种了耐寒抗旱的多年生植物。窗户低处茂密的植被和地表的护根层一起保持土壤的湿度。

材料选择

为长久使用，在公共花园里的材料和苗圃必须足够耐用。通过使用自然材料，公共花园的环境得到了改善。花园的主要元素是木质的：座椅、短柱、花盆、桌子、平台和边缘，都是用耐用的树木心材，橡树和

洋松皮做的。如上所述，所有的木材都经认证的可持续材料。花园篱笆由编制柳树条组成，由成立已久的萨默斯柳木床品提供。

居民回馈

伊莱恩·戴维斯（Elaine Davis）是库珀斯路的住户，也是库珀斯路项目咨询组的副主席，写了以下她关于项目经验的总结：

我们的老公寓在结构上和周边环境都完全滞后了。我们被剥夺了很多东西，社区里充满来自年轻人的反社会行为，内外弥漫着一种沮丧的气氛。

在项目启动之初我们就意识到，企图用新建住房取代老式公寓并不足以改变什么。我们必须在环境更新上做些研究，这才是项目有所进展的好办法。在此过程中，我们成功建立了一个社区，我们认为，这是目前所达到成就的基础，并且会在新建住宅及社区

的开发中继续发挥作用。

通过租客／居民在每一步的参与和介入，建筑师、土地所有者、承建者以及我们整个团队所有人都紧密合作，致力于建设一个让我们所有人真正感到自豪的充满活力的新社区。工作还在进行中，但是通过每个月的会议所得到的反馈是来自新老租客和居民的正面回应。

住在新房里我们感受到了安稳。通过对庭院设计和布局的广泛研究，我们发现由于附近地区的老问题，以及诸如涂鸦、毒品的反社会行为和城市内部生活相关的各种麻烦，安全性很明显处于首要位置。我们也在向着提供我们的青年社团方向而努力，我们希望青年社团不仅包含青年，还包含各个年龄段的人，并且我们知道在这个区域它易于接受。

对于我，我的家庭以及整条库珀斯路的新老租客和居民来说，这个项目改变了我们的生活。现在我们在个人和社会层面上了解了彼此——项目开始前并非如此。我们再也不是孤立或疏远的，我们是一个团体，互相照顾着彼此和我们的环境。

结论

此项目的目标是树立一个在可持续的城市环境中的可持续发展典型。建筑物能够随着时间变化而不断发展，服务策略简单有效，专门为适应改变而设计。作为理论的实践，通过计算坡顶光伏发电（图 11.14）的潜在贡献，未来发展计划得到验证（一期和二期）。基于单晶体的太阳能光伏板的应用，可开发面积为 $450m^2$ 的南向屋顶每年可以产生 45000kWh 的能量，同时可每年减排二氧化碳 18900kg。

要点：

● 混合业权的可持续城市再开发；

● 良好的社区咨询模型；

● 有内部公共花园的庭院建筑；

● 社区供暖和热电联供；

● 到 2020 年实现二氧化碳零排放的设计策略。

拓展阅读

Evans, B. (2005) 'United Estate: AJ Building Study', *The Architects Journal*, 28 April, pp. 26, 34.

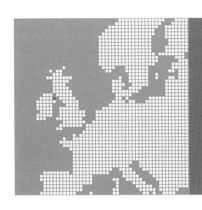

第12章　帕克芒特：
街景和太阳能设计

理查德·帕廷顿，艾德里安·霍恩斯比

设计团队

业主	卡维尔集团
建筑师	理查德·帕廷顿建筑事务所
城市设计师	卢埃林·戴维斯（Llewelyn Davies）
设备工程师	马克斯·福德姆有限责任公司
结构工程师	弗格斯·吉利甘（Fergus Gilligan）及合伙人
质量监理	卡维尔集团
承包商	卡维尔集团

主要项目信息

规划类型	居住建筑
占地面积	$0.57hm^2$
每公顷房屋数	97
每公顷居室数	290

我非常赞成在湖滨路（Shore Road）地区采用这种新的、令人振奋的开发方式开发房地产。从先前废弃的场地转变成一处景观，是这个区域变得美好的开始。

——下院议员及大会成员奈杰尔·多兹（Nigel Dodds）

前言

在贝尔法斯特地区，尝试将社区变得更加和谐一致的进程还体现在街景的物理层次，如利用冲击力性的壁画、涂抹的路边线和沉闷的墙体来分隔社区。[1] 所有这些都不断提醒着人们，贝尔法斯特是一个各种邻里社区的拼盘。[2]

在湖滨路的南面地区和我们所在的帕克芒特地区

图 12.1　在安特里姆路和湖滨路之间贝尔法斯特湖西边的地图

都具有这些特征。在它们的西南面主要是废弃的、众人皆知的芒特弗农地产，曾计划要拆除。紧邻东部就是湖滨克雷森特（Crescent）地产，是一个20世纪70年代规划的新教社区，分布着一系列的为了保障安全的死胡同和尽端路，这些都是那个时代住房布局的实践。再向东就是一条新公路车道，它与沿着贝尔法斯特湖的湖滨路平行。图12.1展示了这个区域的地图。

概要

1997年，北爱尔兰住房管理部门（NIHE）——负责住房分配的主要公共机关，成立了一个项目组，来推进在住房设计方面的一些新理念，通过示范项目将这些理念进行示范。NIHE通过招标程序将项目发包给私人开发商，由其来开发项目并负责项目的市场推广和销售。经过与中标方（卡维尔集团）进行协商和讨论，双方确定各方团体的宗旨目标以及用于评估这个项目环境效果的基本标准。

图 12.3 南向视图

图 12.2 卢埃林·戴维斯"海星图"表示出了从城市中心向外辐射的一个线状动脉图

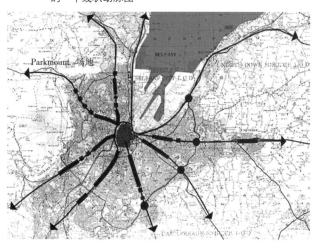

图 12.4 西南向视图

住宅包括 56 个双卧公寓（约 60m²），含两个较小的单卧公寓，达到每公顷 97 个住房的密度（每公顷 290 个居室）。其中 46 个公寓设有轮椅通道，内部空间尺寸适于轮椅操作。

概要的主要部分有以下几点：

- 灵活的公寓设计可以适应在工作模式和生活模式方面的预知变化；

- 创建一个定义为"场所"的，含有景观绿化以及安全的游戏空间；

- 一种完全安全的设计，包括可控的出入口；

- 一个合理的开发进程，在市场开发和确定方案时分阶段实施，将有利于降低金融风险；

- 既简单又可靠的技术解决方案将使运行和维持更加经济；

- 达到生态房屋中"非常好"的标准；[3]

- 最大限度利用太阳能的良好设计，主要围绕光伏组件的研究和革新。

城市背景

贝尔法斯特的城市特征在不列颠群岛中是相当与众不同的。当英格兰一些 19 世纪的城市在 20 世纪 70—90 年代快速扩张时候，伴随着城市边缘的扩张以及城市中心的消退，贝尔法尔特依旧保留着商业城市中心以及动脉状的紧凑型布局（图 12.2 展示了这个城市清晰的布局结构）。湖滨路是这些动脉街道中的一条，这条路的行车道很宽，且大部分的房屋正面距路边都有一定的距离，从而感觉更加开阔。大多数建筑两层高，并且在街道前面有一个开阔的空间，因此失去了传统街道那种围合的感觉。然而，这里有一座人气兴旺的福音教堂，一座老年人社区中心，并有良好的体育设施及一些活动场所，尽管这些设施没有更换过。

场地

这个场地本身是一个长条状的废弃之地，南北对齐，距离贝尔法斯特中心 3.5km。在它的中心有一块平坦的区域，约 35m 宽，160m 长，它提供了唯一可用于房屋建设的空间。

沿着它的东边，有一排半独立的房屋，相对于湖滨路一条延续的沿街表面。在西边，稠密的树林悬崖处，

图 12.5　位置图

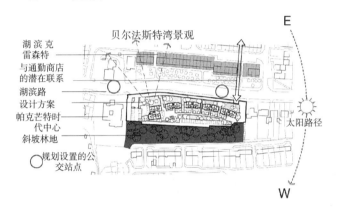

贝尔法斯特湾景观

湖滨克
雷森特
与通勤商店
的潜在联系

湖滨路
设计方案

帕克芒特时
代中心
斜坡林地

规划设置的公
交站点

E

太阳路径

W

图 12.6　湖滨路开发项目总体规划南面视图

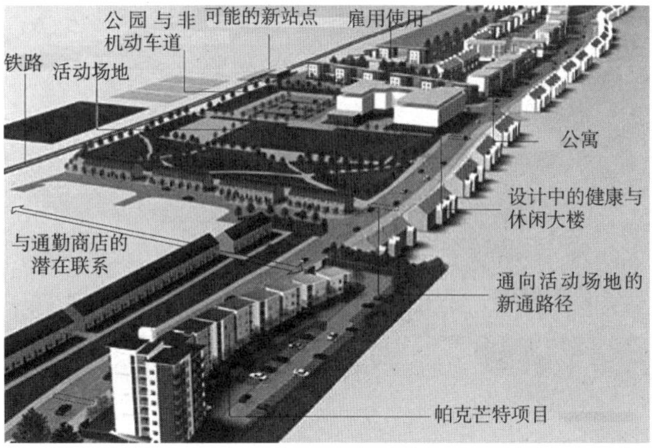

公园与非
机动车道

可能的新站点

雇用使用

铁路

活动场地

与通勤商店的
潜在联系

公寓

设计中的健康与
休闲大楼

通向活动场地的
新通路径

帕克芒特项目

地形变得非常陡峭。从顶部看，几乎高于路面 8m，令人震惊的是，可以看到美丽的贝尔法斯特湖、哈兰德和沃尔夫船厂以及它们的两台黄色吊车和城市的中心。林地和西部的悬崖形成了一个葱郁的背景倒映在这个地方，在更远处可以看到凯夫希尔（Cave Hill）的轮廓线。图 12.3 和图 12.4 给出了目前的场地（见南向和西南向视图）。

重建

为了配合城市设计师卢埃林·戴维斯，我们提出了"线性社区"的概念，即在湖滨路上建造商店、医疗服务设施、休闲场所，同时加强公共交通通道。[4] 我们希望让这个方案能够成为一个标志，成为废旧场地上一个永久存在的标志，代表一种乐观、积极向上的城市形象。同时我们期待在晴天，能够在湖的东南方向一个更大范围内看到这个标志（图12.5）。

针对该区域产生了几十种策略方案，我对此进行了广泛的研究。这些方案都建议充分利用现有基础设施。我们建议在帕克芒特路项目的另一侧建一个通勤铁路车站。道路两边会形成多个通道到达交通站点，同时也会引进一些急需的休息厅。新的步行道将会提高街边道路和公共区域之间连接，并与湖滨克雷森特的尽端路规划形成连接。建立通勤停车站被认为是一

种积极的尝试，这些尝试包括用于活动场所的新设施，体育会所和诊所或者外科医院（图 12.6）。每个设施都将与现有的建筑或公共活动使用相匹配，将充分利用现有的资源。

城区设计

在房屋所在地，我们试图设计一条边路与公共空间连接，即形成一个合适的临街面（street frontage）。我们认为这个发展区的尺度应该与道路本身的尺度和重要性相关，而不是这个地区周边的两层房屋。

我们希望城市取得模范式的能源效率。为了达到这个目的，我们必须最大化地挖掘所在地太阳能的潜在资源。主要考虑自然采光，被动式太阳能得热以及光伏发电的使用。同时我们也想建造一个高质量的景观区域，它将成为整个项目的中心。这个区域必须具有很大的可利用价值，比如观景、安保，避风港湾和高绿化率。植物对于提高该场所的生态性、建造庭院空间和遮蔽居民停车场具有重要意义。

场地规划

战后房屋设计方面的一个明显不足是尚待解决的所有权和空间划分的问题。公共拥有或含糊不清的景观区域和开放区域经常维护较差或容易遭到破坏，随

图 12.7　场地策略

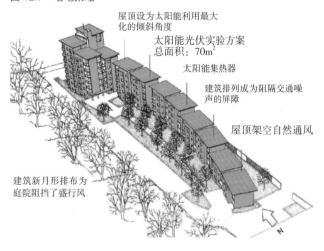

屋顶设为太阳能利用最大化的倾斜角度

太阳能光伏实验方案
总面积：70m²

太阳能集热器

建筑排列成为阻隔交通噪声的屏障

屋顶架空自然通风

建筑新月形排布为庭院阻挡了盛行风

之而来导致犯罪和影响人身安全。然而，在贝尔法斯特，这不仅是一个需要提供安全监视的问题，也是区分"前与后"或"公共和私人"的问题。可以理解的是，购房者对可见的安全和积极的监控、大门安装安保摄像机具有较高的期望水平的情况在那里并不少见。帕克芒特被视为一个安全的"世外桃源"，我们不能接受这种观点，因为这似乎与更新规划理念的可达性和行人运动的观念相矛盾。

图 12.8　完整的方案

图 12.9　草图设计阶段的日照分析

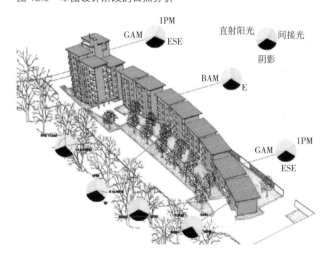

直射阳光　间接光　阴影

安全

在帕克芒特，大量的设施被用于建造清晰且安全的入口，这些入口将通往该项目，并描绘出从临街铺到大门的过渡。在维多利亚和爱德华时期的房屋，这种过渡都采用一系列门槛区分，每个都增强了私有财产的界限。比如：出入口，前花园，到前门的台阶，有圆柱门廊或门廊，等等。在帕克芒特，单一的共享空间有一个安全入口，因此它不是一个公共空间，但建筑物之间的空隙被设在能够瞥见院子的位置，并在街道上有边缘的地方采用低墙壁和栏杆加以强调。对于这几点，建议将带有小的顶棚和照明的独立成对砖柱设立在门口和入口。在将来，随着一个更安全和更宁静社会的出现，将通过人行道把这些门口直接与景观庭院连接起来。

图 12.10　安装完成的太阳能光伏板

太阳能设计

屋顶轮廓线是该项目的显著特征。它有助于将整个方案统一起来，这使每个重复的街区看起来像是整体考虑的。屋顶形状的强度和透明度也是太阳能设计核心内容中一个清晰的建筑表达方式，这将影响项目的每一个方面。

通过对一系列项目的研究和现场调研，我们研究了所有可能的屋顶风景形式，并确保不会受到遮挡。其目的是使屋顶面积最大限度获得最佳倾角和朝南方向（偏南 ±20°）。建筑形状直接反映出"太阳能逻辑"，也就是在场地的南向边界屋顶最低，向北以 5° 的倾角逐渐升高，最高到达 9 层塔的高度。这种建筑整体的布局和建筑体块的发展在一个实际案例（光伏与建筑[5]）中进行了研究并付诸实施。图 12.7 显示了建筑群的最终布局。

尽管起居室有不同朝向，但超过 80% 的公寓具有良好的采光效果，并且许多有双朝向起居室，这在正常的工作日中是比较理想的，因为早晨和傍晚阳光都能直射进来。由于建筑密度和局限的场地，塔楼里那些没有理想太阳朝向的公寓可以在东北方向获得最佳观湖视野。图 12.8 展示了一个完整的方案。

最近很多建造的房子的窗户都很小，内部空间采光的质量和被动式太阳能获得的潜力似乎在很大程度上被忽视。图 12.9 是一张开发方案的日光分析草图，通过对这些问题的考虑，我们相信内部空间采光效果和它们的市场价值将会很大提高。

设计中的一个 70m² 并网发电光伏板可每年发电 4400kWh，这将满足两个公寓一年的全部用电。对于屋顶区域的设计范例（光伏板安装、通道、电缆以及逆变器设计等）将来可用于所有低层建筑。这种方案选用以下材料：单晶硅、工厂预制单层膜、完全防雨的透明聚合物薄膜。设计的单晶硅膜是一层很薄且富有弹性的薄膜，是一种较理想的屋顶轻型薄膜材料。在另一侧，安装了一个 2.5m × 1.3m 的太阳能吸热板用来给下面楼层的公寓预热热水，它的有效吸收面积达到 2.8m²，图 12.10 展示了完整太阳能光伏系统的安装。

建筑的结构和外观

外立面是由许多带有砖砌体纹理的平滑渲染面板结合而成的。砖石建筑墙体窗口上深深的窗显示了它墙体的厚度和质量。为了显著地增进 U 值（比建筑法规《2002 年版》要求的低 30%），它比常规的墙要厚，厚度大约为 140mm。为提高环保性能，墙体填充了绝热材料聚苯乙烯，这种材料不会对臭氧层产生破坏。所有的建筑从上至下上都使用了这种材料。

图 12.11 塔楼细部　　　　　　　　　　　图 12.12 墙洞的构造细部

典型的窗侧壁细部（砖墙）

内窗台
侧壁内外都涂有硅酮
密封胶的玻璃窗单元
砌块抹灰
内层 100mm 厚砌块

137.5mm 空腔内填
blown bead 绝热材料
外层砖砌体
窗开口处铺设整砖
断热和 DPC

窗台

下层砖墙侧壁细部

典型的窗台细部（砖墙）

内窗台

玻璃窗单元
窗台
窗框由成角度固定在内层的垫层支撑
空腔的托盘直接设在窗台下
专用的空腔密封：隔绝空气
外层砖砌体
137.5mm 空腔内填 blown bead 绝热材料
内层 100mm 厚砌块
砌块抹灰

与砖石建筑质量（图 12.11）形成鲜明相对比的是，在建筑的拐角处沿整座建筑高度设置了一些装有门的观景窗，通过这些门可以走到外面装有精致金属栏杆的阳台。拐角处清晰的线条围绕着楼梯和入口处，那里装有透明的玻璃，提醒人们这里是开放的和可达到的。由于玻璃通往公共区域，因而确保楼梯的中心可以在任何时候眺望到公共区域。玻璃窗提高了隔热性能，采用 Low-E 玻璃之后，使得窗户平均 U 值达到 1.9W/（m²·K）。墙体的设计（图 12.12）以及窗户规格表明违背了标准的房屋实践，同时对塔楼的建造提出了问题，主要是为了保护墙体内部免受水浸入而对墙体进行的完全填充，这样做的效果需要考虑。在楼层的上部墙体要经受大的风载荷，相关的安全系数设计时也需要考虑。

能源及生态屋认证

方案中的所有公寓，它的 SAP⁶ 得分高于 96，大约 70% 的公寓的 SAP 得分超过了 100。对这些使用太阳能的建筑，太阳能板贡献给 SAP 几乎两个点。那些装有光伏板的公寓的 SAP 得分平均达到 114，而没有装光伏板的公寓 SAP 得分只能达到 105。正如人们期望的那样，由于朝向和竖直位置的不同 SAP 得分仅仅起到微小变化（公寓的顶楼和底楼的运行效果变化很小）。

SAP 计算也是生态屋评估的一项重要指标，生态屋是一个环保认证，用来奖励那些通过好的设计来提高建筑的环保性能的开发商（或者购买者）。生态屋的宗旨是为那些新建的、改造的公寓或者合租房提供一个可信透明标签。

在评估程序中，有大量的信贷支持可用于降低由于能源消耗而带来的二氧化碳排放量。在最终的分数计算时，这一项的权重相当大。帕克芒特在这个区域分数较好，如果为了进一步提高分数只能通过大规模地利用可再生能源来实现。

内部布局和灵活使用

"终身之家"⁷ 是为了满足不同的使用要求，比如房屋能满足孩子不同成长阶段的使用要求、有客人居住的地方、或者能够给行动不便的老人提供帮助。

图 12.13　典型的公寓平面图

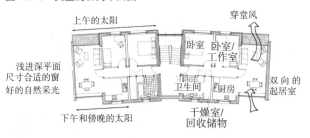

图 12.14　从庭院看建筑

帕克芒特的方案就是整合"终身之家"理念的设计特点，形成了两种基本的类型，每种类型具有一些变化，如低层建筑室内设计两个起居室，使室内空气形成对流。高层建筑都提供无障碍通道。图 12.13 是一个典型的有双面起居室的低层公寓。

可持续城市设计

一个可持续的邻里关系必须是成功且令人期待的。房屋设计师继承了由失败的房屋设计和新城市规划产生的社会实践遗留问题和不可持续乐观主义。虽然现在规划部门及其领导已经不再固守保守主义和极端的历史情感，但是我们认为这里有一个人类现代审美观的需求。[8]

虽然我们已经尽了最大能力实现我们居住地的环境潜力，但是仍没有广泛地去理解这座城市——贝尔法斯特，它的传统，建筑及街道的形式和特点，以及其文化的丰富和多样性。

我们曾经考虑不同的，看似无关的问题——安全问题以及其如何对该区域方案的可取性和效果的问题，比如建筑光电利用一体化技术可行性，因为该技术仍处于起步阶段。在这两种情况下，我们曾试图期待：在安全的情况下，方案变得更加方便、可操作以及更具有包容性的时候。该建筑的设计必须保持可变，这种变化可能是由于其文化的转变引起的。在太阳能设计中，我们已经使屋面和表面能够为太阳能板提供最佳的朝向，并期待某一天投资回报期和它的建造技术能够适合每一个新建筑和改建工程。

后记及对未来的启示

帕克芒特的发展（现在成为"地平线建筑"）已经取得多方面的成功。公寓价格已经比 2003 年的 65000—70000 英镑的价格翻了一倍，但这个价格仍然被认为是不够理想的地区。然而，这必须和贝尔法斯特城过去两年内戏剧性上涨的房价对比。当景观发展成熟后，其发展将会受到欢迎并且更加令人期待。这里没有任何涂鸦的迹象，甚至连公共自行车商店都得到很好的应用。购买者和居住者一般都注重宽敞明亮的室内设计（一个高质量的室内采光

图 12.15　弗雷德与维维恩·米切尔（Fred and Vivenne Mitchell）

图 12.16　桑德拉·伊芙（Sandra Eva）

效果，而不是公寓的面积，实际上公寓面积是相当小的）。

在帕克芒特项目中，不同形式的室内装修和内部空间布局是令人欣慰和满意的。居民必须使房间的空间布局能够满足他们的预算和使用要求，以及家庭舒适度，家庭影院和家庭工作，甚至是家庭的符号标志——壁炉（图 12.15、图 12.16 和图 12.17 给出的是居住者的室内生活照片，他们很高兴邀请我们参观他们个人的房间）。[9] 被动式设计措施看起来都似乎有助于提高室内舒适度和室内环境质量，尽管大范围内的可再生能源利用还没有实现，但已经有政府资助的项目，以改善湖滨路的街景和环境。

实验区的光伏发电不是特别成功。尽管已经努力了，但还是没有获得额外的资金来支持光伏发电。产生这一系列问题的原因是原设计采用的一体化光伏屋面是这种板嵌入到屋顶薄膜里面，而不是采用夹式面板。薄膜光伏板技术虽然在效率上有所降低，但可以降低成本。然而，开发商也付出了相当大的投资，部分原因是由于在这个特定的系统里，没有直接的竞争对手；另一部分是因为，在北爱尔兰只有一个认可的安装单位。北爱尔兰不像大陆，市场还没有得到充分激发而吸引大量的配套服务和供应商参与，这成为制约光伏发电在北爱尔兰发展的因素。

这种特定的布置形式耗资在 25000—30000 英镑之间（尽管这必须减去由于有光伏板而省掉的标准屋顶膜部分），可以输出 2kWp 的电力。这个和投资机构产生了第一个分歧，他们认为产生 2kWp 的电力应投资 12000 英镑。额外的花费是因为采用了一体化屋顶太阳能膜，但事实上，光伏板也提供了屋顶防水，该花费的减少也没有考虑进去。实际上，该方案并不合格，因它采用了创新技术而不是已经很成熟的技术。类似的分歧还发生在逆变器的安装和使用说明，类似屋顶膜那样，逆变器来自德国的一家公司（它们是英国大陆的供应商）。逆变器可以被安装并使用，但由于投资者提出的担保要求无法满足，因此根据北爱尔兰的法律法规，他们拒绝了授权德国生产的逆变器。由于资金的缺乏减弱了最全面监控的雄心壮志，虽然安装了监控设备，但没有一个协同系统去收集一些公寓的太阳能光伏板或光热系统的集热数据。虽然感兴趣的居住者能收集发电量和电力消费，但是遗憾的是没有用于比较的基础。

倘若北爱尔兰在 2002 年还不具备利用主动式太阳能技术，那么根据当前媒体的报道，当前的形势是非常好的。英国工贸部的低碳城市方案获得了 50% 的资金支持，同时北部电力公司（区域电力公司）也提

图 12.17　贝尔德（Baird）夫妇

图 12.18　地平线上升起的朝阳（摄于帕克芒特项目的一间公寓阳台）

供了 15% 的资金支持。资助仅仅提供给住房协会，公营房屋机构，学校和公共机构。

尽管光伏发电还没有实现大家所期待的潜力（投资回报期大大超过光伏板的生命周期）以及存在不太令人满足的并网方面的问题，但我们肯定会朝着美好的太阳能未来前进。在帕克芒特的基本设计已经得到了认可，比如，集中在投资回报期短的被动式技术和常规技术以及未来的屋顶形式，从而实现在水平面获得更大太阳能的综合技术（图 12.18）。

拓展阅读

RPA (2004) 'Parkmount Housing'. Available:
　　http://www.rparchitects.co.uk/publications/RPA parkmount housing.php.
Young, E. (2004) 'Sunny side up', *RIBA Journal*, August, pp. 40–49.

（上述网站访问时间：2007 年 12 月 15 日）

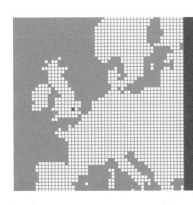

第13章 科因街住房：
建筑的参与

格雷厄姆·豪沃思

设计团队

业主	科因街社区建设商
	科因街住房合资公司
建筑师	豪沃思·汤普金斯（Hawoth Tompkins）
景观建筑师	卡姆林·朗斯代尔（Camlin Lansdale）
工程服务顾问	A·坦恩（Atelier Ten）（科因街）/马克斯·福德姆有限责任公司（邻里中心）
结构工程师	普赖斯和迈尔斯（Price & Myers）

工程基本信息

项目类型	居住和社区中心
占地面积	1.2hm²
每公顷房屋数	79
每公顷居室数	334

引言

建筑师的作用在可持续城市发展中常具有两面性。大部分好的建筑师关注于建筑的样式、品味和构图的传统关系。其设计的结果是，虽然外表看上去让人兴奋，但实际却常常存在问题，即经不起广泛的社会经济环境与文化需求的仔细推敲。

同样，借助现代工艺技术，对于社区的简单划定，可以避免那些情形，如建筑产生于现实不够严格的区域。所传授和所刊登的建筑经常仅能够论述出抽象的事实，并不完整，因此这些"再处理的过程"会变得越来越不可持续。好建筑潜在效益没有被广泛大众所获知，就像在媒体中那些令我们兴奋的产品事实上可能只影响到全球问题的不到5%，余下的95%的问题仍没有得到答复。

图 13.1 （a）旧金山米申大街日常生活的"杂乱"现状

（b）在曼哈顿，即便是"设计的"城市也不能表达出设计专家渴望的那些抽象事实

（c）1969年，曼哈顿的"第七调查"——通过广告艺术大师约瑟夫·孔苏斯（Joseph Kosuth）探索非艺术背景的公共区域和紊乱的城市环境

真正的可持续建筑应该能够应对更多的目标，满足更多的需求，变得更加适宜和实现更多的关联目标。在城市环境中，如想致力于重大的改进，设计必须关心日常生活现实，同时通过设计建立与经济、社会目标、政治相一致的关键价值观（图13.1a–c）。

弗兰克·盖里在早期的文章"对经济强硬起来"[1]中对其做过定义，文章中，他发现设计者的愿望与他们工作的现实中存在着一种不和谐现象，具体表现为：

> 如果你走在大街上，街上会有很多小汽车和很多沉默的墙壁，这所谓的设计充满了一种强迫的态度，它需要的是别出心裁的想象而不是现实，其实这类价值观是错的。

作为一个从事生产建造的建筑工作室而言，我们的方法自然地着眼于促进更加可持续的城市环境。围绕技术是必要的，但我们通过怀疑态度来减少对技术的崇拜。同样，仅以量化指标去判断可持续实践工作也是过分简单，真正的可持续性同样也是关注于定性和文化层面。我们感兴趣于人文文化的追求，它不仅包含了建筑、视觉艺术、文学和哲学，同时也包含日常生活中的种种普通活动。

我们可以采取许多不同的方式来建立可持续的关键价值观，但越来越使我们感兴趣的是那些偏离主流的边缘思想，这种观念能够绕开"样式、品味和技术争论"。我们有兴趣扩大挖掘我们项目的文化背景价值，同时认识到为取得更加可持续的目标，建筑师与创造城市环境各种机构一起协同工作是非常重要的。

以迈克尔·拉科威茨（Michael Rakowitz）（艺术家、讲师、设计师和社会活动家）设计的纽约流浪者收容所为例（图13.2）。这是迈克尔在麻省理工学院读硕士研究生的时候，设计的第一个由垃圾袋和水

图 13.2 迈克尔·拉科威茨设计的流浪者寄生避难所

图 13.3 弗兰克·盖里的 Gemini GEL "适宜的、低成本、低技术剪贴工艺"

泥基础组成的建筑，现在它已经发展成一个持续改善的收容所项目，他称之为"寄生"设计。这些临时的、充气的结构仅仅花费 2.5 英镑，它可以通过连接建筑排放热气的管道和蒸汽通风口得到生活中持续的温暖与庇护。拉科威茨指出，他的工作并不能作为不动产存在，收容所伴随着问题将会消失。这种情况下，真正的设计者是那些具备政府机构组织能力的政策制定者。[2]

Gemini GEL 是弗兰克·盖里的早期项目，一个美术平面设计公司，采用了邻近轻型工业建筑简单粉刷的想法，平屋顶，单元式空调器和链式停车

图 13.4　（a）杰·查在洪都拉斯（左）和玻利维亚（右）的低成本
　　　　社区项目

（b）威尔·布鲁德在亚利桑那州进行的外立面改造项目——5 英镑 /m²
　　　用最低的成本"重塑"最大的空间——一个可持续格言

一个典型的案例，展示出建筑设计和社区之间很好的相互融合（图 13.4a）。在亚利桑那州，威尔·布鲁德（Will Bruder）用一种经济的轻质膜重新包装既有结构,建立一个完美的可持续城市再生模型（图 13.4b）。

在这项工作中最使人振奋的是，虽然它涉及美学和技术两个方面，但是关键性变革或出发点，往往源于经济、社会或政治原因。最近，我们在伦敦承担了一些需要处理类似问题的工程，这使我们可以多角度聚焦可持续性及其真正含义，尤其是在一个城市环境中；同时我们也明白，提供促进变革的催化剂以及融合变革效果的胶粘剂是必不可少的。

场，盖里将它的周围创造出一个可出租、低成本和有活力的城市环境，以应对未来的扩建、加建和改建。起初盖里改造的 Gemini 是两个小建筑，被刷成灰色的新立面效果，随后被添加了一个 500m² 的两层楼廊和车间，小汽车停车场后来也发展成为一个旅馆（图 13.3）。

在玻利维亚和洪都拉斯，杰·查（Jae Cha）的低成本工作是诗意一般地使用最简单的材料（木材）和聚碳酸酯薄膜，这种做法收效甚好，它成为

在参与可持续重建方面，Iroko 住房合作项目便是其中一个。它将被以一种图解的方式深度解读项目各种复杂问题，以及一些建筑师认为次要的法规如何积极地影响设计。这项工程表述了工程推进和应对外部因素（例如经济发展、资金、环境变化）

图 13.5 红线内为整体科因街地区的鸟瞰图，内部黄色的部分为 Iroko 项目地块

图 13.6 某一科因街暑期社区节日联欢活动时的 Bangra 工作坊

改变方向的必要性。这是与现代主义总体规划"单一视角"相对立，它呈现出一种适应城市化的更为宽松和多样的方式。

科因街：Iroko 项目

在伦敦，2001 年完成了 Iroko 项目开发的第一个阶段，我们已经能够从中获益，一方面，可以看到第一批居民很好地适应这项计划；另一方面，我们可以检验哪些设计收效较好，哪些设计需要调整。这些检验包括管理问题和建筑问题。我们也已经取得项目更进一步阶段的进展，但是资金问题使得我们仅仅允许整体目标的一部分内容先行。在第二阶段，即科因街邻里中心，是待建场地的建设工程的一半，将形成整个概念和社会基础的一个关键部分。

Iroko 项目是在伦敦泰晤士河的南岸公园共约 35hm² 地块里，它代表一个组群地块开发的一个阶段。委托人科因街社区建造商（CSCB）是一个非营利的公司，他们的目的在于在城市中心提供可负担起的住房，而且在过去整整十年时间里它们已经改变了伦敦这一部分。

科因街区域坐落在国家剧院后面背靠河岸，它已成为一个主导的城市重建模式（见图 13.5）。在科因街建造的住宅最终约 600 个家庭居住，其中 55% 都是居民可负担的，连同配套的艺术，体育及社区设施，商店和工作坊，咖啡馆和餐馆，一个公园和河畔的步行道，它们由五个独立的住房合资公司拥有和管理。

CSCB 是真正的"社区建造商"，旨在建设南岸公园的可持续社区。重要的是，其并不是仅仅致力于住房建筑设计，同时，也在探索住所与其他用途相融合的社会经济结构。这些用途源于当地的各种活动［如节日、教育、运动和社区活动（图 13.6）］与主要文化体系，如国家剧院、海瓦德美术馆、皇家节日大厅和兰伯特芭蕾舞团，甚至连同新的重要雇主（如伦敦周末电视台和塞恩斯伯里超市）。

Iroko 项目是我们在 1997 年通过一个受限条目竞争获得胜利的项目。整个场地区域是 1.2hm²，0.8hm² 用于住房，场地剩下的 30% 被用于公共活动，15% 为科因街邻里中心机构。它提供了总数为 59 个住处和包

括 32 个家庭住房，每一个住房可以容纳多达 6 个人。这种容量平衡是由一些混合的公寓和跃层公寓组成，所有的住房由这些住户形成的住房合资公司租赁和管理。目前，我们正在开发余下区域的设计纲要，这个项目将在 2010 年完成。因此，整个城市街区将在 13 年内完成。

这块场地是这个区域里可能容纳大量家庭住户的少数场地之一，设计成独栋住宅的形式也会有充足的户外设施空间。初步设计显示可以容纳 50—70 套公寓（其中独栋住宅 30—40 个）。考虑到社会住房趋近于完全出租和大量的儿童住所存在等诸多问题，CSCB 强调这是对住宅尺度延伸的渴望，证实人们主要关心的是居住质量和环境，而并非住宅的最大密度。

我们同样意识到欧洲城市居民地位在这十年之间已经历了巨大的变化。城市居民不再被边缘化、贫困化或被社会排斥；他们有自信心和创造性。然而，在社区中，随着个人信心的上升，集体信心会相应的瓦解，我们认为可以针对这种集体信心的瓦解在住宅设计上进行处理。

市中心的住房设计策略被证明是存在错误的。建筑需要有足够尺度，才能在都市背景之中能有很好的舒适性，但是同时必须提供适合小规模的家庭活动的环境。因此，找到一个对场地环境的适宜尺度是设计的一个重要出发点。建筑尺度的宏伟性和居家性之间的平衡度，以建筑为载体，通过有足够的尺度和存在对外露的城市环境的回应，也为创造一个特别的场所感和群落的方式而被检验。同时，设计应该为居民创作一种高度的私密性与公共性设施。我们相信在这个场地上，一种强烈的预示标识非常必要，一方面它可以容易被公众和居住者解读和理解；另一方面它可以在公众和私人之间建立一个非常明确的区别信号。

我们探讨了不同的建筑布局。它包括传统的街道模式和独立的居住街区，其中绝大部分被证

图 13.7　科因街住宅分布方案图

（a）

（b）

（c）

（d）

（e）

图 13.8 内庭院的传统做法是形成一个方形中心广场和走廊通道空间

图 13.10 （a）在沃克斯豪尔毗邻波宁顿广场公共花园的繁忙的交通

图 13.9 诺丁山的斯坦利公园

（b）在沃克斯豪尔波宁顿广场的公共花园

明不可能提供恰当的水平围合空间。最终，我所选择了中空方形模式，这有助于我们重新定义整个城市街区和提供恰当的外部围护结构，留下内部空间作为公共设施的开放空间，住处被设置在开敞式庭院周围，大的景观花园形式与游乐区使得公共空间最大化，三面以住宅为界和第四面为科因街邻里中心（图13.7a–e）。这种形式多用于多层住宅中，居室朝向外部街道，入口则在内侧立面上（图13.8）。

对于独立式家庭住宅或者城镇住房，很少使用中心方形广场。但是，在伦敦诺丁山的园林广场场地终端的另一端，有一些由私人花园向公共花园开放的最

好例子（图13.9）。事实证明这种模式非常成功，中央空间变成一个分享所有权与互动的聚焦点。在城市内部，我们同样感兴趣于平静的景观和种植效果（图13.10a–b）。

设计方案的尺度是对市中心环境的一种反应，都市的热闹感往往需要一个特殊的多数量和高密度来保持。事实上，项目有265个停车位的地下室停车场，增加了城市的集中性。在停车场上面的中央景观庭院提供了一个安静的公共区域，阻隔了来自街道的噪声，设计迎合活动范围和年龄组群（图13.11）：小路、大的种植床和异型混凝土墙把空间划分成四个主要部分：一个大草坪区，一个郁金香树样本上的休息平台，一

图 13.11　地下室停车场上的公共庭院花园

图 13.13　邻里中心的背立面附着木材界面与凹窗

图 13.12　繁忙都市环境中 Iroko 项目（外部砖墙围合）

图 13.14　在城市中心庭院花园创造了一个安静的绿洲

个有游乐设施的幼儿区域和一个有阶梯平台的下沉场地。房屋与科因街邻里中心有一种直接的关系，在南面有效的隔离庭院，尽管两部分用途是物理分隔，但在住房和公共设施之间彼此视觉满足，当允许邻里中心得益于庭院花园提供的视觉景象和空间感觉的同时，尽可能在细节设计上保持居住房屋的私密性。

　　住房立面处理有两面性，一方面在外侧为公共街景；另一方面在内侧为中心的私人景观花园。图13.12 和图 13.13 显示街道立面用暴露的深窗呈现出一种简单砖屏幕，从可持续源头，在庭院花园一侧一个日常的木材覆层被选择用于缓和气候和适应景观环境（图 13.14）。

图 13.15 鸟瞰在红线以外的 Iroko 项目的庭院和斯坦福街邻里中心场地

这些建议体现了有关空间规划可持续原则和太阳能利用方面内容。每个住处都有屋顶太阳能光热板用来生产家庭的生活热水和保温层需求，选择最小环境影响的通风系统和材料，并在每一个住户后面安装机械通风，通风率可以被调整，以及利用空气热回收来预热新风系统。

很显然，在这个项目中住房密度是设计主导。尽管，它符合那个时候的政府指导方针，在 PPG3 的陈述中，通过在城市工业污染土地上建设更高密度的住宅，以此用于保护伦敦的绿化带。[3] 总体密度是每公顷 334 个可居住的空间（总共 291 个可居住的空间）与朗伯斯区规划指导方针（每公顷 210 个适于居住的空间）相比较，增加了 59%。这种开发不允许满负荷容量，实现 260 个住户居住，其中 140 名是 16 岁以下的儿童，如果完全占用，将会达到 360 个住户。

与房屋的其他用途集成是科因街的可持续发展战略的一个重要部分。在提供了庭院形式的封闭以及使城市街区完整的同时，邻里中心也满足了各种具体的当地需求（图 13.15）。

科因街邻里中心

随着科因街居住社区不断增长的服务需求，旧有行业工作被新的所取代，如休闲、艺术和媒体等行业。不管怎么样，在伦敦城内，由于缺少充足的职业培训，一些居民将无法在新生行业中获取工作。

1999 年，一份由南岸就业集团和 CSCB 发起的由 MORI 对当地居民和商业的调研报告显示，在孩子保育、年轻人和家庭保障，学习和娱乐保障，运动和社会设施方面的负担存在突出的不足，以及在局部区域普遍缺乏社区设施。图 13.16 是当前的目标区域图。

事实上，Iroko 住房项目加剧了这种需要，它迅速地突出当地公共设施不足的问题，包括学校、户内和户外运动设施、儿童保育和校外项目。在 MORI 调查报告中，对于学习需求和企业保障也有所体现，例如，30% 的本地工龄住户没有正式任职资格，这种比例远高于国内水平，雇主招聘职工也有极大的困难。

CSCB 的回应是为科因街构建一个邻里中心，在一个异乎寻常宽泛的功能混合的单独建筑内，使用

图 13.16　斯坦福大街邻里中心的集水区域

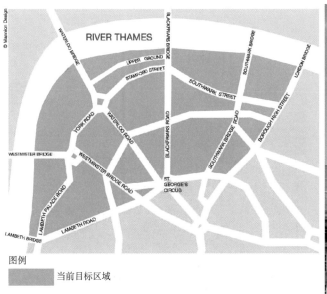

图 13.17　邻里中心的斯坦福大街入口立面

各种方式塑造其原型。设施包括 70 个位置的邻里托儿所和育婴堂，校外空间、青少年和家庭保障设施，一个邻里咖啡吧，CSCB / 科因街集团的办公室，以及一个容纳相当于 300 个代表的学习和企业保障中心。一个餐馆 / 零售空间，被出租用于以商业目的，也成为搞活复兴斯坦福街区及利于增加财政收入（图 13.17）。

　　这样做的目的是创造一种受欢迎的、非正式的环境。在这种环境中，各个组成部分之间可以相互加强并且有最大机会地去交流和发现。对于邻里来说，建筑需要在邻里关系上清晰地述说它的独特目的和公共价值观，保持对复杂性和各种各样的城市周边环境的一种和谐反应。在建筑上，邻里中心不得不借助完全不同的方式应对对面的佐治亚露台、喧闹的斯坦福大街区和 Iroko 房屋、花园的私人领域。

　　与建筑的外观和布局的同时，设计团队通过开发自然通风系统和辅助通风设备来处理可持续问题，这有助于生成建筑的形式和结构来处理相对恶劣的环境条件。

　　斯坦福大街南立面比较吵闹和脏，并且有潜在的炎热，因此，这个立面没有开启的窗户。相反，一系列矩形的太阳能烟囱被沿着立面设置，在建筑上形成了第二个立面层次。图 13.18 显示，这些烟囱通过导入来自花园一侧的更为凉爽的、更为新鲜的空气，使其穿过建筑内部空间，并在顶层排出的方式来实现自然通风。可持续低能耗建筑的理念被进一步发展，在夜间通过使用暴露的混凝土顶棚对一层和二层自动制冷。

　　项目的密集程度也反映 Iroko 房屋项目的规模（建筑的高度与 Iroko 的地面平台上部相近），也被

图 13.18   太阳能自然通风"烟囱"

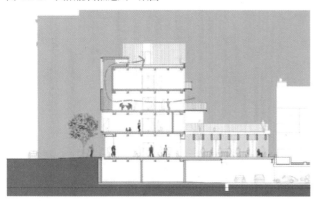

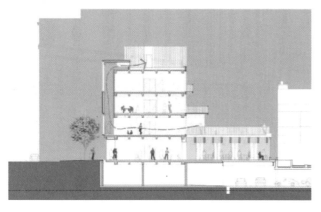

图 13.19   邻里中心隔绝庭院，阻止交通噪声的干扰，并对房屋提供被动式监管

存储处将会更令人满意。私人花园、阳台、屋顶平台和高级的步行通道都是成功的（图 13.21）。然而，机械通风系统却不太被人认可，似乎因为更多的居住者都对其不了解，致使多数人不知道如何正确的使用它，这就显示出进一步的培训和信息传播是必需的。

设计成用于阻止交通噪声和烟尘对 Iroko 花园庭院的干扰。

Iroko 项目庭院概念作为一系列不同层次平台空间延续到邻里中心。事实上花园延伸至一个用于学习的较高水平高度的屋顶平台，企业保障中心提供了俯瞰伦敦的极佳视角，同时维护 Iroko 项目内部居民的隐私（图 13.19 和图 13.20）。

自该住宅项目使用以来，居住情况产生了一个有趣的变化。目前，203 名成年人和 65 名 16 岁以下的儿童所组成的居民数量出现大幅度下降，这主要是由于一些成年人分居、儿童长大和新的出生率下降所造成的。

Iroko 项目：经验教训

2007 年 9 月邻里中心落成时，该项目的住房部分已经在五年前交付使用，建筑功能健全并经得起推敲。该住宅设计的成功在于人们对该建筑健全功能的喜爱。如果预算允许，在住宅内部设置更多的

经过初期磨合之后，现在的公共区域已经习惯于一种被公众接受的可操作的"生活方式"，这些居民自行发起初始计划之外的条款修订，例如引入闭路电视，有些由房主最初提出但已全面发生变化并有可能受到抵制。

Iroko 项目的主要问题是管理和社会问题，这个问题也不算特别突出。它大多出现于居民对项目的某些方面所采取的措施，如：外部人行道区域和景

图 13.20　邻里中心的地下室和一层平面图

(a)

(b)

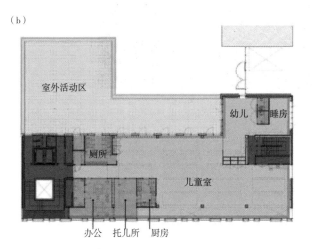

观维护，以及 CSCB 为首的一些提案。维护的根本问题通过租赁协议被弥补。CSCB 负责建筑结构和共同部分的合作开发，为的是尽可能降低租金水平，当 CSCB 想要保护他们的投资的时候。建筑在很大程度上是自我清洁，特别是砖和金属制品。但是预制混凝土台阶和未经处理的木质外皮的污垢在五年内还不能被清洁，很明显，对于这些因素应该实施周期性的清洁。

软景观也呈现了磨损痕迹，但是这都是由于过度使用的结果，这是一个积极的征兆。令人惊讶的是，它主要被儿童使用而非成年人，有一种奇怪的动力使

社区的成年人不愿意干涉其他的孩子以避免冲突，所以院子空间被默认成儿童和少年领域。这种现象表明它将与孩子的平均年龄增长成正比关系。最终，空间被社区成年人更多地使用。

在院子里，所有隐蔽的角落，特别是角落的凹角，处于不同形式的使用状态，而这些空间是被隔绝下来留作私人花园的扩展空间之用的。对于软景观，孩子们并非恶意破坏，而是由于他们激烈地玩耍导致对其的破坏。完成邻里中心的第一步将提供少许被动监测的因素以防止这些事情的发生。

科因街社区建造商的背景

CSCB 的起源表明，在规划过程和城市主动再生方面的参与可以促成更为可持续的城市设计。CSCB 是产生于在 20 世纪 70 年代和 80 年代之间出现的一场在副首相迈克尔·赫塞尔廷监督下的长达两年的公众询问运动。

科因街区域在过去处在一种下滑的状态，像 Boots, WH Smith 这些大的雇主以及 Majesty 的文具办公室已经迁出，并导致房屋闲置。随着传统产业的高失业率和伦敦议会支持的下降，作为一个整体的城市处于一种变化不定的状态。

当时的心境很容易被忘却。在布里克斯顿、哈克尼的暴动和被剥夺的年轻人的声音由"伦敦狂热"的朋克摇滚乐所完全表现——被遗弃的仓库、高楼、海洛因、警察与小偷，这被普遍认为是一种"直接反应"。尽管它破败了，幸存的居民并没有发现该区域的危险或险恶，而是仍然有一种强烈的群体感觉。他们寻找邻里关系的复活，远胜于迁移到另一个区域。他们对用一个商业发展来取代本地社区作为一个长久可持续的选择方法，持有一种深度的怀疑态度。

除了清晰地陈述区域需求规划之外，这种政策一直在等待市场的反应会如何。这种模糊性似乎是良好规划的对立面。当本地居民被警告由于住房损耗和更

图 13.21　居民的个性化的花园空间

图 13.22　在 20 世纪 70 年代原来的科因街抗议者们

图 13.23　厄尼（Ernie）——一个本地居民和 CSCB 委员会成员，最近，因为社区提供服务而获得一枚英帝国勋章

进一步的办公发展要关闭学校和商店时，他们决定要直接参与规划设计过程（图 13.22）。

更为戏剧性的是，由理查德·罗杰斯为格雷科阿地产设计的项目变成了两个独立的规划申请。理查德·罗杰斯的方案是一个具有"独立视角"的计划，一个项链般的高层建筑沿着隐蔽着的廊道的总体区域规划，它从滑铁卢桥延伸到 OXO 塔，有 0.5km 长。

作为一片有条理的都市生活区域，它有着极大的完整性。依靠超过 100000m² 的商业空间利用是可行的。它也建议拆除 OXO 塔码头，并在泰晤士河上面创建一个新的行人桥。该计划的目的是营造城市范围的公共场所，以此作为南岸公共便利设施的一个延伸，但是许多人认为它忽视了本地问题。

由 AWG 提出的另一种方案后来发展成 CSCB，这就避免了大的概念，取而代之的是关注一系列小的想法，从本土社区的需求出发，恢复原有的城市街区街道模型和留住 OXO 塔码头。

尽管在建筑设计方法上存在差异，真正的问题是规模和使用的混合。这种选择存在于一个城市聚焦于与居住有关的因素商业策划之中，或者一个聚焦于与商业有关因素的本地居住计划之间。经过国内最长的规划设计竞选，结果是两种方案都被授予规划许可。

尽管科因街受惠于舆论压力，但在大量的游说和强加各种条款之后，地方社区团体还是没有能力担负场地的购买力（现今规划为办公使用建筑许可证），没有直接地介入和支持地方当局。这些条款限制购买方只能建设协议租房，并且轻工业／购物空间与社区规划许可相一致。因此，这减少一部分潜在的商业市场价值，从而使得商业开发者对它没有吸引力。

每一个规划主管部门都有权利直接干预，但他们很少使用这种权利。很显然，一种通过解散 GLC 实现统一的发展计划和土地出让的改变是有争议的，地方社区团体的方案面对市场化时，资本开发的最大价值被一个本地社区服务组织承担。

当时，科因街备受争议。然而，公众方案却与此区域显现出很好的契合度，人们开始怀疑这些小题大做的事究竟是为了什么。从这个小插曲来看，可持续课题可以被应用于其他城市中心场地，是非常简单事情。

对于一个有明确的治理力量和支持选举的社区，地方主管部门实行这种积极地改变，并有可能通过新的发展来完成它的社会目标。显然，在早期的规划和发展过程中，当地团体的参与导致对选择范围更为复杂的选择考虑。这种当地团体参与提供一种非常重要知识、历史和文化记忆源泉，是一颗更加可持续的城市社区生长种子（图 13.23）。

科因街的进化也证明可以避免死板的、单一视角的总体规划，取而代之的是一个更为整体的城市规划方法，而不是通过强加一个大的概念。它提倡在一个整体里，综合各种小的想法。总体规划可能是多样的，它可以通过提供一个可能被实施项目清单，在资金和土地变得有效时，通过不同的建筑师实施。同样，有可能着手一个开阔的视野，将有能力将之打碎成更容易管理的阶段，使自己从社区的原有设想适应其发展和开发差异改变，将会更加灵活。

科因街也证明，它需要清晰的管理和组织框架，使得其主动的发展和存活。CSCB 董事设置该区域总体开发指导路线，打造与本地机构与商业有关的教育和就业。在科因街内部有一个商业管理机构在运行基础设施，出租商业空间，组织节日与文化事务，甚至，它还有自己的园艺大师团队来维护公园、河畔步行空间和其他公共区域。

一般来说，一个可负担得起的住房是一个有着良好的自我管理与合作模式体系。每一个与住宅项目有关的项目都由一个特别成型的住房合作模式来运作（目前存在四种模式）。所有这些对于城市环境来说都是乐观的，而后，一系列树种被命名（如棕榈、红木、桑树）。住房合作模式是一个连同他们自己的家庭和住房运行控制方式的团体。这些属性作为一个整体和成员从属于这种合作模式，并向它支付租金。

这种合作模式是非营利性的，所以任何盈余最后会用来改善住房。特别是如果各成员自愿做一些日常工作，这样可以使管理费用和租金下降。这种合作模式系统也提供了现场管理一些高密度社会住房常规问题，CSCB 提供一个培训项目，来帮助居民了解他们作为合作模式成员的责任，并使其感到有信心实现它们。如通过监管公共空间，使得电梯和楼梯能被充分的利用。

不像大多数社会住房团体，CSCB 已经发展一个能够开拓场地巨大潜质、提供住房交叉补贴的机会，并具有一系列技能的团队。OXO 塔包含两个较大的高端饭店和一系列工艺研讨会作坊，如：咖啡吧、花店和画廊空间。Iroko 项目的停车场下方空间已经租给NCP，目的是为本地办公人员和去南岸公园的拜访者提供空间，也通过设置一些临时广告和照明装饰的布告牌增加税收。

有些人很难理解为什么一个像 CSCB 这样的非营利公司想招揽这些商业活动，如出租给哈维尼科尔斯做餐厅，并提供相当贵的食物给富人，和当人们对使用汽车失去信心的时候，在伦敦市中心为他们提供通勤停车空间。

答案是他们是务实的。他们从商业部分得到资金用于维持项目其他部分，如维护公园和花园，举办节日庆典和住房交叉补贴。这种交叉补贴的商业现实对于资助负担得起的住房是重要的，如城市内部建设的高密度住房比传统的两层住房平均贵100%—150%。

科因街项目下一个阶段内容是需要通过必要的推动形成一个商业收益来源。目前，此计划正处在规划申请或早期开发阶段。例如，来自 Iroko 项目十字交叉口的 Doon 街道游泳和户内休闲中心，将超过 2000 万英镑的建设费用，另外每年还需要 40 万英镑的税收补贴。由于设施投资较大，人人都希望能够使用这些设施。区域内的基础设施，既不是伦敦朗伯斯区委员会也不是南华克区委员会提供资金进行建设和运营的，大部分资金将不得不通过 Doon 大街地块其他的商业住房中来取得。目前，由于在方案里缺乏经济适用房部分，结果导致来自某些领域的批评。同时，这也说明了 CSCB 在面对商业压力时仍能在保持一个可持续平衡使用所面对的巨大困难。迄今为止，他们已经善于操作这种平衡。

从科因街项目我们学到了什么？对于我们来说，工作在边缘区是另一个例子，在角色上挑战传统智慧和建筑实践。CSCB 的方法为其他的可持续城市社区建立了有价值的尺度：

- CSCB 自身的起源及背景；

- 积极参与当地社区的规划进程；

- 采用邻里总体规划；

- 设计程序有合作基础的组织结构和社区参与；

- 创造性地运用交叉补贴和资助；

- 致力于高品质和较高的初始投资；

- 多样化设计；

- 高密度和混合使用；

- 低能源需求和可再生能源使用。

我们设想面对一系列类似规模的项目，从科因街项目中得到灵感的创意，它的成功给我们带来积极的改变。当项目完成时，这个过程已经成为一种常态汇入其中，特别是那些社会管理和建筑维护的问题。以及相关联的人类能源与承担义务的需要，应该被纳入任何一个实际的可持续过程之中。但是，也许将来可持续社区的成功与否的最大挑战并非是错失"关键价值"，而是关于经济、社会目标和政策所形成的早期讨论而产生的设计。社会住房是根据商业压力来承担的，它以科因街的创意为出发点，如果这种商业压力没有被处理，在开发的最初阶段很难维持，并将会对已经取得成功的可持续社区产生不利的影响。

未来的可持续社区设计将不得不面对这些压力。它们可能的区别在规模、材料和多样性上。在临暂时的和暂定的城市中，好像更为强调即兴创作。我们正在经历这场转变，它已经并且越来越多地涉及检查发现或是"非设计"空间之中，作为一种可持续工作模式的源泉。在 Newington 我们的低成本学生住房（图13.24）正在探索这些可能性，使用掩蔽的公园场地来提供一个自然通风方案，用强有力的开窗布局方式，为一个既定的建筑掩饰其较低的建设成本。如在英皇十字区的阿尔梅达临时剧院（图 13.25）就是使用了这种非剧场空间的起点。

在处理这一时期的可持续问题上，这种短暂的即兴的创意变得越来越有吸引力，鼓励一个建筑接近于"非设计"、临时的、经济的、开放的加建和改变。一个城市建筑的展开应以人文主义价值（一种后网络语言）为基础，并得益于这种模棱两可和即兴创作。

在本章的陈述中，现阶段我们正在从事的项目，正朝降低项目资本消耗的同时，获取围合最大空间的趋势发展，且越来越多地拥有多种混合用途，即需求灵活性和快速且容易的应变能力。这种趋势使其能够随着功能的变化需求进行预期的改进，而且变得越来越简单化、高适应性和功能健全。

图 13.24 纽因顿绿色低成本学生公寓

对于可持续城市的独特贡献，就建筑师而言，所面临的主要挑战将是如何通过更多定性的和诗意的文化记忆和历史价值去平衡这种必然的改变。

图 13.25 英皇十字区的阿尔梅达剧院

拓展阅读

Abrahams, T. (2007) 'Coin Street Neighbourhood Centre', *Blueprint*, December, pp. 50–54.

A+T Civilities (2008) Coin Street Neighbourhood Centre.

A+T-DENSITY IV (2003) 'Iroko Housing - London Haworth Tompkins'.

A+T-DENSITY New Collective Housing (2006) 'Iroko Housing - London Haworth Tompkins'.

Coin Street Community Builders (2007) *Coin Street SE1 Neighbourhood News*. London: CSCB. Available: http://www.coinstreet.org/upload/documents/Publications 143.pdf

Davis Langdon & Everest (2002) 'Coin Street Housing', *Building*, 15 March, pp. 76–81.

（上述网站访问时间：2008 年 2 月 12 日）

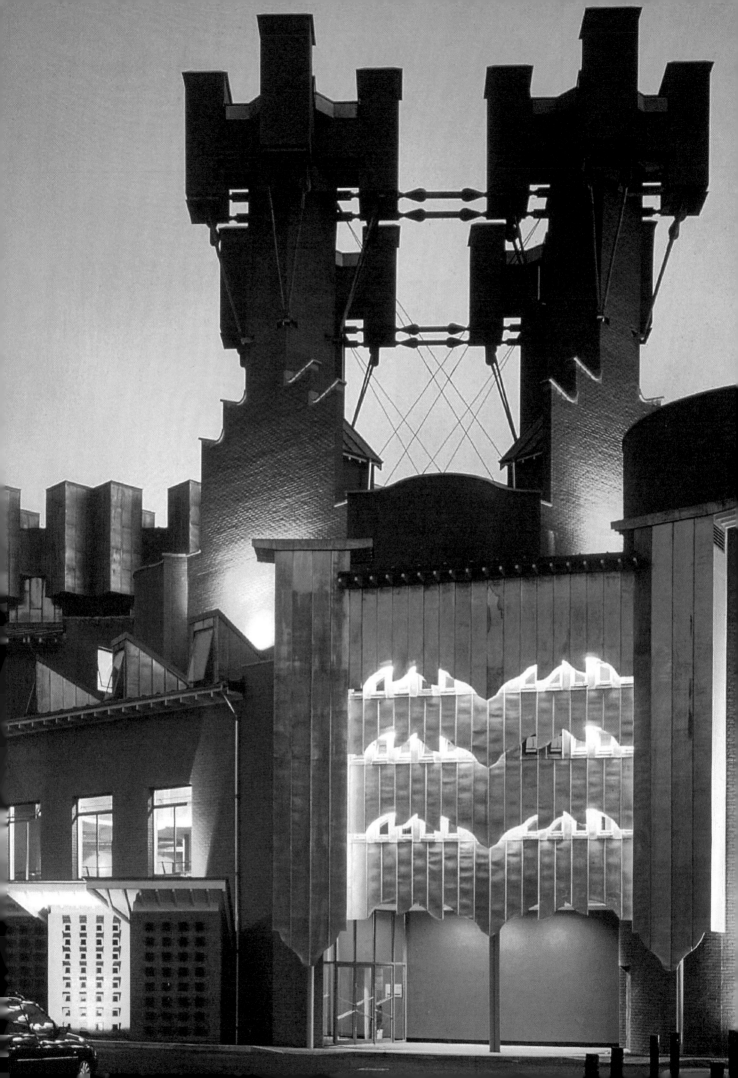

第14章 城市背景下的可持续性设计：三个案例研究

阿伦·肖特

设计团队（Contact剧院）

业主	Contact剧院公司
建筑师	肖特建筑师事务所
设备咨询顾问	马克斯·福德姆有限责任公司
结构工程师	Modus咨询公司
估价师	迪尔勒与亨德森公司
	（Dearle & Henderson）

工程基本信息

占地面积	0.21hm²
项目类型	剧院

可持续设计中的决定论

　　15年前，似乎只要是有意识地进行被动式太阳能设计，人们都会将建筑物设计成朝南的单坡屋顶。严格运用"向日性"的场地规划方案使这些单坡屋顶建筑都相互平行布置，且控制其间距使太阳能接收能最大化。尽管尽力地尝试了，但这样的设计很难引入那种能形成鲜明城市环境特色的设计策略。20年间，我们花了大量时间尝试设计可持续建筑，其中大部分是处于各种城市环境中的，我们慢慢地发现，只要运用创造力和想象力，人们可以几乎将任意形状和朝向的建筑转型为有效的被动式太阳能利用建筑。本章回顾了我们思想发展的过程，主要在规划形式方面，从那个年代大面宽、窄进深的建筑发展到如今正在设计的高密度、大进深建筑。图14.1描绘了这一缓慢的发展历程。17年前，当设计莱斯特工业大学新工程和制造学院的平面时，我们推测，那些能够使建筑物与其"自然"环境更直接地互动从而降低其二氧化碳排放的设计手法，可能同时可以帮助建筑更有意义地融入到其城市物理与文化环境中。新建的学院大楼，

后来成为新合并成立的德蒙福特大学的女皇（Queens）大楼，是一幢面积为10280m²的实验楼，是20世纪典型的、按规定设计建造的那种标准大进深立方体建筑，有3或4层，房间布置在内走廊两侧，围绕着中部一个大空间中庭布置，围护结构全封闭，靠机械通风和制冷，并大范围地采用人工照明。作为参照，当时的工程主管受命给我们看了一个刚在瑞典竣工的类似建筑的图纸。这激起了我们的兴趣，想要研究出一个能够将如此巨大的建筑体量及其并不舒适的标准层形式消解在其复杂环境中的环境设计策略。当我们快要完成女皇大楼项目时，有了一个机会让我们考虑如何将一个可持续的剧院建筑整合到已经很紧凑的城市肌理中。

案例研究1

曼彻斯特Contact剧院，时间背景：1993年

　　1993年，Contact剧院是驻团剧场，是一个在两栋建筑里有着65人的小本经营的公司，这两个建筑中间隔了一个100m的大学临时停车场。剧院建于1963年，观众厅是简单的矩形，但舞台宽度达17m。剧院有很厚的承重砖墙，但屋顶很轻，采用槽型加强刨花板，外用毛毡覆盖。屋脊线沿观众厅长轴轻轻向上倾斜，较为经济地给出了部分舞台上部的操作空间，但在外部形态上并没有明显的不连续。在方盒子似的建筑内，矩形观众厅南侧是一个平面与其等宽的、两层通高的小门厅，建筑北端是一些小更衣室和一个辅助舞台。东侧是场景道具装卸区，有个大的货物装卸口。这个毫无装饰的货物装卸口实际上也是剧场主立面入口（图14.2）。

场地

　　Contact剧院的修建使维多利亚大学曼彻斯特人文

图 14.1 对比平面图
（a）女皇大楼；（b）曼彻斯特大学会议中心；（c）Contact 剧院；（d）考文垂大学图书馆；（e）泰晤士河谷大学新教学楼；（f）贾德森学院新学术中心

（a）　　　　　　（b）　　　　　　（c）　　　　　　（d）　　　　　　（e）　　　　　　（f）

图 14.2　1993 年的 Contact 剧院

组团的四方形得以完整。其西面紧挨着的是一个 10 层的板式组团，这一组团现在还在。

另外三边的建筑各不相同，分别有两层或四层高。这块场地是四方形大学校园有点被人遗忘的西南角，就像在莱斯特，那些 20 世纪 60 年代新规划的、控制大学建筑布局、但非常不完善的网格被一些朝向完全不同，样式更为紧凑的 19 世纪维多利亚式多层公寓所打破一样。较之整个莱斯特西部的情景，这里的建筑拆除活动有过之而无不及。保留下来的房屋寥寥无几，街道的起始随机且相互割裂，道路在教学大楼的掩映下时隐时现——这对于邮递员来说，简直就是噩梦。在 1993 年，在牛津路——这条熙熙攘攘、沐浴在阳光中校园南北大动脉——上几乎看不到剧院建筑这一事实让剧院公司意识到自己的问题。他们确信大学方面会在剧院建筑周围沥青铺筑的几英亩用地上建新的大学建筑，这样就完完全全将剧院挤压出公众视野之外

了。公司总部是一座战前建的不用了的单层学校建筑，公司制作舞台布景与道具，日常管理和市场推广，设计、策划及排练新剧目，甚至在其教室录播室中演出等全部都是在这个楼里进行。演职人员们携带着布景，穿着演出服在停车场间艰难地来回穿梭以便能够到达主剧院后能立马上台演出。

公司愿景

尽管条件很艰苦，但是剧院还是在 20 世纪 90 年代末有了较高的声誉，并在一些圈子内被誉为"北方的小维克"（"小维克"是一家剧院的名字，经历过一次斥资 1250 万英镑的修缮——译者注）。此外，校园这一角与摩斯赛德和休姆地产相连，所以其边缘地区成了欧洲衰败城市地图上的特别衰退的内城区域。首要任务是将位于两栋建筑物内的公司集中在一幢楼里，这个楼里要有一个主剧场、一个 Young Person 公司的实验剧场和一个形状与尺寸与主剧场相似的排练厅。紧随其后的任务则是使该建筑能够让人在牛津路上看到，不会忽略过去，最好是远远地就能看见。第三个任务则是要减轻公司因使用大型的机械通风和制冷系统所可能背负的巨额财政和运营负担（这些设备无论对于新建剧院还是对于主要演出场地的翻新而言，都是必要的）。

公司的绿色计划

在英国，由公共资金兴建的剧院公司没有闲钱，这就意味着，根本不可能雇用全职的物业管理人员。很快，人们就发现，最初的机械式通风运行方式噪声很大以至于后来就几乎不使用了。在没有通风措施的剧院里，演出过程中温度会升高到让人难以忍受的程

图 14.3　改造后的剧场仰视图，展示了演出空间下部的进气口

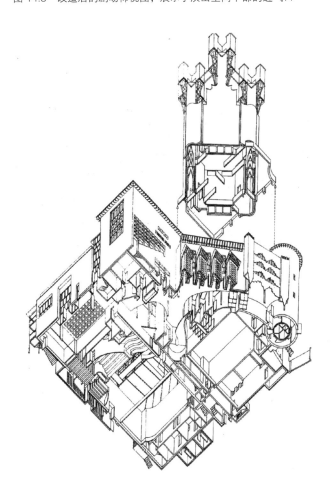

度，甚至在圣诞节前夕上演童话剧的时候也是如此，尽管外面冰天雪地。在演出时，剧院里几乎完全不通风，而剧情中产生的烟气则停留在室内空气中久久不散，导致对后续场景产生影响。在我们整个冬季关于在空调环境下演出的难处的调查中，演职人员和大量的观众表现得非常一致。我们都有点儿为此吃惊。当我们要通过审慎的设计来避免使用空调的时候，我们的客户非常赞同。演员们解释说，在有空调的剧院环境中，根本无法制造任何气氛，也无法完全与观众融合在一起，因为作为互动媒介的空气在持续更新和冷却。援引那些在舞台前部吹到熏风的演员的话说，这"完全摧残了戏剧的进程"。[1]

在城市环境中剧院的自然通风

对一座剧院进行自然通风和被动式冷却可能是其绿色计划中最复杂和高要求的做法了，尤其是在城市中心的环境中。声学家[2]在其 24h 的声音监测过程中发现，曼彻斯特中心极其嘈杂。超过百分之十时间的统计百分数 A 声级 L_{A10} 是 61dB。紧邻剧院的，是名为"学院"摇滚乐队的演出场所，这支乐队目前正在全国巡回演出。在人文学院组团的另一侧，底层是一间听力疾病诊所，除此剧场周围都是人文课程教学用房，剧场对这些功能最为敏感的时刻是在每年圣诞节前日场童话剧旺季时。演出童话剧获得的利润支撑着公司的年度预算。声学问题变得如此重要，以至于影响到全面的建筑方案决策。不光是其内部三个演出场所严格要求将外部噪声完全隔绝，而且法律上也要求将三个演出场所及工作室、布景装卸区产生的声音控制在室内，不能影响到外部城市及周边建筑；同时，显然上述场所运营时两两之间也不能串声。Contact 剧院以在概念上和形式上都一直很有创意的舞台布局设计而著名。这就形成了一个相当重要的局面：在当前一幕戏上演的时候，下一幕戏能够同时装台与准备，在两幕之间就不会出现对戏剧效果造成影响的较长时间的中断。

策略

尽管大学副校长慷慨地允许大楼原址边上蜿蜒的街道向东移出 8m 左右，但是用地仍十分紧张。

要实现的关键空间关系是布景装卸区和主观众厅舞台在轴线上能够并置，这样布景就可以直接滑到舞台上去。而横向尺寸很局促。放置电锯和钻头的机房就不得不紧挨着布景装卸区。主剧场与建筑外皮相分离，其座椅升起形成一种连续性抛物线的剖面。这座容纳 110 人的实验剧场设置在地上两层，悬浮在声学橡胶缓冲器之上，其下方是布景组装室和工作室（图 14.3）。与之相类似，彩排厅也高出地面，其下是剧院门厅和管理办公室，高出街面大约两层高，几乎与剧院紧挨着。

特殊设计问题

建筑内基本的空气流通方式

更细化的设计任务是在三个维度上增加三个演出

图 14.4　威尔士大学的模型风洞实验

图 14.5　砌体排气管结构图

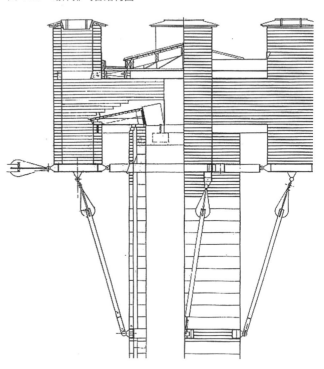

场所和各楼层门厅之间的进出风回路。这需要保持严格的防火分隔，同时阻断各方向上的噪声和声音通路，而且要防风防雨防冻。威尔士大学的风洞实验（如图14.4）揭示了一种能朝向各主导风向进风的设计方法，可以应对风向的季节性变化。

主导风向下的通风稳定策略

　　3 月份至 9 月份间，西南季风尤为盛行，10 层高的人文教学大楼正好位于剧院的西南方。风洞试验表明，在自然通风策略中，保持进出风口之间的压差对支持室内空气流动是多么至关重要。最初的方案被证明在主导风向下会使气流阻滞甚至反向，不堪一击。于是，对模型进行了就地调整，以对各种措施进行测试。最初的模型在主观众席顶部设置了一种内嵌式的气体抽取装置，在剧院顶部形成一种莫西干式（Mohican haircut）屋顶。交替的开口被证明不仅没起作用，还使整个系统反转了。通气立管的高度在试验时被不断地加高，直至超出了邻近高层建筑的女儿墙，而且最终的设计中还引入了很多想法，使建筑通风在主导风向和气体涡流条件下均很稳定。

排气管

　　许多研究论文中都提到了 H 形及其更高级的形式——十字形风帽的效能。这些构造与那些普通的、在民用建筑中应用的装置完全不是一个尺度（图 14.5）。

　　十字形 /H 形风帽排气管曾用来为垃圾填埋场通气，根据试验数据，建筑上的排气管高度要设置达到周围建筑物的高度。[3] 排气管内部插有一列列消声叶片，其自身即为一个消声器。砖砌的排气管自然更有效，且隔声效果更保险，但是出于结构的原因，在现有的主观众厅轻质屋顶上设置了钢框架的排气管（图 14.6）。

在城市环境中的形象

　　最终的设计形式很引人注目，而且每个演出场所都有很强的识别性，当你围绕建筑观察它时看到的是一个不同类型演出空间的集合。这与传统的城市剧院建筑形式非常不同，那些建筑形式容易使独特的观众厅形式混杂在门厅入口和那些散布在周围街道形式中

图 14.6　一个轻质排气管的仰视图

图 14.7　在建中的剧院门厅进气口

的辅助空间设施中。当代剧院建筑倾向于简单地延续这一传统，除了几项引人注目的不同。人们能够设想，将每一个大空间都视作为一个独立的自然系统的环境策略倾向于将一个复杂的整体分解成为一个个小的组成部分。不可避免的是，各组成部分能够相对地进行相互循环和改变，从而更为本地化地应对那些城市景观中小尺度的变化。

鼓励在人行高度设置进风口

在城市环境中设计不同的低层进气口是值得深思的问题。既有的建筑学知识似乎不足以应对这个任务。建造观演建筑需要巨大的空地，因此方案自然要求在其地基上有许多钻孔。我们希望避免使用连续的百叶通风口——那种你可以在一个完全使用空调的大体量建筑上，或在许多"综合再开发"的

城镇中心地下停车库见到的百叶通风口，它会将建筑体量与其周边的人行道——其公共领域的前沿——拆分开。那种通风形式下，空气从一列列的陶制孔引入（图 14.7）。

传统上这些高性能的土陶制品一般都嵌在墙中很少能被人看到，但是它们的形状使其能够很好地成为空气进气口。这些通风口在三角形的建筑物内排成一排摞起来，以使空隙表面最大化，从而为主门厅提供新风。

彩排厅配备了一套同样的设备，新鲜空气可以通过一个加热箱进入室内，加热箱带有活动风门，根据建筑管理系统在各使用空间中的感应器探测到的温度与二氧化碳含量信息决定是直接连通室内外空气还是

对内部空气进行循环。

同步考虑文化和环境目标

Contact 剧院的入口立面形式（图 14.2）是由围合建筑上层酒吧和建筑门厅的、悬臂式相互重叠的锌板组成。图案来自绣花的帷幔和旗帜，这些已为数代人用来装点南地中海教区的节日。我们设计的旗帜形状源自受到当地石工文化影响的建筑装饰线条外轮廓。正是在马耳他，我们发现当地石工在维尼奥拉写的专著中查阅到他们的石头切割技艺。新鲜空气从每一个凸出的层面被引入，通过一个简单的热交换器后被送入门厅的末端。门厅两端的两个竖板罩住了抽空气室。

案例研究 2

考文垂大学图书馆，时间背景：1996 年

当 Contact 剧院在建的时候，事务所赢得了在内城设计一座大型图书馆（11000m²）的机会。考文垂大学是一座 1992 年后建成的，由莱斯特工业大学和一些附属学院组成的大学。这一全新的公开合作机构必须快速发展其新掌握的大学基础设施资源。在这宏大的结构调整中的关键部分是建造一座图书馆，同时兼作学习资源中心，它于 2000 年 8 月建成，取代了原有的莱斯特图书馆（图 14.8）。该建筑的设计理念与传统图书馆有些不同，体现在这既是一个重要的教学场所，同时也是一座知识宝库，并能为学者们提供潜心个人研究之所。其内部有丰富的计算机资源，预计今后布置的计算机将更多。学习资源中心提供了当代大学的章程中所要求的广泛资源，这不只是对传统图书馆的一种政治上的新说法。学习资源中心允许学生们在其中交谈，并且在主要楼层的各计算机和各种书籍中也会有一定数量的教学活动，这些都表明其内部环境可能会比较吵。

客户对于大进深的要求

图书馆馆长及其员工们坚持要一个大进深的方形建筑，这完全与我们以前的设计理念相反，迄今为止我们对这种类型建筑所作的设计均是试图将一个大的功能项目拆分成一系列窄小而相互联系的空

图 14.8　新图书馆的鸟瞰图

间单元。我们怀疑是否可能设计出这样子的一栋大进深的建筑，50m 见方，自然通风，还能体现对原来简约风格的着重表达。此处被抬高的考文垂内环路掠过该地块，附近有一个重要的地面换乘站。此外，出于安全的需要，并为了防止学生们将图书扔出窗外以占为己有，要求将所有窗户封死。我们设计了 6 个供选方案，它们全部在平面中某处设有一个大型中庭，这是近 30 年来的一种典型平面类型。德蒙福特大学的能源与可持续发展研究所测试了每一种方案，发现大型中庭引入的良好采光和通风只对其周边极其狭窄范围有效，其他远离这一狭窄区域的地方（除了靠近外立面的狭窄区域外）则很少被影响。

自然条件充分利用策略
大进深楼板

对我们而言，这个大的中庭区域可以重新分配成为功能空间，而代之以几个小的天井，从而使那些周边的采光和通风良好区域重新分布。而那些之间采光很不利的空间就成为了理想的藏书之处。一个优化为 7m 的简单而经济的空间网格使室内功能空间与天井空间形成自然韵律（图 14.9）。方案接下来是通过设在 4 个建筑立面上的通风口及主楼板与下一楼层之间的连续风管向室内送新风，并通过四个前厅拔风将新风引

图 14.9　二层平面图，考文垂

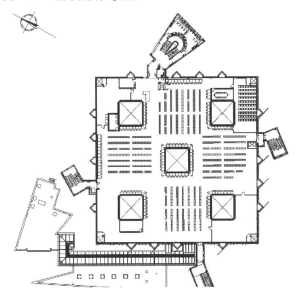

图 14.12　围绕天井的学习空间

图 14.10　空气进入图书馆后的流线剖面图

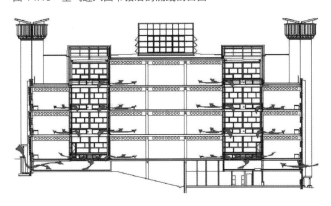

图 14.11　排气流线剖面图

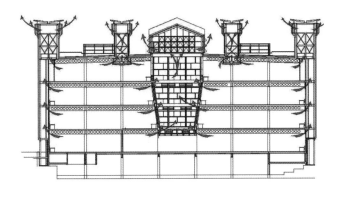

入到建筑内（图 14.10）。

设计方案为读者、机房使用者及其老师们提供自然采光和新鲜的空气，必要时还可提供暖气。接下去的设计是通过大型中庭和周围的通风井拔风，将热空气排出（图 14.11）。该项目采用了一种特别设计的阻风门，其密封性良好且非常有效。阻风门的密集分组使用与区域精细网格化实现了高水平的局域控制。建筑中有大约 200 个阻风门。这种策略提供了一种由智能楼宇管理系统实现的密集、严格的控制方案，远好于我们以前设计的建筑。我们按照一种结构其实很简单的工作逻辑，额外加了一些细微的改进。一块玻璃透镜被放置在前厅温室顶端进气口的下方，以防止阳光直射；类似的玻璃透镜也设在中庭拱顶的底部，同时也设置了阻风门，从而能够控制从底楼抽拔空气。该装置使得图书馆的使用者们能够站在位于建筑最深部分的底层中央仰望到蓝天。现在，这里已经成为了一间颇受欢迎的期刊阅览室（图 14.12）。这种策略能较好地将交通噪声隔绝，如果非要说什么，那就是图书馆有点过于安静了。这里没有设备噪声，也没有报告显示该图书馆有清洁的干扰。因为，在机械通风的建筑中的清洁工是不会允许超标的颗粒进入图书馆的。

图 14.13   泰晤士河谷大学二层平面

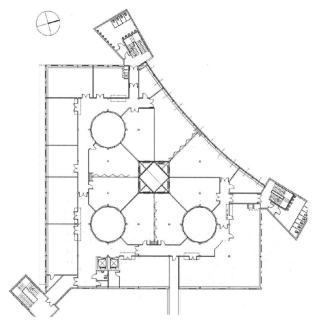

图 14.14   泰晤士河谷大学屋顶平面

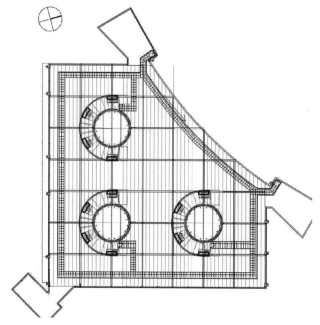

结构类型与细节

墙面或混凝土顶下表面中没有装饰，而顶棚非常高。建筑自身结构像一个坚固的城市宫殿，我们则在建筑美学上追求这种风格。在建的斯特罗齐官邸的施工图纸是非常有用的参考；它展现了主外立面是如何到达转角并向后叠合到实际围护结构上的，在围护结构下主要功能层的高度可设置两层相叠的设备用房。在对这一设置原理模糊印象的指导下，考文垂大学北立面设置了不贵的双层铝窗。构成西南和东南立面的九英寸厚砖墙是以一顺一丁砌法砌筑的，主要的窗口受到嵌在砌体表皮的遮阳百叶的保护，以人造石窗台和砖墩作为外部形式。对于在此纬度上的这些朝向的窗户，没有必要安装大型的轻质遮阳框架。前面遮阳设置是出于一种美学偏好上的特殊设计。

排风口

围绕窗户外沿之间排列的排风管形成了立面的粗野风格。排风口的设置高于屋顶障碍物和附近汽车改装工厂，并形成了另一种式样的排风口。彼此分离的压制铝管有规律地一层层整齐地被放置在一起以阻扰进入的气流，同时使气流在出风侧流可以自由排出。

考虑到这栋建筑处于衰败中的米德兰汽车工业的中心，我们很欣赏这一能无意间唤起人们对汽车散热片隔栅联想的设计。幸运的是，考文垂当地的民众仍对汽车厚爱有加，且接受了我们这一设计理念。该策略切实有效，我们很有兴趣将它进一步发展。2001 年机会来了，我们受委托为泰晤士河谷大学设计一座高适应性的学习与教学大楼。

案例研究 3
泰晤士河谷大学新学习、教学和中央服务大楼，时间背景：2000 年末

泰晤士河谷大学坐落于伊灵和斯劳（Ealing and Slough）这两座城市之间，伦敦以西，是由许多以前的学院合并而成的，它与城市大学一样，是英国政府高等教育扩招行动的主要组成部分。对于可供新建大学使用的资源基础而言，这是一个很有挑战性的任务。这需要高度的管理灵活性和响应能力，因为各学科领域的发展良莠不齐。这所大学的课程设置已经好几年没有变化了，现在专业方向分为健康和社区研究（获大型健康信托基金的资助）、商业研究、媒体与音乐研究。它有着一个由 20 世纪 60 年代的建筑组成、在斯劳市中心沿 A4 高速公路边展开的大型昂贵校区所固

图 14.15　排气设施细部、剖面和正视图

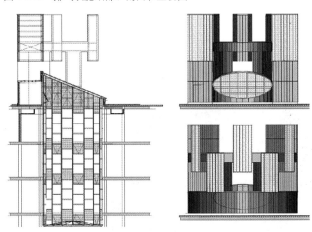

有的相似问题：混有石棉、破败的平屋顶和正在老化的轻质覆层，使建筑受到附近希斯罗机场一条主要起降航路的影响。

这所大学的改造策略是在紧临保罗·哈姆林学习资源中心的保留用地上清理出很大一块土地，新建一个内部可高度自由分割的建筑，以满足学习和教学功能需要。

策略

针对该项目，我们想出了一套大进深、具有空间灵活性的多层建筑设计理念，并以此对考文垂项目的原始图纸进行了优化。泰晤士河谷大楼是一座大型的三角形建筑，有三个平面为圆形的玻璃天井，以拔风带走室内混浊空气并使自然光线能够充分照射到建筑深处。

新鲜空气从建筑周边和中部一个我们称其为"新风泉"的装置（图 14.13）进入室内。该装置通过装在底层和各楼板之下的管道从各主立面引入新风。该项目的预算比考文垂大学少一些。使用简单的钢框架结构和预制混凝土木饰面楼板，沿着建筑外围还有次级

钢框架，内有砖木墙体填充，外面是保温材料及不同的抹灰或松木覆层。

建筑前庭的顶部设计成冠状的半圆 H 型风帽阵列（图 14.14 及图 14.15）。所有的水电机房设备都被放置在主要功能平面之外，这样主要功能平面就可以全部或部分地分解成管理或计算机机房等功能的大空间，或者设计成完全开放式的大空间。南立面外部设有网状遮阳层，可季节性地过滤控制太阳得热，较好的网片能够在过热的月份追踪投射在其后立面上的太阳轨迹。然而，随着高等教育的发展普及，社会将对学校的设施提出全天候开放的要求（学校称之为 24 小时 /7 天设施开放）。随着教学活动可能持续到晚上 9 点，学校内的很多空间与设施也会在夜间使用。对于建筑内人工照明设计的优化方案将会变得与实现建筑高质量的自然采光能力同样重要。就像德蒙福特大学一样，这所新建的大学对于其自身品牌很重视。该大学的学生们都是大忙人，作各种全职或兼职工作，为获得更高教育作了巨大的自我牺牲，许多人在晚上仍然保持高速的生活节奏。在关注度和优先性上与旧时大学产生巨大对比的是，这座大学已经获得了预期的奖赏，拥有一个新的研究平台——绿色建筑。

结论

在过去的十年间，业主总是让我们对所设计的适应环境的公共建筑方案进行修改。碰巧的是，除了第一个项目，这些建筑都位于城市中心。我们已经尽力解决了特殊平面类型的设计、无法改变的朝向、严重的噪声和空气质量等问题。我们发现，不能简单地将设备用于那些既有的普通建筑形式上，我们需要的是更根本的改变。我们也怀疑所谓"绿色"作为一种目标，是否可以直接与最广义的意义挂钩，同时精细的细节设计是否能够得到最大的回报。

拓展阅读

Anon (2001) *Celebrating Innovation: Innovation and Integration in Design and Construction*. London: Commission for Architecture and the Built Environment, pp. 36–39.

Garnham, T. (1999) 'Building study', *Architecture Today*, June, pp. 25–31.

第 15 章　BEDZED: 英国贝丁顿零能耗开发

比尔·邓斯特

设计团队

委托人　皮博迪信托（The Peabody Trust）
环境顾问　百瑞诺昆顿公司（BioRegional Development Group）
建筑设计　The ZEDfactory – 比尔·邓斯特（Bill Dunster）建筑事务所
工程咨询/建筑物理　奥雅纳（Ove Arup Partners）
结构工程师　艾利斯与莫尔（Ellis & Moore）
质量鉴定/工程监理　加德纳与西奥博尔德（Gardner & Theobald）

主要项目信息

项目类型　住宅，工作区，社区中心
占地面积　1.65hm^2
每公顷住宅数　50
每公顷房间数　164

引言——愿景

BedZED 是由伦敦最大的非营利性福利住宅联合会皮博迪信托开发组织于 2002 年在伦敦附近萨顿市建成的一个拥有 82 套公寓，18 个商住两用单元和 1560m^2 的办公和商住面积的新型社区。为使我们的设计和最初的设想相吻合，设计团队想方设法在伦敦郊区尝试在减少碳足迹的同时，打造更高质量的，却又不是十分昂贵的生活和工作方式。

我们的零能耗开发理念是一个卓越的被动式建筑围护结构，简单地说就是它既可减少对热能和电能的需求，又能够切实可行地利用可再生能源。在 BedZED，我们尝试生成足够的可再生能源以满足整个社区一年中对热能及电能的需求。换而言之，当处于夏季低需求期时我们将电输入到电网，而在冬季高需求期时则将电从电网中取回。

从社区范围之外引入的可再生能源不应当超出国家人均支配公有可再生能源的标准。一个致力于研究碳足迹的"最佳前进脚步"零耗能工厂团队，采用此项建议，提出了"全国生物质能定量"的概念，他们认识到国家绿色电网可再生电能和可再生生物密度的储备相当有限，其占现今实际全国能源消耗量的比重不超过 30%。[1] 研究表明假设农业用地的能量转化没有流失，那么在低于每公顷 50 处居所的密度条件下，每年只有 250kg/ 人的生物质能，相当于英国的 70%，而在高于此密度的条件下则大约有 500kg/ 人的生物质能（表 15.1 和图 15.1）。那些据称是低碳发展偏置法的拥护者，试图将发电问题转移至其他地方，因为之前全国可利用再生能源的储备被迅速消耗，使我们逐渐意识到通过降低负载率和建筑物微型发电进行有效集成的重要性。由此在最近发布的政府能源指标中，建议以最大限度捐建满足全国总用电需求 15% 的海岸风电。建议提到该项目将在有限的地域中搭建 2 兆瓦发电机组及 500m 电网（例如在 50m 水深范围之内）。类似地，铀矿供给因被视作节碳观点中的明智之举而引起格外关注，但在"国际核再生"[2] 的最初 15 年将有所限制。

BedZED 的挑战中完整地显示了为生活 / 工作社区提供能源从而使人们享有高质量的生活是很有可能的。我们限制国家紧缺资源的利用，诸如灰地及生物质能甚至实行以资源在英国各城市均匀分布为前提的配额供给。许多同时期的项目要求通过国家生物质能资源的多次公平划分实行碳中立原则。所有这一切的促成，缘于紧缺资源的浪费，以及可预见的未来燃料贫乏所导致的价格上涨。

<table>
<tr><td colspan="5" align="center">英国生物质能定额分析</td><td align="right">表 15.1</td></tr>
</table>

	土地使用（Mhm²）	每公顷可用产量*	总产量	人均可用资源
		0dt/hm²/a	Mt	0dkg/人/a
稻草	0—废产品		7.5	125
林业	0.25	10	2.5	42
其他能源作物	2.6	10	26	433
合计（用于加热和发电的燃料）	2.85			
		L/hm²/a	ML	L/人/a
生物燃料（以油菜籽为基础）	1.15	1139	1310	22
废植物油	0—废产品		176	3
小计（交通燃料）	1.15			25

* 估值计入能效损失。

国家问题的地域反馈——深层背景

由布伦达和罗伯特·韦尔（Brenda and Robert Vale）进行的一项研究[3]表明，英国家庭的年平均碳排放主要体现在以下方面：

● 三分之一用于家庭供热和供电；

● 三分之一用于私家车使用，通勤出行和陆路旅行；

● 另外三分之一为了"食物供应"，在英国，通常肉类从农场到上我们的餐桌需要经过 3200km 的长途运输。

上述这些清晰地揭示了建造高能效建筑的重要性。但是另有一个用以衡量当今英国人日常生活的关键因素就是尝试用兼顾建筑形式和总体规划的方法，使新社区的工作、娱乐、幼托共享、车辆共享、水处理共享、植物栽培以及食物运输变得更加顺畅。

BedZED 尝试证明可以从本质上降低家庭碳消耗，因此可以减少总的生态足迹，同时改善总体生活质量。我们还发现在同一时期郊区居民的传统生活方式会导致身体机能不良，使我们有必要重新思考在我们获取有限利益的时候，如何规划我们的日常活动方式以及如何减少碳排放。激励"利己主义"会最大限度给英国建筑业带来环境冲击。

我们不再奢望成为绿色安居者，但依然打算改换一种前景广阔的生活方式，为打造碳中立性质的英国城市基础结构迈出实质性的步伐。每年大约有 1.5%[4] 的工厂被迁移。有迹象显示，如果零碳标准被推广，22 世纪初便可摆脱对石油的依赖，同时仍可保有历史建筑和具有吸引力的城市中心。无论如何。很多既有工业设施不足以面对新千年的环境挑战，从图 15.2 我们可以看到城市正在迅速扩张，至 2016 年将覆盖英国总面积的11%。[5] 为了避免房价上涨。2021 年前我们需要新增 380 万套住宅[6]（在不允许人口增长的前提下），尤其对那些如从事教师和医生等关键职业的人员来说，在英国东南部找到一套合适的住宅极具难度。

在英国，60%—80% 的食物依靠进口[7]，这会增加全球范围的食物供给竞争（如今 70% 为进口），特别是发展中国家的期望值正在不断上升。因为

图 15.1　英国能源消耗情况

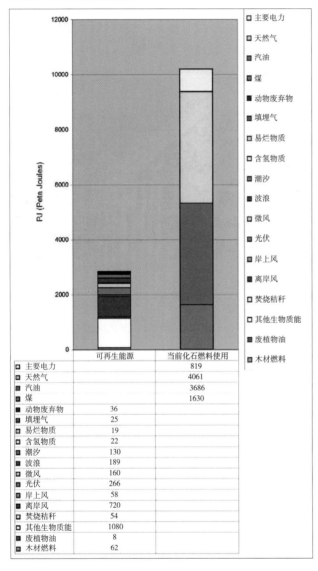

□ 主要电力		819
□ 天然气		4061
■ 汽油		3686
■ 煤		1630
□ 动物废弃物	36	
□ 填埋气	25	
□ 易烂物质	19	
□ 含氢物质	22	
■ 潮汐	130	
■ 波浪	189	
□ 微风	160	
■ 光伏	266	
■ 岸上风	58	
■ 离岸风	720	
□ 焚烧秸秆	54	
□ 其他生物质能	1080	
■ 废植物油	8	
■ 木材燃料	62	

图例：
主要电力、天然气、汽油、煤、动物废弃物、填埋气、易烂物质、含氢物质、潮汐、波浪、微风、光伏、岸上风、离岸风、焚烧秸秆、其他生物质能、废植物油、木材燃料

横轴：可再生能源　当前化石燃料使用
纵轴：PJ（Peta Joules）

图 15.2　阴影地区显示英格兰和威尔士的城市蔓生程度

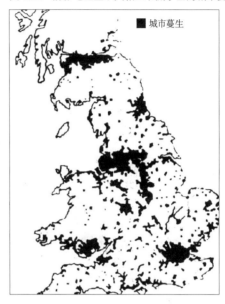

城市蔓生

响，在城市扩张中挽救农业用地已成为优先考虑的事情。

主体方案——我们如何建立紧凑型城市？人们更喜欢居住在哪里？

在 BedZED，几乎每一块平地都会有一个小型的陆地或空中花园和一间装有双层玻璃窗的温室，从而将业主最渴望的特色汇聚在一起。最初的设计意图是遵从埃比尼泽·霍华德的郊外花园城市的理念以及英国城市特遣部队[8]日程表来切实增加居住密度以减缓城市扩张。但是我们又该如何在高密度条件下提高基于传统城市样板的舒适性呢？

BedZED 四阶地块的中间板块（图 15.3、图 15.4）超过了每公顷 116 套住宅的居住密度，包括生活／工作单元。相当于每公顷提供了 400 间房屋及 200 个工作岗位。同时还为每户提供有 26m² 的私家花园和 8m² 的公共户外活动场地。甚至把整个 BedZED，包括游戏场地，停车场，绿化和社区公共建筑计算在内，仍可达到每公顷 50 户左右的住宅密度。假设这些标准被广泛采用，依据目前的发展轨

全球人口数量的激增。加上由食物、化石燃料及水资源引起的冲突，导致不得不通过军事手段控制原产地和贸易渠道以确保供应。BedZED 向我们展示如何将所有的住宅建立在灰地之上，同时还可以为每户家庭提供花园和为潜在的家庭工作人员预留足够的工作空间。由于气候变化带来的负面影

图 15.3　BedZED 剖面图

图 15.4　楼层平面图

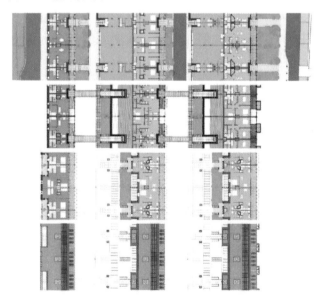

迹，至下个世纪我们可以将英国的城市扩张速度减缓 25%，即在一个三层楼的样板房里居住，也可以

提供较高的私家花园供给。这就意味着几乎每个新家庭都能享用灰地利用提供的能源，从而节约宝贵的农作用地和绿化以保障多样化，富余的和特产类的食物供应。

如何使一个新的建筑物理模型和低环境冲击带来的文化属性充满新的城市象征？在传统的城市设计师中，对于现有城市风景，南朝向阳台视觉效果颇有争议。在 BedZED，为了创造新型的街头立面图，我们搭建了山形墙（图 15.5 及图 15.6），同时我们会证明这种日光城市化形式和传统的临街建造的楼房有着同样的效能。目前流行的带有停车天井的街区布局较难真正实现建筑物集成的太阳能微量发电。将工作区域北置的设想，以及由可循环微量发电产生的效能混合（以及城市便捷度）必须为新的低碳社区提供资料，以反驳现行的一些法律条款。零碳工厂的运行正是因一系列为促进建筑物集成化微量发电而生的设计法规而得以实现。

因为气候变化的加剧，当使用南向、带有阳光房

图 15.5　BedZED 长轴剖面图

图 15.6　伦敦沿街立面

图 15.8　阳光充足时的阳光房

图 15.7　被阳光房阳台遮蔽的客厅玻璃窗

的双层幕墙时，防止夏季的加热过度变得尤为简单。外窗可开启面积达到 50% 时，冬季的阳光房可转变为夏季的阳台，同时阳台可以遮蔽内部的反光屏（图 15.7 及图 15.8）。目前一个普遍的误解是在高密度及深度开发的城市发展中，东向和西向立面通过大窗墙比可以实现较好的自然采光，同时其太阳得热最小。这样就导致了傍晚西立面获得大量的低角度的太阳辐射得热，且这个时候由于建筑本身的热惰性缓解空调负

荷的作用将随之消失殆尽。

夏季过热的问题在设计过程中越来越难以解决，还经常导致居住者因为光线被遮挡而不得不采用人造光源。

而目前我们的生活方式是否由此统一了呢？BedZED 有效地将办公停车和房产资源结合在一起，

图 15.9　希望城镇的概念图

（a）

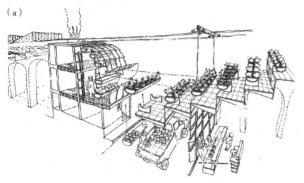

（b）

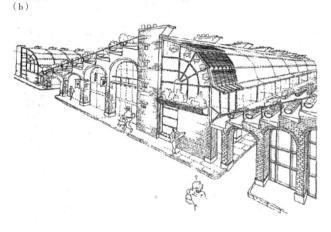

同时还整合了公共体育及休闲设施。这就为土地利用
提供了潜在的实现双倍收益的可能，即便我们依然遵
循楼层高度的限制。一般来说，这些额外的收入将会
用在碳中和的制定，并在规划审批流程中激活碳交易
条款。由于当地社区在他们的司法权限内将采用民主
性质的英国规划流程来增加预算投入，而不必受限于
由中央政府的碳排放政策而导致的经常性的土地持有
者的限制措施，从而激发良性循环，因此这将会是一
项振奋人心的举措。

发展历史

　　事实上 BedZED 最初是在 20 世纪 90 年代中期作
为一项名曰"希望城镇"的田园城市的理论实践而启

动的。随后，当加入到麦克·霍普金斯公司，我得
以有机会邀请具有创新意识的，并具有丰富工作场所
设计经验的顾问来提供最新的建造构想。他们帮助建
立了希望城镇，并替一个建筑协会设计了可持续发展
的标志（图 15.9 a-b）。这所希望之屋于 1996 年建成，
使我们见证了理论转变为实践的过程。而从中获取的
经验随即又被转化到 BedZED 项目上来。比尔·邓斯
特建筑事务所随即与 BioRegional 公司（一个利用当地
资源创建可持续环境的小公司）及皮博迪信托基金（客
户能够理解的组织）协作组成团队分析和管理创新，
而不再对其产生恐惧感。由此他们协同合作，　起寻
觅下一阶段的理想地点。

　　这个团队在竞标中击败了其他对手最终获胜，尽
管他们的出价不是最高的。

　　此发展项目选址萨顿在策略上有以下几方面的
考虑：

● 这个地块处于伦敦行政区，目前正作为重点开发的
21 个地块之一；

● 这个地块离伦敦南部的开放式绿地很近，那块绿地
将被开发为生态公园；

● 这个地块的地价相对低廉，并且伦敦萨顿区的统一
开发计划中，有关于极低环境破坏型房屋建造的需
求描述。一个由自治区委托建立的独立的评估机构，
建议拨款 20 万英镑支援皮博迪信托基金。这也开
创了地方支付一直寻觅的"最有价值"土地利用的
先例。

● 邻近哈克布里奇车站，公路交通便利，另外新建的
温布尔顿至克罗伊登的电轨线路贯穿其中，有效地
减少了该地区对于小汽车的依赖。

**规划——利用规划收益为获取碳交易中的主动权
筹措资金**

　　最初的规划大纲承诺建造 305 间房屋容量的社区，
这种密度上的限制提升了土地的价值。而当前的设计
中总共提供了 271 间房屋，外加 2369m² 的公共面积（包

图 16.5 （a）屋顶上的真空管太阳能集热器

图 16.4　Bo01 内的建筑

（b）屋顶上的平面太阳能集热器

能源

Bo01 的创新特征之一是该地区的能源 100% 的来自当地的可再生能源——太阳能和风能，或来自垃圾和污水。

效率和低能耗对实现完全利用当地提供的可再生能源的目标是很必要的，因此设计降低了建筑对供暖和电的需求。建筑的平均能耗目标是 105kWh/（m²·a），（具有代表性的数据是供暖和供电的消耗分别为 56 和 43kWh（m²·a）。这包括与建筑有关的所有内容：供暖、热水及对住户的供电和维持建筑运转的供电。家用设备、照明和其他电器设备大部分是开发者提供的，这些都是当时市场上最节能的。为了减少热量损失，减少建筑物的传热系数是很重要的，这是通过提高建筑的隔热性能和安装 Low-E 三层节能玻璃窗来实现的。

大部分热能来自大海和地下（基岩中的天然蓄水库），再以 1400m² 的太阳能集热器作为补充（图 16.5a-b）。电力主要来自风能（利用位于北部港口的 2MW 风力发电机），少量来自 120m² 的太阳能光电板。利用有机垃圾和污水来产生沼气，经过净化，通过城市的供气系统提供给该地区。

太阳能集热器和光伏发电系统，包括那些私有部分，都由一个能源服务公司（ESCo）来运行管理，以确保高质量的维护和操作标准。

100% 可再生能源的要求意味着每年必须在能源的生产和消耗之间达到一个平衡。新的电网和区域供热网络与现有的城市基础设施相连。这就有助于处理需求和供给不匹配的问题，并且不需要专门的储能设备。最终的目标是让所有的能源需求从现场的生产中得到满足。

水和废弃物

大约 53% 的家庭废弃物是有机垃圾，它们通过厌氧消化池（更多的细节参见附录 E）可以产生沼气；22% 的家庭废弃物是混合垃圾，它们会被焚烧；25% 的家庭废弃物会被回收利用。

供水与污水系统的生态循环适应性基于该地区与城市其他地区之间的积极协调。该地区安装了真空废弃沟² 被用来分别处理有机废弃物和其他混合家庭垃圾（图 16.6）。安装在外部的处理舱通向储料仓，垃圾

图 16.6 废弃物专用的真空废弃沟的分隔形式

图 16.7 环境友好型的低能耗汽车

可以从储料仓进入该地区边缘的两个扩充口。两种垃圾要么被运送到沼气池，要么被运送到垃圾焚烧工厂。在接近的房子的专用地点收集可回收的包装材料。

将厨房水槽安置于该地区的某些房屋中有助于有机垃圾的分离，也因此提高了沼气的生产潜力。厨房废物有单独的排水沟，通向共享的隔油池。沼气厂把有机垃圾变成肥料，而沼气则被用来供暖以及作为汽车燃料。

用水量大约是 200L/ 人 /d，这对欧洲的标准来说已经很高了。所有家庭都有水表，但用水量并没有被视为衡量环境可持续发展的重要方面，因为在瑞典水资源通常是丰富的。

交通

该地区已经规划出环境友好型的交通。密集的服务和娱乐设施减少了居民远行的需要。自行车循环系统可能是绿色交通战略最重要的部分。一个人行道和自行车道网络确保了骑车和步行是具有吸引力的短途出行方式。地区内的公共交通也是该战略的一个重要组成部分。按 7 分钟行程安排，公共汽车服务设施正开始建造；公共汽车站离每家住户不超过 300m，因此，公共汽车对居民来说是合理的选择。所有的公共交通线路连接到马尔默市的重要目的地，例如火车站附近。[3]

公共交通有电力驱动和混合动力驱动汽车（图 16.7）。该地区的维修车辆最终会用电力驱动。绿色低排放汽车具有优先进入城区和停泊的权利，目标是让城里所有的交通工具都朝着使用可再生能源目标迈进。

该地区的居民和公司使用移动管理信息，城里的移动办公室已经开放。移动办公室给居民和交易提供关于环境友好型交通的建议和信息，并实行多样的方案，目的是为了改变交通行为。

生物多样性和绿色环境

绿色空间结构是实现环境可持续城区的关键。我

图 16.8　进水口与绿色空间

图 16.9　屋顶绿化

图 16.10　当地水资源处理

们的目的是创造一个绿色的令人愉快的环境，它充分利用生物多样性，尽管建筑的密度很高。

多种多样的具有长期可持续生物多样性的栖息地已经在公园和花园中形成。该地区包括两个公园——运河公园和斯特兰德公园。特殊的栖息地建于后院——占后院面积的一半，而公园主要是充当那些不适合花园的栖息地类型。

绿化点

为了使植物尽量丰富，当地开发出了一种绿化点的方法。这种体系意味着建造者必须提供补充性的绿化空间，包括花坛、墙体绿化（攀爬植物）、屋顶绿化（草坪和景天属植物）、池塘、大树以及灌木（图 16.8和图 16.9）。在 35 个绿化点清单中，建造者需要至少选择 10 个。

有益于生物多样性的绿化点示例如下：

图 16.11
（a）估算和观测到的总能源消耗；能源 [kWh/（m² · a）]

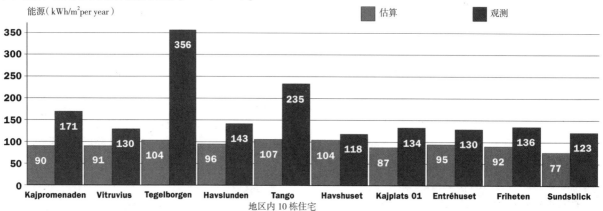

（b）估算和观测到的热能消耗；区域供热 [kWh/（m² · a）]

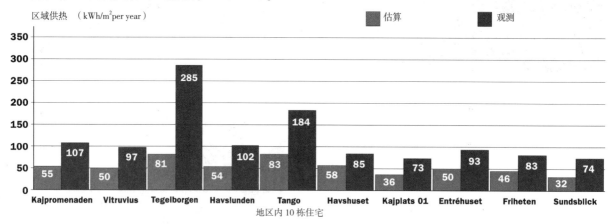

- 每间公寓一个鸟巢箱；

- 每块地一个蝙蝠箱；

- 每个庭院有一个传统的多种多样的木屋；

- 花园的一个部分留其自然生长；

- 一个庭院至少有 50 种瑞典的野花。

其他的绿化点有景观式的庭院或促进雨水和地表水排水系统。雨水局部用景观明渠处理（图 16.10），这些明渠连接到储水区，例如排入大海的池塘和运河。通过表面径流系统净化和处理水。

信息技术和环保成效

信息技术用于改善该地区的环境效果，同时促进居民低能耗、环境友好地日常生活。信息技术有助于测量、控制和调节不同的子系统，和监视器一样监控居民的能耗。道路信息技术系统被用于通知公众和控制地区的交通。在有红绿灯的十字路口，公共交通工具有优先权，公共候车厅以实时信息显示器为特点，显示器可以显示公共汽车的到达时刻。居家远程工作和电子商务也降低了居民出行的需要。

为了满足该地区对通信和文件资料的需求，需要不同的创新举措。作为通知、吸引和影响公众的通信方式，专用的网站[4]和环境网络电视频道较少用到。

能效

在 2002—2003 年对地区内 10 栋住宅的供热和供电数据进行了详细的测量。图 16.11（a）和图 16.11（b）分别比较了估算和观测到的总能量需求和供热能量需

图 16.12　旗帜住区模型：1：100

求，结果显示观测到的能量消耗总体上超过了最初的估计。

差异出现的主要原因被认为是空间的需热量会随着隔热性能、热桥、密闭性而发生变化。从事后看来，在一个不太明显的角度，能源性能计算被低估是由于：（1）太阳辐射得热分布的不确定（和地板采暖系统对这种得热响应速度慢）；（2）估算时房间的温度为20℃时，观测时表明它平均是22℃。

该项研究建议将未来的基准条件设定如下：

● 估计冷却的能源需求，即使没有安装冷却装置。

● 把许可的电力需求限制到总能量的35%，用以惩罚利用电发热。

● 衡量能源使用情况时区分较大和较小的住宅，而不是简单地通过面积。

● 改进楼面面积的定义。

● 在计算时，室内温度使用更真实的22℃。

● 应用强制的气密性标准即在50Pa测试压力时每小时换气次数小于1。

图 16.13 从公园角度观察的旗帜住区项目。2007 年 11 月

在西港新城的下一代的可持续城市设计：旗帜住区

在马尔默，如果 Bo01 是第一代的可持续城市设计，旗帜住区则表示第二代。 2004 年决定开发位于 Bo01 东北部的一个 4hm² 地区（图 16.1）。马尔默市的政治家给城市规划师的任务是创造一个可以负担的租金和可持续性的一个高层次的新住宅小区。

对旗帜住区规划与 Bo01 的构想明显不同。对于 Bo01[5]，瑞典政府拨款 2.5 亿瑞典克朗（约合 2700 万元欧元）基金，其中城市和开发商可以申请资金，以支付可持续建筑默认的额外的费用。再加上，Bo01 是国家住房博览会，这意味着开发商会争取最好的结果，因为它蕴藏着巨大的市场潜力。然而对于旗帜住区，没有多余的钱，市场条件简单。它也不再是住房博览会，

与其他的场地一样普通。在西港新城，旗帜住区代表着从非凡到普通的转变。

可持续发展成为主流

整个规划过程的重要主题是，如果在 Bo01 实行的概念可以重复和发展，那么它们将集中地对环境发挥真正的作用。出发点是从 Bo01 学习经验。教训之一是，为了实现宏伟目标，书面合同协议是不够的：在开发人员和规划者之间需要更多的信任。2004 年 3 月，一个题为"创造性对话"的项目开始启动，据此在规划过程中的一个非常早期的阶段，全市邀请所有有兴趣的开发商来参与。当时的想法是通过对话和协商达到规划、建筑、环境和质量问题的共识。十三个开发商参与其中，并在一个工作间每隔一周共同工作了两

年。通过的规划（图 16.12）最终在策划者和发展商之间达成了共识，而不是绝对命令。

协议

该协议涉及的三个核心方面的可持续性：社会，经济和环境。以下是其组成的几点：

- 三分之二的公寓将以合理的租金出租（平均租金将比 Västra Hamnen 同等私人公寓租金低 27%）；

- 富于变化应该是建筑设计的一个关键部分；

- 低能源消耗 [120kWh/（$m^2 \cdot a$）]；

- 健康的室内环境。建筑物的湿度应加以控制（为了防止霉菌生长），应尽量减少使用含有害物质的建设材料；

- 所有的房屋距废物处理和回收设施应不超过 75m；

- 一个名为"对大家更好"的计划将确保公寓仍然可使用一生；

- 安全。一个清单将确保环境安全；

- 会议场所。该计划提供了三个非常不同的会议场所：一广场，一个公园和一个游乐场；

- 使用绿点因素（如上描述）。

在撰写本文时，旗帜住区的两个地块，约 62 栋公寓，已经竣工并投入使用。其他十一座正在建设，到 2009 年将提供的总计 626 栋公寓（图 16.13）。两个开发商主动采用被动式住宅[6]标准建房。

使可持续既成为主流同时又让居民负担得起对城市规划者来说仍然是一个挑战。并非 Bo01 的所有"特征"都已经是纳入成本的理由，例如其中的真空垃圾收集系统，以及 100% 的可再生能源使用量。换言之，一个可持续发展的三个核心方面之间的平衡被证明比预期的更难实现。达到较高的经济和社会标准最终意味着降低环保标准，但它是一个必要的妥协，以确保真正的可持续发展。创造性对话是达成该协议的一个方法，使得"主流"的可持续发展设计成为可能，而这种协议将可以应用于马尔默市的其他项目中。

注：在 SAP2005 中对 SAP 的比例进行了修改，其中 100 现在代表零能源消耗。对输出能量的民居它可以高于 100。

拓展阅读

Persson, B. (2005) *Sustainable City of Tomorrow B0-01 – Experiences of a Swedish Housing Exposition*. ISBN: 9154059496.

Lewis, S. (2004) *Front to Back: A design agenda for urban housing*. Oxford: Architectural Press.

Palmer, S. and Seward, A. (2005) *Innovation in Sustainable Housing*. New York: Edizioni Press.

第17章 斯通布里奇：在城市住宅的传统与现代模式中寻找平衡

克里斯·华生

设计团队

业主	斯通布里奇住房行动信托基金和海德住房协会
建筑师	WWM建筑事务所（Witherford Watson Mann Architects）
景观设计师	乔纳森·库克（Jonathan Cook）
设备顾问	马克斯·福德姆有限责任公司
结构工程师	普赖斯与迈尔斯（Price & Myers）
总体规划师	特伦斯·奥罗克（Terence O'Rourke）

主要项目信息

项目类型	住宅
占地面积	$0.8hm^2$
每公顷住宅数量	152
每公顷房间数量	380

图 17.1　20 世纪 60 年代改造前的斯通布里奇住宅区

引言

在伦敦北部斯通布里奇区，那些紧密排列着的维多利亚时代的两层排屋在 20 世纪 60 年代都被拆除了，为系统化装配的 22 层高塔楼和通廊式公寓所组成的住宅区所代替（图 17.1 和图 17.2）。新住宅区（地产项目）

并不成功；失业率和犯罪率高，教育和收入水平低，为了解决这些生态与社会问题，1994 年成立了住房行动信托基金（HAT）。那些系统组装建造的建筑被全部拆除，转而由低层高密度的住宅代替，这样的翻新到现在已经 10 年了。毋庸置疑，如此周期性地拆除重建是一种特别浪费的城市建设方式。所以，与第一轮不同，建筑实体与社会性的更新经过精心的协调，希望现有

图 17.2

19 世纪
紧密排列着的维多利亚时代的两层联排小楼

20 世纪
在 20 世纪 60 年代 19 世纪的排屋被系统化装配的 22 层塔楼和通廊式公寓所组成的住宅区取代

21 世纪
1997 年总体规划重新建立了一个肌理丰富的街道网络及周边围合式建筑组团

我们的设计
作为拼图上的最后一块，我们的地块靠近新费伍德公园和交通干道

图 17.3 欧内斯特·梅（Ernst May）于 1930 年发表的文章"城市街区的演变"中的图

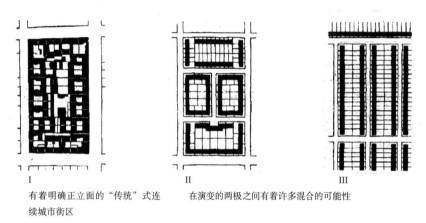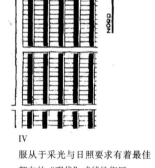

I

有着明确正立面的"传统"式连续城市街区

II

在演变的两极之间有着许多混合的可能性

III

IV

服从于采光与日照要求有着最佳朝向的"现代"式线性街区

的住宅和城市布局能比上一次维持得更久。

2005 年，斯通布里奇地区仅存的场地之一被推出进行欧洲建筑竞赛[1]，WWM 建筑事务所以一个优雅而有组织的、两侧都设有的生动而多样的公园的住宅区设计赢得了竞赛。随后，我们即受到斯通布里奇的住房行动信托基金会和海德住房协会委托，准备在一块比这个小一些但情况更复杂的场地上做一个概念规划。新方案沿用了一些原竞赛方案中的基本原则，但场地限制还要求规划在可持续性方面进行挖掘与展示。

场地位于南面繁忙的交通干道希尔赛德（Hillside）和北面一个新建公园费伍德（Fawood）公园之间，形状不规则，东西轴长而南北向相对较窄。有一条河道穿过场地，部分注入大联合运河（Grand Union Canal）。任务要求是要在 0.81hm² 的场地上提供 122 户公寓住宅，包括 11 个三卧和 111 个单卧和双卧的公寓，密度为每公顷 380 间房间，比 1997 年总体规划的最大密度每公顷 245 间提高了不少。为此次住宅区更新的初期阶段带来挑战的，除了高密度，还要求在这片绝大多数为社会住房的区域内引入可自由交易的私人住房。

我们的设计将两种不同的城市设计理念：传统的封闭式但带有一定渗透性的城市周边围合街区设计和现代主义的城市线性设计综合到一起。围合式街区是伦敦（实际上也是欧洲）传统的主要城市结构，建筑都沿着地块周边建造，明确定义出正面和背面、公共街道与私密内部花园空间；而现代的、线性的设计则是基于为日照与采光而确定的最佳朝向。

图 17.3 来自法兰克福城市规划与建筑设计的总建筑师欧内斯特·梅 1930 年写的一篇关于城市街区演变的文章[2]，呈现了这两种截然相反的设计方法。这种演变是从那些明确定义并形成了街道空间，但很少或没有考虑朝向的"传统式"连续城市街区（图 I），以及从考虑朝向，但对街道限定作用很小的"现代式"设计排布（图 IV）转变而来。后者显示的是所有住宅有着相同朝向的理想排布方式。建筑均位于地块的东侧，沿南北排开，使所有住宅都有西向的起居室和私密性花园，从而能享受到下午与傍晚的阳光。对正面与背面空间的定义是模糊的，与传统的由两侧建筑限定的街道相比，私密性花园能创造出更多样化的城市景观。梅所呈现的这种演变，我们更多是将其看做一个变化

图 17.4　从西南侧看方案模型

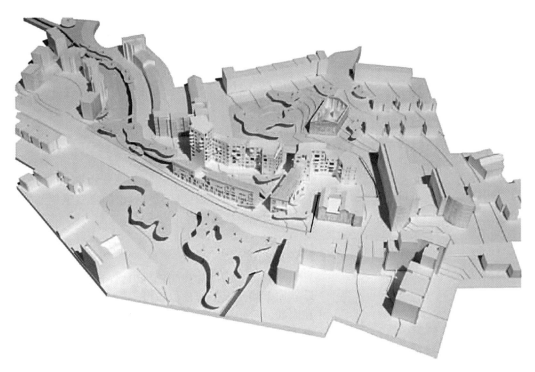

图 17.5　场地上的标准层平面布置

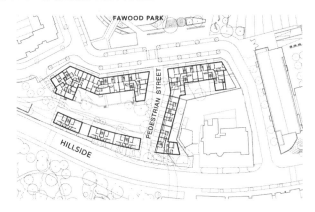

图 17.6　步行街

范围，在此范围的两极之间有着丰富混合的可能性。在我们看来，正是这些混合的模式才有可能在支持街区的社会交往的同时达到高环境标准。

周边式布局及空间的渗透性

我们的方案是个围合式街区，主要由位于基地南北两边的两条东西走向的条形建筑组成，在它们之间形成了一个公共花园，这也是方案的核心部分。设计一条新步行街将场地一分为二，使其与原有公园相连。并且在场地西侧设计了一幢 9 层高的塔楼（图 17.4）。

该围合式街区设计也有考虑到"防御性空间"的设计原则，该原则已贯穿了这充满困扰的住宅区整个

更新过程。在过去的 10 年中，20 世纪 60 年代的高层建筑已被拆除，被周边围合式低层建筑取代，形成了细密的街道肌理；我们也大致延续了这一改造逻辑。但重要的是，这一场地是三个开放空间的边界：沿着原有河道的生态公园、新的费伍德公园及交通干道南侧的既有公园。在我们看来，干道周边这些松散排布的开放空间要求在基地建筑前也设置一个空地以保持开放空间及主要街道——希尔赛德街的连续性。北面费伍德公园从其尺度和植物种植看像一种伦敦广场，由有着一定高度和形式的连续的公寓建筑围合。

贯穿基地南北的步行街打开了一条视觉通廊，在干道与费伍德公园、斯通布里奇的南区与北区之间建

图 17.7 庭院里的滨水栖息地

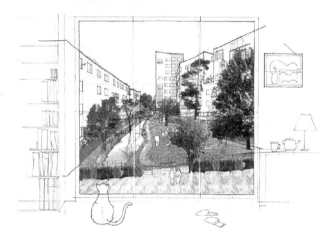

立了人行联系。如图 17.5 与图 17.6 所示，它创造了一种相互渗透并充满绿色的城市环境。设计这条步行街，并使人们可以从外部看到新设计的街区内部的公共花园，希望通过这些措施可以缓和原有公共住宅的居民和新建私人住宅的住户间可能存在的隔阂感——这一想法受到当地居民的肯定，他们非常喜欢这种基于街道的社会交往性及住宅区更新的防御性空间设计。

通过在街区内部切割，从而形成了两个城市街区。我们希望达到最好的现代主义建筑所拥有的渗透性与新鲜感（例如像 20 世纪 50 年代帕丁顿附近的霍尔菲尔德地产），将其开放性与更明确的限定与安全性结合起来。步行道也在很大程度上帮助地块使周长最大化，进而发展足迹最大化，从而通过相对适当的建筑高度达到所要求的密度。景观方案包括开放现有线状运河，

使之成为内部花园的焦点。除了现有公园，新的公共花园在这样一个高密度区域对城市的自然感觉至关重要，对当地生物多样性也有重要的贡献（图 17.7）。

可识别类型

南北两个街区均由小体块组成，在空间结构上和外立面上均是典型的伦敦城市类型：联排公寓、别墅和府邸。希尔赛德正面是一系列相连的别墅，与主干道上的其他建筑尺度相近。面向费伍德公园的六层高的正立面是由相连的府邸组成，它们高大而坚固，但私人公寓的尺度还是清晰可见。顶层一系列凸窗形成了更亲切的尺度，并与公园建立了更直接的联系。相互关联的低楼层部分保持了沿街立面的连续性和类型的易识别性，使阳光可以穿过照到花园和公园里。

沿希尔赛德与步行街的别墅，由第一、二层的三卧复式住宅和上面两层的公寓组成。从街道上穿过花园直接进入复式住宅。公寓为一梯两户，通过公共入口和公共楼梯间进入。这种沿着希尔赛德频繁设置入口的布局可支持居民间的互动、联系。建筑底层不布置卧室，入口花园进深较大，在繁忙的主干道旁的建筑底层设置起居室，也可保护其私密性。朝向费伍德公园的府邸是一梯三户和一梯四户的，通过公共电梯和楼梯间进入，主入口朝向公园。建筑底层抬升了半层，下部可以停车，

图 17.8 北面联排公寓街区的北立面

公园北部 1：500

图 17.9　阶梯形的南北剖面

北

南

也可保护底层住户的私密性。使用楼梯入口，使其能含更大比例的双朝向公寓房。

与 20 世纪 60 年代台地化地将山坡打断的改造不同，我们制定了原则来呼应并强化区域重要地形特征：山丘、希尔赛德和运河的上游水道。南部的联排别墅，从希尔赛德的东端排列整齐的酒吧一直排列到西边，与运河的月牙形保持一致。联排别墅跟随山势的上升抬高，创造出屋顶轮廓线与窗户抬升与倾斜的动态形象，更符合传统的英国城市形象。场地西端，一个 9 层的塔楼强调了那里的运河与希尔赛德交汇的重要节点（图 17.8）。

自然采光与日照

场地建筑密度相对较高，几乎达到当地规划的上限，为了争取自然采光与日照，采取了一些与之前住宅更新不同的设计策略。基于平面与剖面的经验法则，结合当地规划部门在这之后要求的自然采光与日照计

算机模拟研究[3]，我们采取了两步走的方法。最初的采光与日照模拟结果十分鼓舞人心：底层采光系数最差情况下为 5%，80% 的住宅能达到 50% 的年日照时数，很大程度上证明了我们方案的可行性。通过模拟，我们对一些低于地方一般标准的地方又作了调整和完善；使优化方案的采光与日照最大化，同时使高大体量如 9 层塔楼对相邻的开敞空间及住宅的遮蔽影响最小化。

接下来，我们将描述地块建筑的四个属性：平面、剖面、建筑进深及转角。在每一个属性中我们将探讨如何被克服场地的挑战，将我们的方案与斯通布里奇之前的发展进行比较，以及涉及的其他方面。

线性平面

场地形状很不规则，而且更困难的是东西朝向，与 19 世纪的联排住宅及早期的 21 世纪更新改造的住宅不同，它们都是由规则的城市街区组成，基本上沿南北走向，联排住宅相应地朝向东和西。这是较好的安排，19 世纪的住宅部分及之前更新的住宅密度均较低，所有住宅均能取得较好的采光与日照。当建筑高度较高时，其地块一般较方正，其内部庭院的尺度明

图 17.10　斯通布里奇地区过去 100 年街区平面的比较

0　　50m　　N

19 世纪联排住宅

55m×200m 的南北向街区，两排建筑间距约 20m。低密度的 19 世纪房屋，排布较好，使所有住宅有较好采光与日照

20 世纪拜森地产

100m×75m 的矩形街区，向南侧开敞。建筑高度较高的街区方正，内部庭院尺度很大，约 50m

21 世纪的总体规划

南北向 45m×100m，间距约 20m 的街区。建筑高度较低，这个设计为所有住宅提供了较好的采光与日照

我们的方案

东西向 90m×42m，间距约 20m 的街区。建筑高度高，东西向的街区要求调整剖面及仔细的规划来保证所有住宅较好的日照与采光

显较大，像 20 世纪 60 年代的塔楼和板块形街区地产，其内部庭院有 60m 宽，而且向南开敞。

　　场地呈现明显的东西走向，对我们形成限制。我们选择了一种线性方式将位于场地南北两端呈东西走向的住宅组织起来。阶梯形剖面和浅进深缓和了相对较多的北向立面带来的影响；使所有住宅都能保持较好的采光与日照条件（图 17.9 和图 17.10）。较多的南向立面和最小化遮挡使得太阳能利用潜能最大化。

阶梯形剖面

　　我们提出了一种阶梯形剖面，南侧主干道旁的建筑较低，从而使得地块内部的日照与采光最大化（图 17.11）。这一剖面很大程度地改善了地块内的自然采光，但是与规划部门的期望相左。根据对于围合式街区不考虑朝向的传统建造模式的一般常识，他们原本希望形成在主干道边的建筑更高，二级街道旁的建筑高度稍低的梯度（而这对采光或密度的限制是灾难性的）。我们的方法与拉尔夫·厄斯金在纽卡斯尔的贝克公寓（1969—1981 年）有些相似，它是地块北端的一个浅进深的公寓楼，高度在 6—12 层间，其前有密集的低层房屋。

　　南部联排住宅 4 层高，建筑间距最窄处如上所述 20m，其北部的联排住宅底部采光与日照最小角度为 25°（参照 BRE 报告中设定[4]）。北部可俯瞰费伍德公园的联排住宅，对建筑高度的限制较少，因为其北侧没有相邻的建筑，不必考虑对其采光与日照的遮挡，因此综合考虑其与周边新老建筑的关系，将他们的高度定为 6 和 9 层。将原有建筑体量打断或"切开"，形成进入新花园和公园的"窗口"并从北部穿出，将活力、特别是冬天的阳光带进这片开敞空间。

浅进深

　　穿过场地最窄部分的南北剖面限定了地块的进深。当地补充规划导则（参见"术语表"）规定前部花园进深及至少 20m 的间距，从而避免视线干扰、保持私密性。居住建筑尺度北部联排公寓 10m 进深，南部为 7m。这些深度与当前通常做法非常不同，以 15m

图 17.11　19 世纪传统建筑剖面和朝向阳光的阶梯形剖面对比

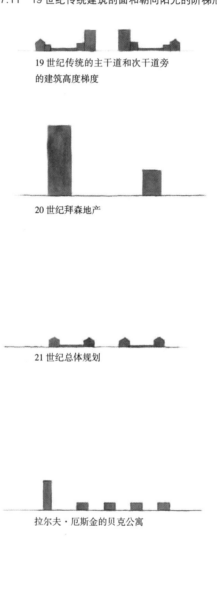

19 世纪传统的主干道和次干道旁的建筑高度梯度

20 世纪拜森地产

21 世纪总体规划

拉尔夫·厄斯金的贝克公寓

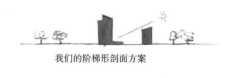

我们的阶梯形剖面方案

0　　　50m

图 17.12　浅进深与更典型的大进深建筑比较

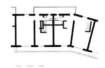

拉尔夫·厄斯金的贝克住宅，6m

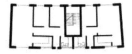

WWM 南部的联排住宅，7.5m

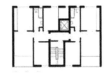

WWM 北部的联排住宅，10m

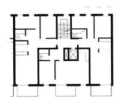

阿里萨街，12.5m

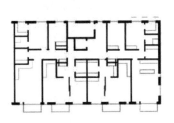

拉尔夫·厄斯金的格林尼治千禧
村，15m

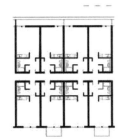

姆肯拜克与马歇尔事务所的尼罗河街，
17.5m

进深的格林尼治千禧村或 17.5m 的尼罗河街为代表（如图 17.12），这使得地块密度可以达到很高，但使室内房间必须依靠机械通风。

　　将相对较大进深（10m）的建筑置于更宁静的北部，因为在这一端建筑高度可以增加而且可利用公园的景观，从而使利益最大化，而较浅进深（7m）的建筑则置于南端较喧闹的一侧，那里对建筑高度的限制较多。场地西端，建筑进深增加到 12m 以充分利用东、南、西侧的好处。7—10m 的进深相当于两个有着较好采光和对流通风房间的深度。这样的公寓设计就可以安排通过起居室或餐厅来与卧室对流通风（这种方式通风量是那种单向房间的 5 倍）。

　　当使用蓄热结构（拟采用柱和无梁钢筋混凝土结构）时，对流通风提供了一个简单办法有助于建筑被动式冷却。在那些进深为两个或两个以上房间的建筑中，或是那些受街道噪声或安全问题限制的建筑，为

了维持风路，我们允许在房间和嘈杂的主干路间设置消声的风道，并使用外部安全卷闸，与欧洲大陆所使用的相似，为了在住宅没人或在晚上时保持通风。

　　浅进深建筑使住宅平面布置更加灵活，特别是那些朝向喧闹或繁忙的街道的建筑。南部的联排住宅，靠近主干道，7m 进深，让起居室及大部分的卫生间都在较安静的北侧，立面上有明窗，使起居室能保持较好的采光。

坚实的转角

　　我们将转角设计为突出建筑来强调城市街区，并限定街道结构，与欧内斯特·梅第一张图所显示的那种未被打断的传统城市街区方法相似。但用这种方法来设计转角要仔细考虑私密性及其正反两方面问题。

　　费伍德公园前相对较安静，转角上层的住宅有较好的视野与私密性。在建筑底部转角处是复式住宅，

图 17.13　北部联排住宅转角

图 17.14　分离的街区建筑通过连续的底部相连，伦敦北部的萨默斯镇

图 17.15　将内部较紧的转角切掉，海牙公屋，阿尔瓦罗·西扎

图 17.16　内凹的外部转角，海牙公屋，阿尔瓦罗·西扎

在底层或抬升的底层不设置卫生间，这使得朝向街道的卫生间隐秘性更好。通过在建筑内部转角处设置楼梯间或同一户住宅从而保证私密性，如 L 形平面来加以解决（如图 17.13）。

有人也找到一些不同的方法来控制转角，如为保持方形街区的一些物理限定而将建筑的一部分变薄或切掉。19 世纪萨默斯镇的街区转角，伦敦英皇十字区的北侧，像风车一样用一个一层高的墙沿建筑界线将相

图 17.17　从起居室向北看到的新费伍德公园景色

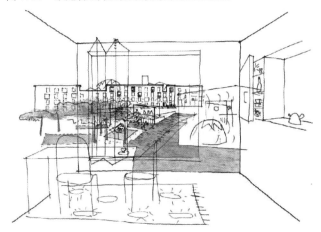

图 17.18　采光模拟模型

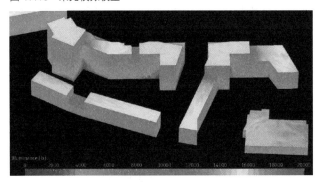

互分离的街区建筑围合（图 17.14）。阿尔瓦罗·西扎 20 世纪 80 年代在荷兰海牙设计的社会公屋中处理街区转角，既切除了过紧密的内部转角，也移除了外部尖角形成一个反射内凹的街角（图 17.15 和图 17.16）。

结论

这个项目的特殊性使得一些通常被认为不必要或是不经济的设计方法有了使用的可能，甚至成为必需的手段。而 20 世纪 60 年代的地产项目造成的社会问题对客户形成了影响，从而要避免经济上的速效设计（集合住宅或通廊式住宅），避免可能导致破坏性浪费的失败，需要一种能达到社会可持续的设计。这种态度转译为设计语言就是支持开敞的街区布局和使用楼梯间进入的设计。规划部门对于住宅质量的导则同样要求与地块本身的尺度共同决定了街区的进深要比通常的窄很多，于是更强调长期的发展，而不是现在的房屋市场或政治气候将大大有利于本项目，同样也适用于其他项目。

我们的设计呼应了当代城市一些基本要素的挑战：安全、密度（受土地价值和可持续性目标驱使）、气候特征及传统文化。在围合式街区和考虑最佳朝向的线性街区范式之间进行设计，使得我们能够对上述问题予以回应，调和高标准的环境要求和基于街区的社会性原则（图 17.17）。

补充说明：采光与日照的计算机模拟评价

建立方案的三维模型来评估住宅内自然光的分布。立面用颜色代表它所接收到的光线数量，并将其输出（图 17.18）。用结果来检验发现那些接收自然光和阳光最少的点，以便于更细致的调整检验。

立体图表现的是太阳年运动轨迹影响和整个天空及临近建筑的反射散射程度综合的二维结果。全年的太阳移动路径由一系列曲线逐月和逐小时地标示出来。阴影区域表示在这一点上看不到天空。当太阳路径与阴影区域一致，则在那一点上的那个时间晒不到太阳。如果一个区域有一个月被遮挡，则意味着丧失了那个月的阳光。对每个月重复这一计算过程可得到全年阳光损失率。

将模拟结果与导则文件进行对比以确保建筑达到了推荐的采光与日照要求，及对周边已有建筑不造成明显遮挡。这些信息也用来评价对立面朝向进行微调与公寓内部设计的调整所取得的效果，以取得室内采光与日照水平的最优效果。

拓展阅读

Anon. (2006) *Europan 8: European Results Book*. Editions EUROPAN.

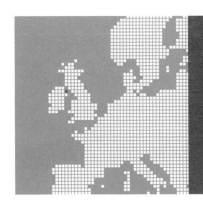

第18章 "斯托克韦尔制造"及德特福德码头

凯蒂·唐金森，亚当·里奇

设计团队

业主	CPP-PLC
建筑师	霍金斯/布朗
可持续咨询顾问	马克斯·福德姆有限责任公司
结构工程师	普赖斯与迈尔斯
规划顾问	萨维尔斯·何佛·迪克森
	（Savills Hepher Dixon）
交通顾问	WSP
灯光顾问	斯查图诺斯基·布鲁克斯
	（Schatunowski Brooks）
社会经济	（Savills Research）
生态学	CSa
水文地理	哈尔克罗（Halcrow）
考古学	MoLAS
历史研究	WHH公司的范·斯科尔（Van Sickle）
污染	WSP 环境公司

主要项目信息：斯托克韦尔制造

项目类型：	混合使用
占地面积：	1.2hm²
每公顷住宅数量：	241
每公顷房间数量：	695

主要项目信息：德特福德码头

项目类型：	混合使用
占地面积：	4.5hm²
每公顷住宅数量：	229
每公顷房间数量：	671

引言

从建筑学角度来讲，可持续城市设计的目标是持续演变的。我们必须经常重新评价我们的措施，并倡导一些新技术以保持在这一领域的先进性。众所周知，凡是成功的企业都会谈及要成为他们行业内的"最好"，如最好的糖果店、最好的酒吧、最好的快餐店。同样，建筑行业也会不断改进提高自己；为了更好地满足人们的日常生活需求，建筑必须满足更高的标准。我们尝试着超越纯粹的设计价值去开发一个完美的建筑，使之能够与社会、政治、经济、文化和环境更加和谐。

最近在建筑实践和可持续发展的大背景下，大伦敦政府和伦敦市长已经采取重大的措施。市长鼓励人们降低碳足迹、骑车上班和减少冲厕用水。2004 年，他就已经在"市长能源政策"[1]中颁布了"从绿色照明到清洁能源"措施，该能源政策要求城市新的发展需通过利用可再生能源来降低碳排放。它提出了一些达到高效、清洁、绿色的方法和措施，如：

● 减少能源使用（高效）；

● 利用可再生能源（绿色）；

● 提高能源供应效率（清洁）。

在公众可持续理念日益增强的背景下，这些都已全部实现。可再生能源技术正变得越来越容易做到。人们可以随时进入当地家居卖场，选购属于自己的风力发电机或太阳能集热器——分散的能源收集设备已可做成切实的家用尺寸。房屋代理告诉我们让房子更加节能，绿色能增加房屋的价值。政客们也正努力通过推行微风发电措施来掌控绿色议程。在英格兰的规划部门已经简化了审批程序，允许家庭使用小规模的可再生能源技术而不需要政府批准。

在购物态度上，公众意识也开始发生变化。如他们正给提供免费塑料袋的零售商施加压力，要求使用更环保的袋子。商家正使用可持续理念来建立

图 18.1 "斯托克韦尔制造"区域规划

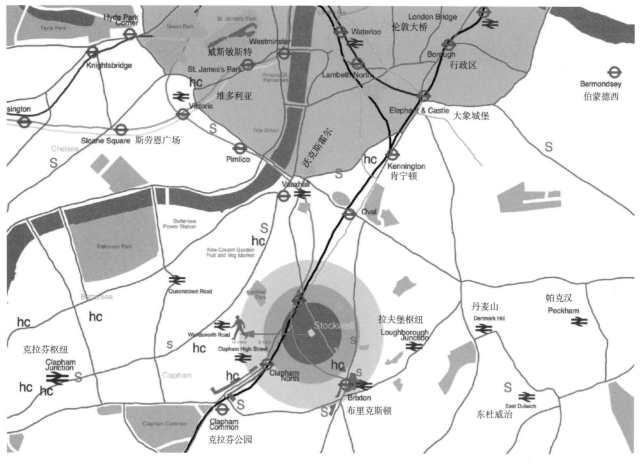

商品和品牌的信誉度。媒体鼓励我们在离家更近的地方旅游，食用当地生产的当季食物。在最近的一项沿海再生计划竞赛中，我们要求"只到出售本地鲜鱼的饭店用餐"。

作为建筑师，参与城市更新项目给了我们从上到下塑造城市可持续计划的机会。这些项目的任务书、设计和实施对于社区起到了积极的影响，降低了碳排放，本章通过两个实际案例来说明我们的措施。第一个案例是"斯托克韦尔制造"，位于伦敦兰贝斯区（表 18.1）；第二个案例是德特福德码头，位于伦敦刘易舍姆区。两个地块的业主都是 CPP，这是一家私营开发商。比较同一团队在两个地块上设计异同，将是很有意思的。

更新与发展

一般来讲，"发展"可能专注于短期经济利益，而"更新"则放眼于长远。更新远比发展更加复杂，对团队各个阶段的工作都是挑战，包括从拿地、方案设计、市场分析，一直到产权移交。更重要的是，更新有可能提供更广泛的社会、经济和环境效益。

贯穿整个过程，我们不断回顾影响我们方案形成的基本因素：

● "昨天"。一个对于大范围更新项目的成功设计解决方案主要依靠对于该地块的了解，包括该地块的历史沿革、机遇和限制。

● "今天"。需要有能力负责正在开展的任务与项目、交流空间和设施，并在广泛咨询建议中取得协调和平衡。

● "明天"。设计需要了解可能的不同阶段，并有能力应对未来可能出现的社会变革、经济变化和新技术产生所带来的问题。

经常使用的名词"总体规划师"似乎在很多方面已经过时了。它更容易使人想到傲慢、自负和一手遮天。我们更新项目的方法是整体合作。我们意识到这个更新项目不能独立产生，必须所有参与人通力合作、协调一致。

建筑师要适应的是学习在不同规模尺度下思考设计，并用图形和文字构思发展城市框架和设计要点，帮助我们建立起对地块的设计图景。这已经有大量可以指导和辅助我们设计师的设计工具（参见拓展阅读）。

观点

业主一开始即认识到如此大规模的项目计划需要一支强大多专业的团队。且鼓励这支团队超越规划红线范围限制去思考，按照超过基准要求的水平设计。在项目早期即组建一支团队有三个好处：

1. 对于开发商业主。业主可以保持新技术的应用符合法律法规。业主可以在市场上保持竞争力，他可以迅速地取得目标结果。例如，业主在 2004 年拿到斯托克韦尔地块，到 2006 年拆除及相关工作即已完成。

2. 对于市区。在地区层面上，伦敦市长对这些项目促进与推荐的权力更有利地促进更新项目计划的实施。对于斯托克韦尔地块的设计已经被市长办公厅视为范例，并作为案例研究供参考。

3. 对于居民。为居民提供了切实的利益，如住房和就业机会，并通过与当地前瞻性的权威机构合作实现国家政府目标。

案例研究 1

"斯托克韦尔制造"：伦敦兰贝斯区

在斯托克韦尔绿色项目的沃特尼·曼恩瓶子商场是 20 世纪 60 年代巨大的野兽派建筑（图 18.2），在那个年代，它曾因获得市民信赖大奖而被表彰，而在近些时候，被用作法律文件的存储和收藏。

该地块更新的目标是建立一个混合用途的社区（表 18.1）。包括 290 栋住宅，6170m² 的带有饭店和咖啡吧、酒吧的工作室和办公室，为新商业准备的启动空间（办公室每间 25m²），社区商店和社区卫生中心。其中占据了该地块三分之二土地面积的 270 栋住宅由

斯托克韦尔制造主要项目信息　　　　　　　　　　　　　　　　　　　　　　　　表 18.1

用地性质	占地面积（m²）	住宅单元	房间数量
非住宅建筑			
商业	7655	/	/
社区配套	866	/	/
医院和零售	1090	/	/
住宅建筑	23647		
1卧公寓		77	154
2卧公寓		188	579
3卧公寓		24	96
4卧公寓		1	5
总计	33258	290	834

图 18.2　带有沃特尼·曼恩瓶子商场（圈出部分）的"斯托克韦尔制造"地块的鸟瞰图

图 18.3　用于"斯托克韦尔制造"公寓广告的海报效果图

住房协会或者注册的住房机构管理（参见"术语表"）。这些住宅中超过 60% 是共有产权或者是由社会租赁，该比例远超过伦敦市长对于保障性住房供应的最低标准比例要求。

五大设想

这个计划发展了一系列的大设想：

1. 城市设计和建筑。斯托克韦尔绿色项目是一个有着潜在价值和值得期待的地方，所以我们寻找机会去创造一个入口，以强调和拓展公共的空间、使建筑文脉相承。

2. "混合"。为了把该地块提升为一个全天候活泼、安全和有期望值的社区，这个规模的规划设计需要把功能、居民和活动方式混合起来。

3. 保障性。作为工作区域，斯托克韦尔绿色项目最适用于中小型企业。我们的目标是构建一个能够自我维持和鼓励发展的商业社区。保障性住房将有助于满足当地不断增长的人口需求。

4. 改造和重建。瓶子商场部分结构的保留和兰贝斯街道正面的改造将促使新旧建筑的平衡，并有助于建立更新计划的风格。

5. 环境可持续性。业主达到了环境设计目标，相信它显著的可持续性能够提高项目的品质和可售性；最重要的是它能够增加该地块的价值。

在机构之间建立桥梁

我们咨询了不同的人，包括住房协会、当地的商业中介和房地产商。他们帮助我们更好地理解所在地区的位置、财产价值和需求。艺术家往往在这类地区的变革中都充当了催化剂，所以我们的业主认为一个设备齐全、自我管理的工作室区块是值得信赖的，可以给他们免除营业税。按照这个思路，我们接触了当地不同的大学和艺术中心，比较了他们的想法。在一个艺术家同时也是平面设计师的帮助下建立了"斯托克韦尔制造"的概念（图 18.3），它为这个项目划出了一条"带线"，这也使该地块可以适应未来的发展。

当地基础保健护理联合中心会组织会议来讨论新健康中心的设计和移交问题。最主要的是，我们考虑了现存的动机因素，如社会团体和他们的更加安全更好的环境的需求、学校、当地的需求、年轻

图 18.5 重新修缮后的瓶子商店的零售部分

图 18.4 在本地邻里周边发放的咨询传单

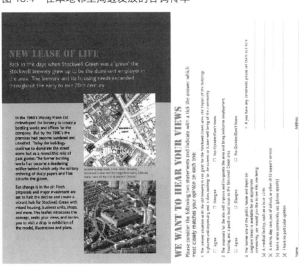

图 18.6 瓶子商店的剖面图

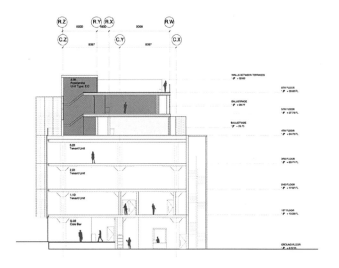

人口、教堂及其周末在斯托克韦尔绿色项目内承办婚礼的需求,还有当地的葡萄牙团体的需求。顾问的工作要认真对待,它包括社区中心的事件、设计工作室的办公场所、介绍、宣传单(图 18.4),问卷调查和新闻发布。

旧建筑的重新利用

保留瓶子商场部分结构作为办公场所是有益的。目前存在的轻质顶部楼板将随着砖墙一起被拆除,原来的设计遮挡了自然光。新商场的围护结构会使用一种新型的半透明表皮,这将使其即使是最小的办公室(图 18.5)也可以得到良好的采光环境。在办公区域的上部设计了一些屋顶阁楼公寓(图 18.6)。

成本分析报告显示了建筑重新利用而在基础和结构上节约的全部成本,但没有包括由于减少垃圾粉碎、运输和处理等节省的费用。原来的结构包括无梁式楼板支承柱、柱顶托板和钢筋混凝土底板,它们都是高质量的,因而得到保留,用标识可见的混凝土保护起来(图 18.7)。改造后建筑效果与我们期待创造的"低碳排道路"住处风格和想要达到的创意产业园目标很

相符。

这个建筑也成功取得了较大的层高和合理的模数空间(6.6m × 8.25m)。新的交通核和流线的仔细布置使得在主要空间分区内能够非常灵活地布置楼板。因此可创造出 1675m^2 的开放式大办公室(图 18.8)或者 47m^2 的小办公室(图 18.9)以满足广大不同层次的客户需求。从环境角度来看,暴露的钢

图 18.7 通往办公前厅的一层楼面实景图

图 18.8 典型隔断式商业单元

筋混凝土会有助于保持室内温度更加稳定，特别是在夏天，加上夜间通风策略和在极热天气下的辅助舒适性空调措施。

密度

　　一个地方的可达性取决于从它走到公共交通设施点所花费的时间，它可以通过 PTAL（公共交通可达性水平）等级[2]（图 18.1）进行度量。伦敦规划[3]认识到获得较高 PTAL 等级的地方能够支撑更高的居住人口密度，因此提高了拥有完好交通连接、城市核心区及灰地地区的允许建造密度。

　　本地块作为 PTAL 等级 4 的地区（每公顷 241 栋住宅），其密度是符合市长的伦敦规划指南的，并且增加了一些宜人的措施。业主已经致力于高品质的建筑设计，并且（通过第 106 条协议——参见"术语表"）建设新的社会公共设施，如学校、卫生中心及促进公共交通的相关设施。

城市设计与建筑

　　这个地区在历史上一直是酿酒厂和瓶装厂。因此

图 18.9 典型开放式楼面

设计方案中在斯托克韦尔中保留了叫瓶子商场的那一部分建筑，有助于创造场所真实感，并与过去能够有机地联系。

　　周围的环境在尺度和风格上有很大的差异，但是总体上都是住宅。西面分布着一些紧密相连的联排住

图 18.10 在斯托克韦尔大街上主要的沿街立面

宅，北面分布着当地政府厚重的建筑，西面和东面还分布着一些点式建筑街区，南面则是斯托克韦尔绿色保护区的 19 世纪老房子。材料颜色选择和建筑设计确保与周围相协调。例如，设计使用玻璃砖锚固在建筑底部，作为方案统一的元素特征。通过改变上部楼层退台的尺度和形式，使之建立了更多基准面从而创造了一种竖向的城市纹理。此外，玻璃窗的大小、凹进深度、平面交错形式和雨帘的颜色都要与周围的建筑相协调（图 18.10）。

图 18.11 总平面图设计首先通过拆除目前斯托克韦尔绿色项目的围墙和把南立面与圣安德鲁教堂的前部边线对齐，创造出一个高质量的公共空间。林厄姆大街两侧建筑立面的修复设计使之成为了一个富有意

图 18.11 总平面

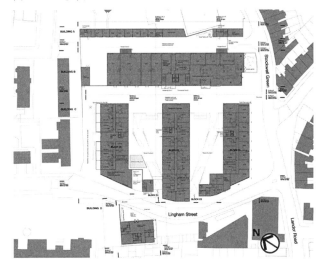

图 18.12 环境策略

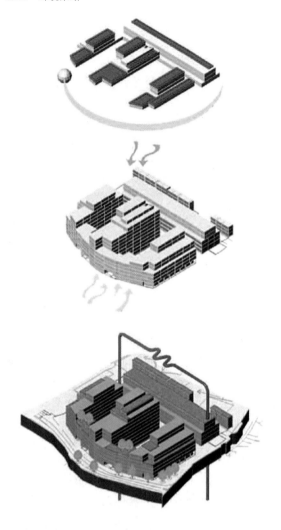

义的城市界面和值得俯瞰的街道（图 18.11）。

两个重要的街道被建立起来。其中一条可容纳可控车辆进入商业用地，另一条成为一条新的供行人和自行车通行的公共通道。这条路与通往每个街区的入口相连，并由于当地居民和住户的使用而变得生机勃勃。地块核心部位的两个庭院设有共享的

便利设施，并仅供当地居民使用。私有和公有地域的明确定义能够实现良好的管理和维护。此外，公共领域活跃的前部空间的朝向设置及那些全天候都有供人使用的空间——如白天有商店，傍晚有酒吧——位置设置，有助于这个地方及其周边都处于安全和监督管理下。

环境设计要求

这个方案设计是设计团队第一次应对前面提到的伦敦能源政策要求。对于这个地块的每个建筑都制定了"基准"和"目标"能源标识。基于这个地块的面积和周边建筑的高度，这些新建街区的形状和朝向都旨在平衡太阳能的获取，尤其是这些阶梯形的屋顶设计，其最高处位于地块中心就是基于采光和日照光的原因（图 18.12）。

在这个建筑结构上使用了更高性能的产品或构造（表 18.2）。安装在南立面和西立面的外百叶在冬季可以降低热损失，在夏季可以控制太阳得热和眩光。这种措施可以降低房间的采暖需求，并可以采取合适的可再生能源技术。"热驱"技术，如那些规模与类型取决于热利用的水平的燃气或生物质燃烧的热电联供技术，即可以基于相对少量（季节性）的热需求而减少规模、降低要求等。住宅全年都有生活热水的热需求，然而，这里安装 550m² 的太阳能集热板，据预测它将提供这个地区生活热水需求 40% 的能源，每年产生 273000kWh 的热量。这达到这个地区全年能量需求（热和电）的 7.3%。

建筑结构的热工性能 [W/（m²·K）] 表 18.2

围护结构	较好做法	最好做法	高级设计采用的	BedZED（作为对比）
外墙	0.35	0.25	0.15	0.11
平屋顶	0.25	0.13	0.08	0.1
楼板（地下室以上）	0.25	0.2	0.1	0.1
外窗和天窗	2.0（木框）	1.8	1.5	1.2
气密性[m³/（h·m²）]	<10	3	1	未知

图 18.13　现场的拆除物和保留的结构

图 18.14　德特福德码头地块平面图

应用于商业空间的可持续制冷方式是一种经济的帮助满足 10% 可再生能源利用率的解决方案。在历史上，酿酒厂通过一些 150m 深钻井抽取地下水。这表明这些钻井可以被重新用于抽取清凉的地下水，这些地下水可以在辐射板中循环为办公室制冷，并通过另一个钻井返还到地下。据估计，相对于传统的机械制冷系统，这将节省 196000kWh 的电能。

其他的环境措施包括节水型卫生器具，垃圾回用，节能型电器和照明，以及屋顶绿化和碎石屋顶，这些屋顶有助于雨水渗透并可为城市的鸟类提供栖息住所。

实践方针

部分环境策略要求拆建承包商们保留能源消耗和水消耗的记录，分类和回收垃圾以及监控它们的商业运输。约 40165t（98.7%），即绝大部分垃圾被重复利用，并且它们中大约 20% 被就地压碎、保留以重新利用（图 18.13）。这些数据可以与食品及农村事务部最近出版的垃圾处理调查[4]进行比较。

从一开始，我们就关注这个方案将如何与现存当地设施的协同发展，并在设计推进中不断咨询当地社区和规划机构。结果他们都强力支持建造一个真实的"斯托克韦尔制造"计划。这个项目在 2006 年的《地产公报》杂志上出版了，作为一个数百万英镑投资的改造计划，与同规模的莫斯科和马尔默项目一起被宣传。这个项目的成功主要在于其设计的全面实现、作为一个新的充满活力的城市社区的成长，以及对当地文化的整合与强调。

案例研究 2
德特福德码头

德特福德码头位于泰晤士河附近和伦敦北刘易舍姆区皇家造船厂的前部。这个地区由横穿这个"岛"地、现已回填的大萨里运河河道及曾是伐木场、罐头厂、铁皮厂和木材工厂的老式码头建筑围合而成（图 18.14）。这个地块是当地机构定义的用于混合使用更新计划的七块灰地之一。这个地块的低处东南角毗邻著名的康沃地区，它是由当今颇引人注目的罗杰斯建

图 18.15　总平面图上的建筑用地

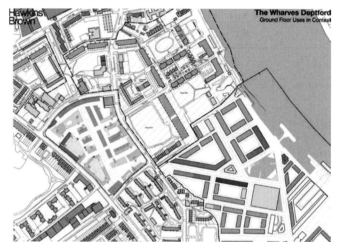

图 18.16　新码头轴测图

筑事务所规划设计的（图 18.15）。

正在形成的当地发展框架中的混合使用计划建议该地块应建立大量的新建筑住宅，但是为了保持社区平衡也需要一些商业办公用途的房屋。这个地块很大程度上不存在历史文脉的继承发展问题。我们为了了解该地块之前的发展及理解其历史渊源，查阅了该地块的历史地图。老码头地区的边界提供了最好的线索，并且帮助我们建立了一个新的城市肌理。这个新码头地区（图 18.16）的每个建筑在功能上、形式上及材质上都是不同的，并且与原有码头建筑风格之间折中。新码头地区建筑形式的表达吸取了传统老码头的坚实感、体量感和保护性的围合感，创造出一种新的类似形式。每个新码头区域都将是混合功能，分布各种形式及保有权类型的住宅和非居住类建筑（表 18.3）。

城市设计原则

大萨里运河在该地块和邻近地区留下了深刻的印记。以这个水体的走向核心整个地区将以一个 21 世纪码头的形式发展（图 18.17）。这个很大被扩展的水域

德特福德码头主要项目数据　　　　　　　　　　　　　　　　　　　　　　　　　　　　表 18.3

用地性质	占地面积（m²）	住宅单元	居室数量
非住宅建筑			
商业	11327	/	/
社区配套	1971	/	/
医院与零售	2488	/	/
休闲	846	/	/
机动	5994	/	/
住宅建筑			
1卧公寓		341	682
2卧公寓		490	1470
3卧公寓		150	600
4卧公寓		59	295
总计	122136	1040	3047

图 18.17 城市设计概念——水体　　图 18.18 缩尺模型——水体　　图 18.19 城市设计概念——对角轴线

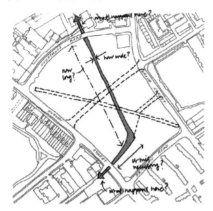 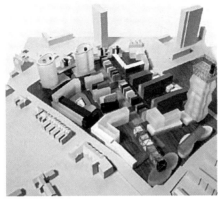 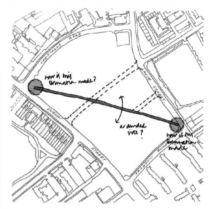

水流穿过项目用地——鸟瞰▲

　　该设计复原了该地的历史风貌。明确表示能使其成为焦点或"馈赠",并能为居民区提供很多需要的设施。通过复原整个运河,该地块被分割为更小的地块。那么复原工程意味着什么呢?会不会仅仅是一个 21 世纪的怀旧却无用的形式呢?它将如何与项目"另一边"结合起来?能否重塑一个关联性和适用性更强的水体以提供设施 / 焦点 / 可持续性 / 休闲呢——并作为从德特福德公园通往康沃码头的"小径"?需要怎样的水域规模来适应新的使用目的呢?该不该借鉴历史经验呢?

项目用地之间的连接——鸟瞰▲

　　它在康沃码头和德特福德公园间塑造了一个直接的、可视的链接。明显表示出与周围既有城市肌理不符的特征。将项目用地"分割"成了两个三角形的地块。它能为周围街景提供什么呢?它看似是一种很激进的形式——"我需要从 A 点至 B 点间的一条直线,不管周围环境如何。"它给人以出世之感,且与德特福德的部分地方不相连——与其说结合,不如说它是一种割裂。我们有没有其他能够获得同样联通形式的方法呢?

将提供物质上及视觉上的舒适,并起到环境效益。这个地区也可以设立一些新的酒吧、餐馆、亲水住宅、散步场所、生态中心、浴场和球场。它也可以为建筑提供蓄冷和蓄热,并且应对千年一遇的暴风雨危害。这个水体也连接了新码头的所有地区,并为行人和交通工具穿过这个地区提供了一种方向(图 18.18)。

　　这个轴线的终点确定了我们这个地块的入口,并且在艾芙琳街口和设计的康沃码头地区(图 18.19)都创造了形成地标建筑的可能性。由高层建筑和辅助的新公共区域形成了对角轴线,这些空间将作为这个地块使用者的社会集散点,并成为这个发展区和周围环境的重要界面(图 18.20、图 18.21)。

混合使用要求

　　这个地块足以容纳不同的住宅类型(图 18.22—图 18.24)。城市框架已经逐渐集中在居住和环境品质上,并不是综合高密度所有方法的集成。我们因此能够创造出:

● 在塔楼上的平台,可以鸟瞰整个伦敦;

● 带有家庭居室和私人花园的传统街区模式;

● 带有社区舒适性的庭院发展;

● 在零售和工作室上的城市阁楼;

● 集中的核心社区;

图 18.20 缩尺模型——地标建筑(一)

图 18.21 缩尺模型——地标建筑(二)

图 18.22 布里奇码头的透视图

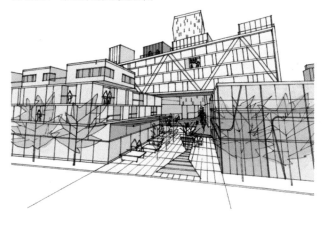

● 独立的街区形成面向佩皮斯公园的第四立面。

社会经济顾问测算过这个地区可容纳非居住空间的容量，特别侧重于新工作、零售业、社区服务设施的"供应能力"，这些对于大规模再生计划的社会经济可持续性是很关键的。

参考与本地块人口、居住保有权混合模式、交通可达性极其类似的"比较地块"的成功商业开发经验，一些潜在的物业类型被集成起来。这个"完美的剖面网格"简图（图 18.25）使我们能够在另一层面上考虑细节，以确定这些功能在本地块的布置。例如：

● 提供更多在码头聚集与扩展活动多样性的机会；

● 沿着艾芙琳大街的沿街零售；

● 被忽视、因而更安全的商业功能安排，及其西侧面向佩皮斯公园合适地停车位设置；

● 商业和医院项目被集中在两个主要的公共空间。

图 18.23 运河住宅的透视图

可持续的交通

该地块目前被归类为 PTAL 2 级，表示对于公共交通是限制性可达。这里已经有承诺来改进公共交通网络、容量、交通节点间的连接（包括更加安全的步行和自行车路线）和公用自行车，即类似于巴黎的"公共租用"自行车租赁系统以及整合在内汽车俱乐部。所有的这些措施能够帮助重新评价这个地区，使其可达性更高。北面的格林兰码头在不到 10 分钟的步行范围内，并且康沃码头发展项目在南部设计了一个新的河边码头。当前正有个机会改善河道交通，设计延长河船站点向东与泰晤士河入口的新住宅开发区连接起来，并且提高其运行时间和频次。这条河流是一个极好的资源，目前并未很好地开发。我们的目标是德特福德码头的居民将能够可靠快速地到达金丝雀码头，从格林兰码头出发仅需 5 分钟，而到达伦敦桥城市码头仅需 17 分钟。

图 18.24 奥克斯多高架桥的透视图

能源生产

在"斯托克韦尔"环境可持续开发经验的基础上，

图 18.25 德特福德潜在的物业类型简图

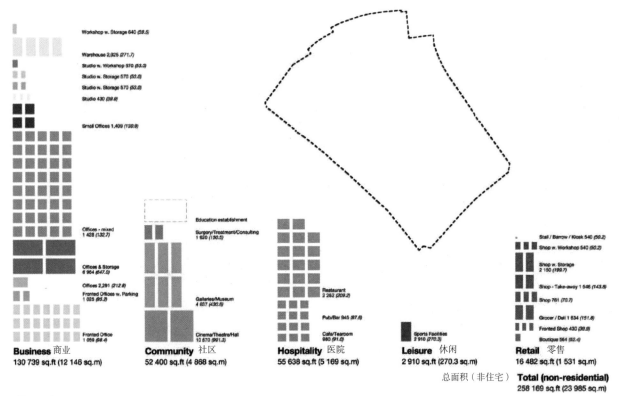

Business 商业
130 739 sq.ft (12 146 sq.m)

Community 社区
52 400 sq.ft (4 868 sq.m)

Hospitality 医院
55 638 sq.ft (5 169 sq.m)

Leisure 休闲
2 910 sq.ft (270.3 sq.m)

Retail 零售
16 482 sq.ft (1 531 sq.m)

总面积（非住宅）Total (non-residential)
258 169 sq.ft (23 985 sq.m)

业主相信它不仅能够促进开发的商业可售性，而且还能帮助一个成功规划得以应用，因此此业主激励团队追求更高水平的可持续性。我们对所有的住宅都设定了要获取可持续房屋法令[5]的四级水平。最初的研究[6]表明与符合 2006 年建筑住宅规定的住宅相比每个住宅将增加 5000—10000 英镑的投资费用。

这个地块是幸运的，因为它邻近伦敦东南能源回收利用的热电厂。与热电联供的称号不同，当这个垃圾焚化炉产生 32MW 的电能的同时，它也通过大量电力驱动的空气冷却器把产生的低品位废热排到大气中。然而，该地块可以把这些废热用于家用热水、采暖和吸收式制冷（在夏季），事实证明这也是必要的。这个地块将使其主要的开发区域方圆 1km 之内的新开发项目能够与东南伦敦能源回收利用的热电厂相连接（图 18.26）。这些经营人员表示他们很乐意介入，并主动

与邻近的康沃码头地区合作一起供应额外的需求。基于未来码头地区分散供能的特点，设计了一种多目标空间，并保障第一阶段区域换热器或者替代性的锅炉以及热电与普通电厂的安全。

我们也解决了城市中由于电力供应所带来越来越多的挑战问题。我们的目标是利用地块内这些高楼顶部的 12m 直径的风力发电装置去捕捉在这些高度上更大的风力资源。龙潭大楼是一座 31 层、80m 高的住宅塔楼，它利用风力发电装置每年可产生 47000kWh 的电量，这相当于每年 16 个家庭的电力需求（图 18.27）。这些发电量虽然在整个周期内是很少的，但是依然是很有用的，这也表明那些在风力资源相对小的城市选择使用风力发电的设计师将面对的困难。

图 18.26　连接东南伦敦能源回收利用热电厂可能的路线

图例	
场地	名称
1	德特福德码头
2	东南伦敦热电联产设施
3	康沃码头
路线	距离 (m)
4	628
5	668
6	600
7	251
6+7	942
8	1025

*原书没有 3。——译者注

图 18.27　展示不同高度风速不同的示意图

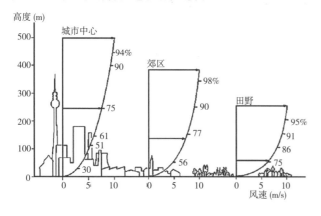

水

由于气候变化的影响，洪水和干旱成为当前真正关心的问题。开发商正被鼓励考虑当地的特征去了解其风险并找到解决方案以缓解它们的危害。人生哲学观已经超过常规的要求，并通过设计主导的方法来定义实践标准。已经依照"25 号规划政策声明"[7]评测洪水的危害。这个地块部分区域处于千年一遇的洪水警戒区域，这些区域要考虑其他不同灾害同时发生时，泰晤士河河堤失效的场景。该地块的水平线相当程度上低于可能达到的洪灾基准线，总体规划已经设法控制了这可能造成的危害。例如，设计确保敏感性的用途如居室，社区用途、变电站、公共服务场所和停车场的入口等都位于这些危险区域之外。

因为处理暴雨中多余容量水体的问题不断恶化，所以可持续城市排水策略中包括了增加软土环境和屋顶绿化的面积从而减缓硬地表面水的弃流速度。

近期预测

总体规划预测这个城市地块的更新在未来的 7 年里将带来 1000 个新家庭和 1200 个新岗位。这会帮助伦敦刘易舍姆区应对 15 年的住房和劳务事业计划。作为我们正要从事的规划计划的一部分，在设计中我们将寻找新的模型以在规划阶段设计增加多样性和丰富性。我们的目的是形成一个设计模板并用此作为与其他建筑师和艺术家合作的机制。这个模板将为这个地

图 18.28 视图——渲染的轴测图

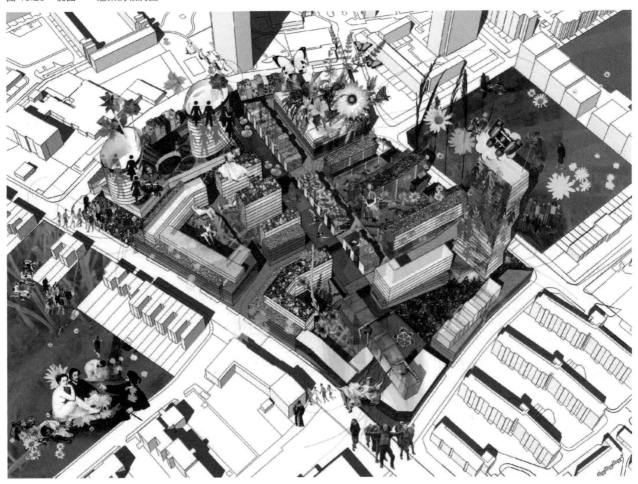

块各区域探索一些创新性的概念，实验性的理念并推敲细部设计方案。最终结果（图 18.28）将成为一个综合性邻里社区，在共同的目标下生根成长，这个共同目标就是通过精心营造来创造一个高品质的环境。

拓展阅读

Commission for Architecture and the Built Environment (2000) *By Design: Urban Design in the Planning System: Towards Better Practice*. London: CABE. Available: http://www.cabe.org.uk/AssetLibrary/1818.pdf

Commission for Architecture and the Built Environment (2003) *The Use of Urban Design Codes: Building Sustainable Communities*. London: CABE. Available: http://www.cabe.org.uk/AssetLibrary/2178.pdf

Commission for Architecture and the Built Environment (2004a) *Creating Successful Masterplans: A Guide for Clients*. London: CABE. Available: http://www.cabe.org.uk/AssetLibrary/4027.pdf

Commission for Architecture and the Built Environment (2004b) *Design Reviewed Masterplans: Lessons Learnt from Projects Reviewed by CABE's Expert Design Panel*. London: CABE. Available: http://www.cabe.org.uk/AssetLibrary/2160.pdf

（以上网站访问时间：2008 年 2 月 2 日）

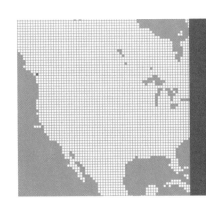

第19章 禧水都：加拿大温哥华奥运村

瑞秋·莫斯科维奇

设计团队

客户	福溪（SEFC）千禧房产有限公司
建筑师	Gomberoff Bell Lyon 建筑事务所
	Merrick 建筑事务所
	Borowski Lintott Sakumoto Fligg 有限公司
	Lawrence Doyle Young & Wright 建筑公司
	Nick Milkovich 建筑公司
	Robert Ciccozzi 建筑公司
	Walter Francl 建筑公司
绿色建筑咨询	Recollective 咨询公司
景观	Durante Kreuk 有限公司
机电	Cobalt 工程公司
结构	Glotman Simpson

主要项目信息

功能	混合功能
面积	7hm^2
每公顷住宅数量	157

图 19.1 福溪在项目中着重提到的温哥华城市鸟瞰图

引言

温哥华东南部的福溪（Southeast False Creek/SEFC）占地 32hm^2，之前是一灰地，后被改造成一个可持续性社区的模范。在其发展过程的第一个阶段，一个叫做禧水都（Millennium Water）的 7hm^2 地区，被指定为 2010 年温哥华冬季奥运会的运动员村。正因如此，这部分改造必须在 2009 年 10 月前完成，而 32hm^2 中剩下的区域在接下来的 10 年中陆续改造。本章主要介绍了这个区域的演变过程，这个分阶段实施的过程将一个工业区改造成奥运村，然后再改造成一个建立在环境公平、社会公平、经济公平准则上的滨水社区。

温哥华的城市背景

在过去的 10 年，温哥华的滨水区变化巨大。现在，这座城市的天空上方充斥着高层住宅楼（最高的达 48 层），随之而来的密度和宜居性等概念一起构成了温哥华的城市形态。这也使得温哥华的城市发展不同于不断侵占周边地区的典型北美城市发展。中心城区的高密度既有地理位置的因素——海洋和山脉是天然的边界线，也有当地开发商和政府城市规划的因素。温哥华的这种向上扩展而不是向外扩展的趋势，甚至产生了"温哥华主义"这个专用词，意味着高密度，宜居的中心城区（图 19.1）。

另一个与温哥华发展有关系的概念就是生态密度。[1]这个词起源于 2006 年温哥华计划实施的一个创新性举措，这项举措的目的在于在减少对环境的影响

图 19.2   福溪整体规划

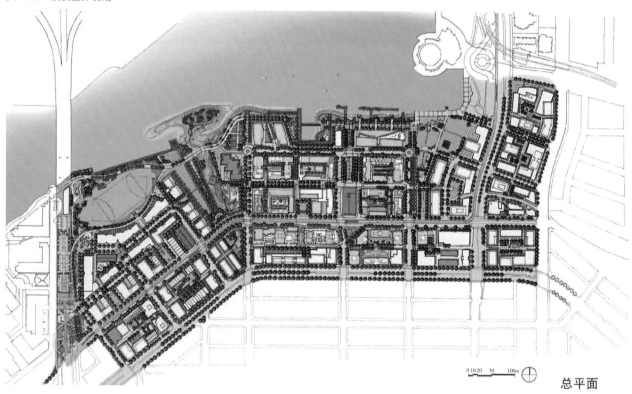

0 10 20 30   100m

总平面

的基础上，保证必需的物质需求和社会便利设施并支持新的和不同的住房类型来促进支付能力的方式，从而提高整个城市的密度。整个福溪的发展——旨在中等密度、混合用地、综合多种收入层的发展就是这项举措的一部分，从图 19.2 可以看出，福溪位于从温哥华市中心到入海口的一个重要滨水区。这种地理位置要求额外的环境整治措施，如去除污染物，以及多年来的工业制造活动，包括锯木、铸造、造船、金属加工、运输盐等的遗留物。福溪是靠近温哥华市区最后的大面积未开发滨水区，禧水都因而被称为温哥华最后的滨水社区，其重要的地理位置吸引了投资者的注意。

项目进度与年表

2007 年春天，禧水都项目开始第一批地基施工，这在该项目长时间的改造中具有里程碑式意义。早在 1991 年，温哥华就指定将福溪改造成可持续居住社区

的典范。为此，温哥华市还进行了一系列的咨询，甚至还邀请广大民众参与讨论对这一地区未来发展的意见。之后，草拟了福溪的政策声明，在这份声明中，从环境、社会、经济各方面考虑建立一个可持续发展的社区。这份政策声明在民众评审后于 1999 年被市议会采纳。

在民众评审的基础上，温哥华市还结合了在 2005 年 7 月通过立法的形式采纳的福溪的政府发展规划。这个规划的核心是建立发展一个完善的社区并以此作为在大规模社区应用可持续发展原则的典范。根据政府发展规划，这个区域将改造成这样一个社区：保持和最大限度地平衡社会公平、适于居住性、生态健康以及经济繁荣。[2]

政府发展规划制订了福溪项目需要遵守的一些总

图 19.3　针对建筑高度的整体开发方案（ODP）

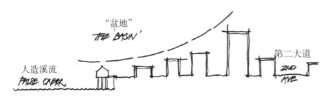

图 19.4　针对土地使用和景观的整体开发方案（ODP）

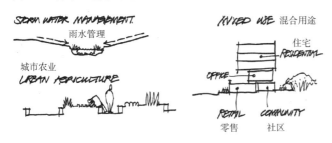

体土地利用参数和规则，而且为管理这一地区制定了一系列环境标准。这些标准包含了对建筑外观和景观美化（如图 19.3 和图 19.4 所示）、城市农业、水和能源效率、替代性交通方式以及垃圾管理指标特定设计原则的绿色建筑策略。[3]

禧水都：设计理念

住宅和便利设施

禧水都将提供 130000m² 的商业和住宅用房，涵盖了低层到中高层，最高达 12 层的楼房。在温哥华冬季奥运会之后，这个社区的 1100 套住房将转为永久性居民住房，包括一室户以及家庭套房。其中大约有 730 套住房将在市场上出售，120 套将作为出租房，剩下的 250 套将作为保障性住房。

到 2020 年，福溪将完成改造。届时将完成 7200 套住宅建设，可容纳 12000—16000 人（大概是每公顷 225 套住房）。这一社区有大约 560000m² 的开发项目，包括一个社区中心，一个非机动的船设施，3—5 所幼托，一所小学，一个综合宗教中心，5 幢历史遗迹以及 10hm² 的公园绿地。

加拿大的低碳能源供应

加拿大拥有丰富的自然资源。拿一个例子来说，全加拿大 59% 的用电都由水力发电厂供应，其中不列颠哥伦比亚省在 2005 年当地水力发电厂供应了当地 95% 的用电需求。因此，在加拿大由于利用电的高效率，其减碳压力较小。尤其是不列颠哥伦比亚省，其碳强度仅为 0.22kg 二氧化碳 /kWh[4]，而英联邦的碳强度为 0.42kg 二氧化碳 /kWh。这从根本上说明了相对于用天然气加热建筑物，用电加热建筑物更为优越。在加拿大，减碳的压力不是减少对气候变化的影响，而是为了拥有清新的空气，公众健康以及成本效益。令人感到奇怪的一点是虽然提高效率有很重要的作用，但是加拿大的治区并不像英联邦的那样有权力强制规定执行能源效率。在加拿大，这种权限由省级掌握，而不是联邦政府。2008 年 4 月 15 日，不列颠哥伦比亚省引进了 27 号法案，要求地方政府在社区规划和增长策略中包含温室气体排放指标。

被动式设计策略

为了使建筑的能源需求降至最低，优先考虑采用被动式设计策略来提高能源效率，而非是设备系统。能源效率的优化是通过高性能的围护结构来实现。墙的传热系数为 0.35W/（m²·K）（R-15），屋顶的传热系数为 0.19W/（m²·K）（R-30），这有助于减少能量损失和控制室内得热，同时避免建筑因气候条件变化造成的损坏。在温哥华，通常并没有根据朝向来设计建筑外立面。最近许多新建的公寓项目一味迎合消费者视觉要求，自上而下都使用玻璃作为立面材料，结果住户抱怨室内温度超出限度，通常需要拉起窗帘，夏季将太阳辐射热挡在外面，冬季阻止室内热量向外面散失。禧水都团队使用 70 丁 30 的窗墙比，可同时满足采光和视觉要求，同时考虑了能源效率的要求。

图 19.5   充分利用自然采光的设计草图

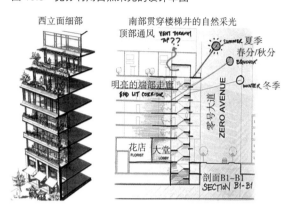

图 19.6   安装在顶棚上的"毛细管"加热装置

图 19.7   奥运主题的屋顶绿化

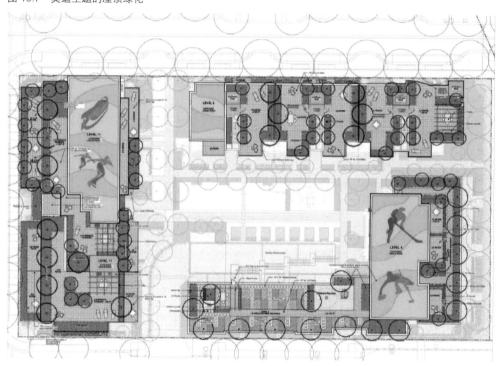

与常规的封闭消防楼梯不同，项目在楼梯井上设置玻璃可将自然光引入楼梯和走廊。同时加宽走廊，这样有助于营造愉悦的室内体验，促进交流，以及减少电梯使用。沿外部走廊的通风井可以促进自然通风，为住户提供新风。通过遮阳设备的使用以及阳台的外露遮挡，可以降低室内得热（图 19.5）。

供热和制冷

禧水都项目使用名为 NEU 的系统输送热量，这些热量是从附近的污水系统中回收而来。该系统通过电驱动的热泵将低品位的热转化为高温热水（平均 COP 为 3），然后输送至整个区域的建筑。这是该技术首次在北美应用（世界范围内类似的应用仅有 3 例），NEU 系统可以提供建筑大部分的热量需求，在一年中最冷的用热高峰时期，由燃气锅炉补充不足的热量。在每个建筑内部，热量是通过毛细管辐射的方式传递给室内。这些毛细管辐射供热和制冷系统以盘管的形式安装于顶棚上，该项目是北美地区最大规模的毛细管辐射传热应用（图 19.6）。设计团队选择毛细管供热和制冷系统，是由于该系统可以提高室内空气质量。与常规机械通风系统相比，毛细管系统可以减少空间中的管道以及其中存留的过敏原微生物。

水体与景观

禧水都中的景观并不需要自来水来灌溉，而是利用雨水，同时通过景观来改善居住环境，以期成为花园式的住区。所有的建筑在屋顶都至少有 50% 的屋顶绿化，这些绿化植物被布置成了庆祝奥运会的图案（图19.7）。景观设计时也考虑了都市农业，致力于就近为城市进行食物生产与运输。

平均而言，加拿大每天每人要使用大约 340L 饮用水，约为英国的两倍。虽然加拿大对厕所抽水容积以及设备流量没有限制，在该项目中仍然使用了双冲式水箱（6L/3L），低流量水龙头（3.8—5.7L/min）和淋浴喷头（5.7—7.6L/min）。通过这些节水措施，与常规水平相比，可以减少 30% 的饮用水用量。

通过整个区域内的屋顶绿化、洼地以及蓄水池，可以将雨水流失降低 25%。雨水在屋顶被收集，储存在地下室的水箱中，处理后在建筑内部循坏，用于灌溉和冲洗厕所。利用存放着雨水的凉水池，可以通过蒸发冷却实现建筑的被动式设计策略（图19.8 和图 19.9）。

绿色建筑（LEED™）

禧水都中的所有建筑都是按照 LEED™ 金级标准进行设计。开发商与温哥华市达成协议，承诺更高的发展密度，以取得 LEED™ 金级认证，因此也超过ODP 的 LEED™ 银级认证要求。LEED 是北美最主要的绿色建筑认证系统。LEED 作为一个自愿性的评估系统，致力于发展高性能、可持续的建筑。该体系通过一系列的评价标准将绿色建筑分为四个级别：认证级、银级、金级、白金级。

LEED 体系由美国绿色建筑委员会建立，自 2000年开始实施以来，获得 LEED 认证的项目数量呈几何级数增长。[5]LEED™ 涉及的范围包括新建建筑、建筑

图 19.8　雨水收集图示

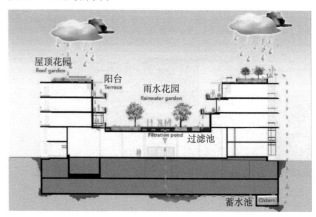

图 19.9　冷却池的深化效果

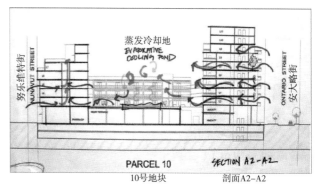

翻新、商业建筑主体和外壳、运行与维护、住宅、社区、零售店、学校、医疗设施、实验室等。

对于城市设计而言，LEED 体系中的社区开发（LEED-ND）更加吸引人们注意；LEED 社区开发始于2007 年的一个试验项目。[6] 该体系集成了"精明增长"（Smart Growth）[7]、新城市主义（New Urbanism）[8] 以及环保设计等多个理念，形成一种新的可持续社区设计标准。这一项目可视作新城市化委员会、美国绿色建筑委员会以及美国自然资源保护委员会的一次合作。

图 19.10
（a）竣工后的公寓

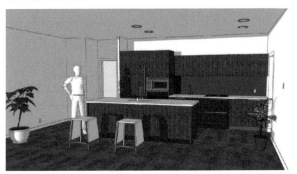

（b）覆层准备

福溪地区的发展项目参与了该试验研究，这项试验研究同时在美国和加拿大的 250 多项目中开展。该项研究按照一系列的标准对社区发展项目进行评估，这些标准可以分成如下几类：

● 良好的选址与连通性；

● 社区形式与设计；

● 绿色建造与技术；

● 创新与设计过程。

运动员村

禧水都将在冬奥会期间为 2800 名运动员提供住所。项目设计团队担负责任，需要满足奥运村的扩容，这是由温哥华奥组委（VANOC）提出的附加要求，要能保证 6 个月整个比赛期间专用。这些扩容包括额外提供临时性的公寓、餐饮、健身、医疗设施以及安全。

奥运村设计的适应性是最重要的问题，因为建筑需要满足温哥华奥委会的要求，而这有时会与 ODP 的要求冲突。设计团队需要找到灵活的解决方案，使得设计出的建筑能够同时满足两个不同的目的：适应赛事要求，以及赛事结束后能够有效利用。在温哥华奥委会对该住区的专有使用期（开始于 2009 年 10 月）之前，住宅将会预售而且完整装修，当运动员入住的时候所有的内部家具和设备将会布置好。因此，有必要提供一些临时性的保护措施，包括将厨房密封，以及安装临时性的地板覆盖以保护原来的硬木地板。

为实现这一目标，设计团队探索了多种环保的设计策略，其中一个典型的例子就是在覆盖使用期间安装地毯块或者地板砖。地板砖的环保性能很好，因为许多地板砖都可以回收，当应用于不同的楼面区域时可以产生更少的废料。同时由于地板砖是模块化的，使其能够方便替换。此外，设计团队还考虑在奥运会后将这些地板砖放入二手市场销售。

为了保护厨房表面，同时防止内部设施受到破坏，在室内布置了临时性的隔板。在裸露的铝板表面上印有原创的艺术作品（图 19.10a–b）。设计团队与当地的一位艺术家合作，这位艺术家领导着由多名艺术家组成的团队为该项目工作，致力于创作出既能代表奥林匹克精神同时又能体现加拿大传统特色的艺术图案。在奥运村使用期间，这些隔板将装饰安装在厨房中，在奥运会结束后，它们将按照一定的尺寸进行拆分，在镶上可回收的木框后，作为艺术品进行出售。

建筑耐久性与适应性

禧水都项目是按照 SAFER 住宅认证项目的标准进行建造,这种住宅建筑标准与英国的终身住房(Lifetime Homes)标准类似,可以为不同年龄和活动能力的居住者提供安全性、舒适性和适应性。这种自愿性的标准使得住宅能够满足不同需求的人,同时提供了"居家养老"的机会。SAFER 住宅标准体现了通用设计的理念[9](为所有人设计),使得住宅可以被尽可能多的人使用,而不需要过多的调整和专门的设计。

SAFER 住宅项目可以保证社会的可持续性。同许多发达国家一样,加拿大正在经历前所未有的人口变化;民众的寿命比历史上任何时候都长。到 2030 年,75% 的加拿大人将超过 65 岁;每一个都伴随着身体机能的变化和限制,虽然这种变化造成的社会影响很明显,但是环境影响也需要考虑。加拿大抵押贷款与住房公司预计,为了满足老龄化的市场需求,加拿大每年有 50000 座住房需要翻新或重建;但是,如果今天在设计的时候就考虑到未来的需求而制订相应的计划,这些问题就可以避免。

零能耗住宅
概念

在加拿大,"零能耗"用于描述一类建筑,这种建筑全年产生的能源与它自身消耗的能源等量。禧水都项目特征之一便是加拿大第一个零能耗多单元住宅建筑(图 19.11)。设计团队与温哥华市以及加拿大抵押贷款和住房公司合作运行这个项目。提议的建筑方案是供老年人使用的 68 单元社会住宅项目。其中有 8 个是沿街的联建住宅,其余的单元分布于带有外部入口道路的 5 层建筑。该建筑同时包含 83m² 的休闲空间以及公众可以进入的延伸屋顶花园。

目标

零能耗住宅作为一种设计方法,集成了五种可持续设计的核心理念:健康、能源、资源、环境以及可承受。禧水都零能耗项目将是对实用、经济的节能技术和分布式能源生产措施的实验,以期转移用于未来的项

图 19.11　禧水都项目中的零能耗建筑

目。目的是降低对环境的影响、实现零能耗和零排放,提升宜居性,同时力争维持常规水平的项目建设费用。

设计策略

为了实现零能耗建筑的目标,需要精心而集成的设计过程。通过先进的建筑技术和被动式设计技术,建筑将能够充分的降低能源消耗。强化的围护结构设计包括使用三玻窗,U 值为 0.28W/(m²·K)的墙体(R-20)以及 U 值为 0.19W/(m²·K)的屋顶(R-30),从而有效降低建筑内外的传热。被动式设计使得设备供热需求最小化,并不再需要机械制冷。建筑上安装了机械辅助的自然通风系统(机械系统只有在需要时才开启)。与此同时,对装置和管道进行固定以降低能源和水的消耗。

在降低能量负荷需要的同时,建筑还依靠可再生能源系统来提供清洁、绿色的电力。按照建议的方案,建筑的热负荷依靠附近超市的废热来满足。对于其余的能源需求,项目团队对可再生能源系统进行了大量的研究,考虑了一系列的技术、本地供应商、效率和成本、微气候研究以及高效的安装方式和技术(图

图 19.12 屋顶阳光遮挡研究

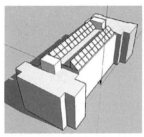

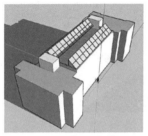

45°，3 月 21 日正午

45°，12 月 21 日正午

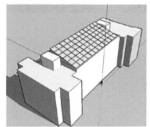

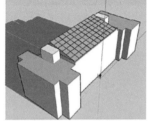

15°，3 月 21 日正午

15°，12 月 21 日正午

图 19.13 全年能源平衡评估

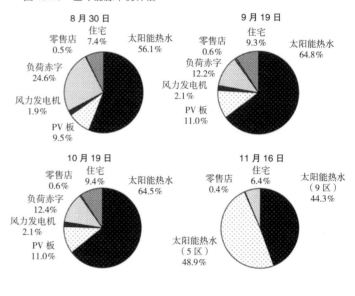

19.12）。在设计过程中，设计团队一直使用能源平衡表，估计建筑能源需求，寻找最有效的能源组合方式以补偿预期的需求（图 19.13）。一种组合方式是屋顶使用真空管式太阳能集热器、临近建筑屋顶安装太阳能光伏阵列以及附近滨水区域公共用地上安装风力发电机。

监控与评估

按照常规的方法，建筑能效将被监测与记录，以评估项目成功与否。相关信息将被收集并作为案例向社会公开，以利于未来的发展。

房屋居住者需要接受建筑体系以及设计方面的培训，以保证他们了解建筑的目标以及他们的个人行为如何影响建筑性能。每套房将包含有计量装置，从而对每个单元的能耗以及相应的费用进行信息反馈。对住户的教育方案以及户内的计量装置能够降低建筑使用能耗 20% 以上。[10]

结论

福溪地区和禧水都项目目标的实现需要践行可持续城市设计理念，而这在温哥华地区是前所未有的。为了实现这一承诺，设计团队面对诸多挑战，尤其是奥运村的使用时间所带来的严格限制使得问题更加复杂。为了应对挑战，设计团队必须进行协作努力，不仅要满足基本的建造目标，还要在概念设计的早期阶段就从可持续的角度进行设计。

集成化的设计方法取得成功，产生了两个显著的结果。第一，它建立了实现可持续目标的策略（有些甚至超越了相应的目标）；第二，团队成员，不管他们在可持续设计方面的水平如何，所有人都从中学到许多，关于建筑、能源系统以及环境间的相互作用，同

图 19.14　2008 年 1 月从飞机上鸟瞰建设场地

时也理会了可持续设计意味着"聪明"设计。项目完成之后，人们期待该社区继续成为设计师学习和灵感来源，对温哥华这座城市以及居民也是如此（图 19.14 和图 19.15）。

图 19.15　艺术家对禧水都的设想

附录

附录 A
太阳能，温度和太阳光电

太阳数据

如图 A.1 所示，该地年均辐照度与北欧相近（有时被诗意地称为"多云的北方"）

图 A.1　欧洲的太阳辐射 [kWh/（m² · a）][1]

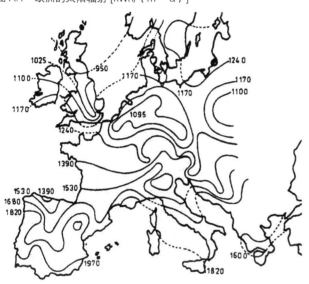

图 A.2 所示，为太阳在天空中的运动形式，表 A.1 提供了太阳在北纬 52° 时的活动数据。

图 A.2　太阳轨迹

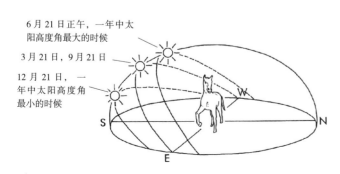

6 月 21 日正午，一年中太阳高度角最大的时候

3 月 21 日，9 月 21 日

12 月 21 日，一年中太阳高度角最小的时候

北纬52° 时太阳的大致高度和方位角[2]		表A.1
日期和时间	高度（° ）	方位角（° ）
12月21日		
09：00	5	139
12：00	15	180
15：00	5	221
3月21日和9月21日		
08：00	18	114
12：00	38	180
16：00	18	246
6月21日		
08：00	37	98
12：00	62	180
16：00	37	262

温度数据

图 A.3a 展现的是 1994 年在法尔茅斯的大气和地面温度。[3] 图 A.3b 展现的是伦敦北部地区加斯顿在某一温暖日子（1994 年 7 月 10 日）里的大气温度。

图 A.3　（a）法尔茅斯（b）加斯顿（1994 年 7 月 10 日）

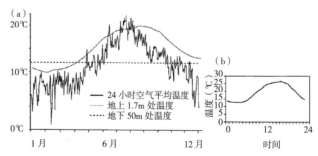

—— 24 小时空气平均温度
······ 地上 1.7m 处温度
------ 地下 50m 处温度

太阳能光电

太阳能光电系统将太阳辐射转化为电力。它们不能与太阳能集热板混为一谈，后者是使用太阳能来加热水（或空气）的。

目前最常见的太阳能光电装置是用硅制造的。当暴露在阳光下时，电流会如图 A.4 中所示的方式流动。光电装置能接受直射和散射辐射（图 A.5），它们的电流输出量随着增强的太阳光而增强，或说得更专业些，

图 A.4   PV 工作原理图

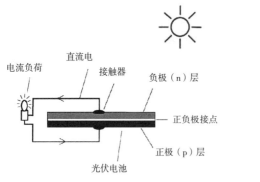

图 A.5   直射与散射辐射

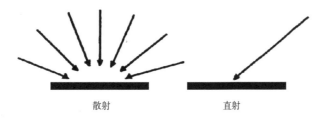

随着辐照度的增强而增强。

常用的太阳能光电装置包括单晶、多晶和薄膜类，同时存在混合型的。一种典型的晶体电池可能有 100mm × 100mm 这么大。电池组合在一起形成一个个模块。

表 A.2 展示的是一组目前形式各异的太阳光电电池盒它们的大致电量。

更高的效能——在某些情况下达到 30%，通过使用多层结构可以实现。诸如二硒化铜铟（CIS）这样的新材料正在尝试应用中，它的工作效能也与使用染料敏化太阳能电池和生物薄膜相当。

正确对待效率同样有用。一棵依靠光合作用存活的树（图 A.6），在植被植物内部进行了超过一亿年的光合作用仅能将 0.5%—1.5% 吸收到的光线转化为化学能。

图 A.6   剑桥大学校园内的一棵树，毗邻一长列 17 世纪的太阳能收集器（如窗户）

最近，英国国家电网证实利用化石燃料供电的转化效率仅为 25%—30%。

晶体硅电池由 P 型硅、N 型硅和如图 A.4 所示的电力接触器组成。具有较小电压的电池聚合在一起组

图 A.7   典型的模块结构
（玻璃 / 电子速率分析器 / 复合背膜板 / 聚酯纤维 / 复合背膜板）

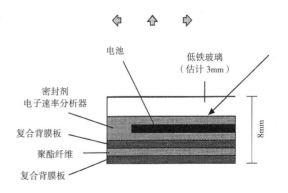

太阳光电效能[4.5]   表A.2

	薄晶体	多晶体	单晶体	混合晶体（i）
模块效能（%）	5—7	12—14	13—15	16—17
每 kWp 需要的面积（m²）	15.5	8	7	6—6.5
年均产能量（kWh/m²）	50—52	100	107	139—150

注释

i. "混合晶体"太阳光电板由单晶体和薄晶体硅组成，用以制造电池，并拥有上述两种材质的特点。

ii. 在英国朝南的系统中，使用30°的倾角。

成了更高、更有用的电压。图 A.7 所示，是一些建造太阳光电板的方法。

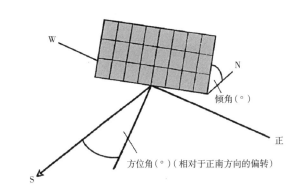

图 A.9　倾角与方位角

　　模块通过电子线路串联连接，通常称为串。多个串接在一起构成阵列。阵列也是并联或串联模块的常用术语。阵列产生的电（图 A.8）进入到一个电力转换单元（PCU）中。在 PCU 中光电阵列输出的电被转化成为一种适合于建筑物的形式。PCU 里面输出的交流电进入到建筑内部的配电装置，或在供大于求的情况下进入到电网中。

图 A.8　一种典型的靠电网连接的太阳光电系统的电路图

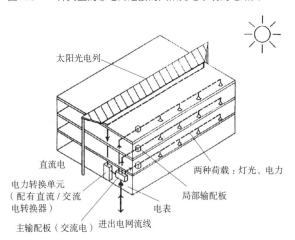

　　通过经验估计出的最大年输出量是最佳的方位角是朝南的，且最佳的倾角是纬度减去 20°，可在环绕百分之百点周围选择（图 A.10）。

图 A.10　伦敦年辐照度示意图

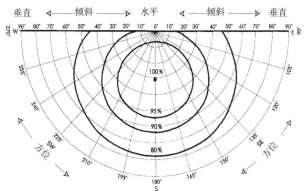

100% 对应于能够给出最大年辐照量的倾角和方位角
在伦敦（51° 36′ N, 0° 03′ W）的一个朝南倾角为 31° 的固定表面上的辐照量为 1045kWh/m² / 年

　　太阳光电系统能产生多少能量？与建筑集成的太阳能光电系统，其输出量是指光电阵列产生的电扣除系统其他部分的损失。光电阵列的输出有赖于：

● 因地球自转和季节变化（因地球轴线和地球绕太阳公转）而产生的日常变化；

● 位置，现场可获得的太阳辐射；

● 倾角（图 A.9）；

● 方位角，相对于正南方向的偏转（图 A.9）；

● 遮挡；

● 温度。

　　表 A.3 展示了伦敦不同太阳光电材料的大致输出量，并伴有朝南的方位角和 30° 的倾角。

　　为了作对比，表 A.3 对一些不同的 50m² 的太阳光电列的输出量进行了比较。

太阳光电阵列输出量对比（MWh/年）
（伦敦数据:无遮挡阵列）　　表A.3

位置	薄膜硅			单晶硅		
	东南 45° N	正南 N	西南 15° N	东南 45° N	正南 N	西南 15° N
1.垂直墙面	2.00	2.15	2.13	3.50	3.75	3.72
2. 30° 斜屋顶	2.96	3.09	3.08	5.18	5.41	5.38
3. 45° 斜屋顶	2.86	3.03	3.01	5.00	5.30	5.26

在城市环境中，阳光的遮挡是一个关键问题。图A.11 展示了由于相邻建筑的遮挡造成输出的减少。

场地应用光电装置的潜力

场地应用光电装置的潜力可以量化。一个非常简单的办法是考察屋顶的朝向和角度，以及与场地年太阳能辐射量相关的数值。作为示例，我们考察图 A.12 中所示的建筑屋顶。

太阳辐射量（以理想屋顶最大辐射值的百分比表示）通过伦敦市的年太阳辐射量分布图确定（图 A.10）。根据屋顶的面积和太阳辐射量比例（表 A.4），可以计算得到一个数值（可称为太阳能利用指数）

对于图 A.12 中的屋顶，其太阳能利用指数的计算如下：

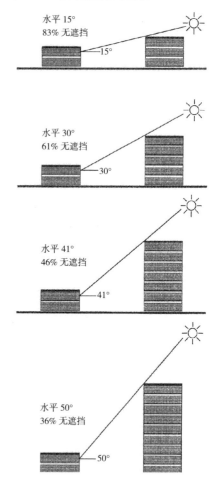

图 A.11　相邻建筑的遮光效力

水平 15°
83% 无遮挡
—15°

水平 30°
61% 无遮挡
—30°

水平 41°
46% 无遮挡
—41°

水平 50°
36% 无遮挡
—50°

太阳能利用指数

$$= \frac{(86 \times 0.96) + (86 \times 0.96) + (86 \times 0.96) + (86 \times 0.96) + (86 \times 0.97)}{430}$$

$$= 0.96$$

图 A.12　屋顶分析

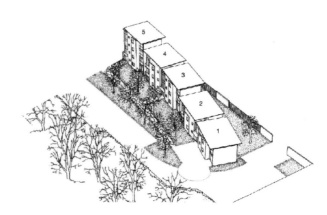

太阳辐射指标　　表A.4

屋顶	面积 (m²)	朝向 （偏离正北角度）	倾角 （偏离水平方向角度）	太阳辐射 （最大百分数）
1	86	196	15	96
2	86	196	15	96
3	86	189	15	96
4	86	189	15	96
5	86	183	15	97

附录 B
风能和水能

风
风能

图 B.1 显示了在英国乡村地区离地 10m 高度处的风能分布 [1]；单位为 GJ/（$m^2 \cdot a$）。由于 1GJ=278kWh，3GJ=834kWh，因此可以发现图中能量数值与投射到伦敦地区水平面上的太阳辐射能很接近（参见附录 A）。

风力涡轮机

以下这个著名的贝兹公式是风能专家们所熟知的：

$$P=0.645（A{\times}V^3）$$

其中，P 表示理想风涡轮提取风能的功率，单位为 kW。A 表示风涡轮扫过的面积，单位为 m^2（即叶片旋转时所围形状所包含的面积，因此对于具有水平转轴的涡轮机来说就是其叶片旋转画出的圆形面积），V 表示风速，单位为 m/s。

在真实涡轮机中会由于气动力、机械和电力等因素导致能量损耗，所以一般还要乘以三分之一的折减系数。[2]

表 B.1 列出了不同涡轮机的优缺点。

图 B.1 风能

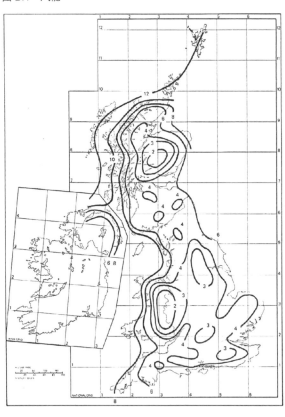

小型涡轮机转轴方向比较 [3]			表 B.1
类型	状态	评价	型号实例
水平轴向			
逆风，托	大型系列，验证产品	应用广泛，主要用于空旷场地	Inclin,Aerocraft, Bergey, Vergnet, Lagerwey
顺风，托	验证产品	主要由于小型发电机组，空旷场地；建筑整体	Proven
垂直轴向			
Savonius，拉	验证产品	通常噪声小、稳定，抗暴风，效率低	Windside,Shield's Jaspira turbine（GTi 1）, Quiet Revolution
Darrieus，托	小型系列	存在几种型号，通常使用原型机，安装简便，效率中等；噪声和振动尚未验明	
托拉组合型	原机	安装简便，无须外部驱动，低噪声，可靠性高	Globuan，Solavent
大涡轮机	小型系列	低噪声，可靠性高	AES

水能

图 B.2 是通过地质断面图显示的蓄水概况；

图 B.3 显示了英格兰东南部的地下蓄水分布。

图 B.2 地质断面图 [4]

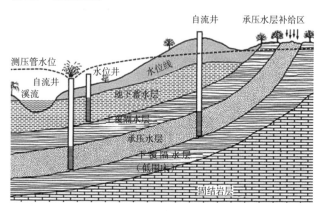

图 B.3 英格兰东南部地下蓄水分布 [5]

图例

主蓄水层

粉层

佩尔马三叠
纪砂岩

小蓄水层

哈斯丁层

下海绿石砂

侏罗纪石灰岩

氧化镁石灰岩

含碳层

附录 C
大气质量

大气污染对健康、建筑和环境都会造成破坏。污染可以分为涵盖大范围的、中等范围和"当地"范围几种。

在城市环境中，交通污染可以占到所有排放量的85%，而全英国的平均交通污染占总量的25%。[1] 交通污染的污染物包括一氧化碳、氮氧化物、二氧化碳、碳氢化合物和颗粒物。

挥发性有机化合物（VOC）和臭氧光化学对温度很敏感，因而城市化的推进和其相伴相生的热岛效应都将增加这些物质在城市上空盘旋的数量。

英国政府已经在其发展策略中关注到了十种污染物，如表 C.1 所示，以此来保证更好的大气质量。[2]（表 C.1 中的注释基于大量数据来源。）

大气污染物　　　　　　　　　　　　　　　　　　　　　　表 C.1

主要大气污染物	备注
1. 苯	主要来源是汽油的燃烧物和分离物[i]
2. 1, 3丁二烯	注释i；主要来源是道路交通
3. CO	主要来源是道路交通，特别是燃油汽车。[3]与当地交通行驶速度与拥堵情况高度相关
4. 铅	来自汽油的使用——使用无铅汽油能大大降低其含量。现在主要来源是煤的燃烧
5. 氮氧化物（NOx）	特别是NO和NO_2[i]
6. 臭氧（O_3）	注释ii
7. 颗粒物（PM，$PM_{2.5}$及PM_{10}）	注释iii
8. SO_2	主要来源是化石燃料电站；污染物通过风力扩散，所以高空污染源是主要的[iv]；难以标注
9. 多环芳烃	道路交通是碳氢化合物（PAHs）的最大来源
10. 氨（NH_3）	主要来自农业，特别是家畜，但也来自废弃物

注释

i. 苯、1,3–丁二烯和二氧化氮具有一种"路边强化"效应。[4]所有在大气中的燃烧过程都会产生氮氧化物（NOₓ）。受污染区域，如拥挤的城镇和城市。这些
　　地方的一氧化氮含量超过了二氧化氮的含量，工程师们应规定使用产生较低样氮氧化物的锅炉。

ii. "臭氧是一种跨边界污染物——其含量取决于包括英国在内的欧洲其他地方的排放量"。[5]

iii. PM_{10}：有三种来源分类：

　　主要来源：在燃烧过程中释放；

　　次要来源：大气中的化学反应；

　　第三来源：所谓的粗大颗粒物，由不可燃物质组成：被风扬起的灰尘和泥土、火、橡胶残渣。火山同样能产生大量的灰尘。

iv. 参见参考资料6。

城市里的污染物等级取决于其背景等级和当地的效应，这些在很大程度上会受到城市格局和风吹动方式的影响。太阳辐射会在不同时间进入到城市中，并会改变污染物的混合量。

随着对污染物研究的深入，污染物本身会发生巨大的变化，综合归纳也会变得困难。图 C.1 所示，为伦敦市内一处街道"峡谷"地带的二氧化氮含量。[6]

图 C.1　伦敦街道"峡谷"地带的二氧化氮含量

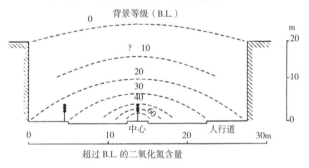

图 C.2　显示大气质量信息的公共电子信息屏

树木对于大气污染有积极作用，因为它们能够截留并吸收一氧化碳、氮氧化物、臭氧以及小于 $10\mu m$ 的颗粒物（通常称为 PM_{10}）。吸收率会随着背景污染程度、天气条件和物种的不同而发生变化。[7]

2007 年，德国的弗赖堡市安装了一块电子显示屏，上面实时显示一段时间内（平均每小时）大气质量的信息（图 C.2），以此举唤起公众的环保意识。

附录 D
声学

城市噪声级

交通是城市主要的噪声源（表 D.1）。大体上，表中所见，城市中哪里的噪声级高，哪里就应该有一套降噪策略。

图 D.1 显示的是如何模拟铁路引发的噪声以及评估其周边功能空间如新建住宅区所需要的降噪措施。表 D.2 给出了由社区与地方政府部门发布的噪声可接受范围。[1]

城市中典型的噪声级　表D.1

	位　置	噪声级（dBA）
1	夜晚门窗关闭下安静的房间内	26—28
2	伦敦城市中心夜晚的背景噪声	39—49
3	小型城市公园，远处有交通噪声和教堂钟声，近处鸟鸣	46—47
4	偶尔有车驶过的街道	49—51
5	繁忙的办公室	45—55
6	白天活跃的城市空间	65—75
7	繁忙的街道，有小汽车、公共汽车往来，偶有摩托车	75—85
8	地铁进站减速	80—84
9	地铁出站加速	84—87
10	1m外响起的防盗警报	100—110

图 D.1　铁路路基的噪声频谱计算值

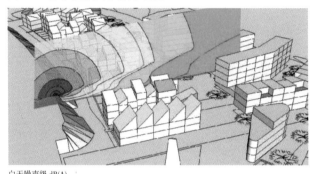

白天噪声级 dB(A)

56<=	< 56
59<=	< 59
62<=	< 62
65<=	< 65
68<=	< 68
71<=	< 71
74<=	< 74
77<=	< 77
80<=	< 80
83<=	< 83
86<=	< 86
89<=	< 89

新建住宅的推荐噪声暴露类别　表 D.2

噪声暴露类别	噪声源	昼间（7—23时）$L_{Aeq,\ 16h}$ dB	夜间（23—7时）$L_{Aeq,\ 8h}$ dB	规划建议
A	道路/混合 铁路	< 55 < 55	< 45 < 45	噪声不是规划审批的决定性因素
B	道路/混合 铁路	55—63 55—66	45—57 45—59	要考虑噪声及其防护问题
C	道路/混合 铁路	63—72 66—74	57—66 59—66	规划一般不予审批，除非有被证实有效的防护措施
D	道路/混合	> 72	> 66	规划不予审批

附录 E
燃料电池，涡轮机，发动机及其能量来源

燃料电池种类以及特点 [1,2]

表 E.1

序号	燃料电池类型	工作温度（℃）	燃料	电力能效（%）实际/目标	特点
1	质子交换膜	30—690	氢	35/（45）	单元工作温度在80℃时可用于汽车或者建筑物的热电联供；小一些的单元可以输出200kW电量；更小的单元可以输出5kW电量；需要大量的氢气供应
2	磷酸燃料电池	220	氢	＜42	已是一项发展良好的技术；适用于庞大建筑物的热电联供；目前已投入实际运营；与质子交换膜电池相比对氢的纯度要求更低；有些利用沼气运行；典型功率：200kW电，200kW热
3	碱性燃料电池	80—220	纯氢	40—60	主要运用在宇宙飞船上；偶有地面应用
4	熔融碳酸盐燃料电池	650	氢气，一氧化碳，甲烷，其他	47/（60）	适用于200kW—2MW的系统；热电联供及单机系统
5	固体氧化物燃料电池	700—1000	氢气，一氧化碳，甲烷，其他	47/（65）	适用于热电联供系统以及混合循环系统（混合了燃料电池与涡轮机的系统）；2—1000kW的范围；在热电联供及单机系统中，一个单元据测试可产生1kW电能和3kW的热能（参见第6章）

现在有下面几种方式可以提供热能与电能（热电联供）：燃料电池，微型涡轮机，内燃机以及斯特林发动机。它们都可以将产生的电能输送到需要用电的地方，在更小的范围内来说，直接输送到家庭。它们通常被称为分散能源。

燃料电池

燃料电池不会产生噪声和振动（这两者对建筑是很重要的），不产生或产生极少的污染，并且可以被制造成任意大小。一个燃料电池可以直接将电池内的化学能转化为热能和电能。相比常规的燃烧过程，燃料电池可以达到更多的电效率，因为这个过程不受卡诺效率的限制（参见"术语表"）。表 E.1 展示了几种典型燃料电池的特点。关于燃料电池的讨论可以在第6章中看到。

微型涡轮机

小型汽轮机可以有 1—2kWe（参见"术语表"）到 300kWe 之间不同的尺寸。[3] 它们正在经历针对热电联供与待机发电的集约化发展。汽轮机的二氧化碳与氮氧化合物排放量相对较低，并且相比往复引擎来说运动部件较少。[4] 在英国奥尔特灵厄姆（Altrincham）的博登 HAUS Projekte 项目中，两台 100kWe 的微型涡轮机被安装在 290 套住宅里。

内燃机

这是热电联供最普遍的形式，内燃机引擎采用类似于汽车和发电机所用的火花点火或压缩点火（柴油）。燃料可以是可燃气、汽油、柴油或者生物燃料等。在库珀斯路区域安装有燃气内燃机（详见图 11.13）。

内燃机使用非常适用于热电联供。这样的机器运行5000h相当于一台车用发动机以每小时80km的速度行驶了400000km。[5]内燃机的维护是一个关键问题。

斯特林发动机

这种发动机是在1816年由一位同名的牧师罗伯特·斯特林博士发明，封闭汽缸中的气体被交替加热和冷却，同时部分发动机空间通过外部加热装置加热以保持温度。活塞技术的进步克服了以往遇到的一些困难。相对于内燃机，斯特林发动机的潜在污染要小得多。对于在1—20kWe功率输出量的商业可行性，正在进行测试酝酿中。

替代燃料和燃料的提取工艺

在一个没有化石燃料的未来，我们将会依靠一定范围的可替代燃料对能源进行存储和分配。

氢

氢不能够独立存在，它必须从其他物质中提取，因此它自身不是一个能量的来源。假设氢并非来自化石燃料产生的碳氢化合物，而是由可再生能源所产生的电解水所产生，可以通过用气化分解生物质或废弃物，或者藻类通过光合作用或细菌发酵取得。

目前正在进行的研究是为了得到大规模生产和储存氢的方法。

生物燃料

植物通过光合作用获取太阳的能量。生物柴油可从大豆或油菜籽中提取。乙醇生物燃料可以从玉米中获得。对于使用食用作物转换成能量的想法，目前还存在争议，应当加以认真研究。[6]

厌氧消化

这是在厌氧条件下自然发生的有机物分解和腐烂过程。微生物消化有机材料,主要生产甲烷和二氧化碳。其他副产品包括发酵液，这是一种非常有效的土壤改良剂。沼气可用于运行涡轮燃气发动机。厌氧消化装置目前被大量使用在商业用途上。更小一些的装置如

图 E.1 厌氧消化装置原型

图 E.1 所示也同样存在。

气化

气化是一种热裂解（见术语表）的转化，通过在超过250℃缺氧条件下的不完全燃烧，将可燃的合成气体（混合了氢气、沼气与一氧化碳）变成挥发物与灰尘。

图 E.2 气化装置原型

　　图 E.2 展示的是一个气化装置的原型。在贝丁顿社区（在第 15 章中介绍）投入应用的木屑燃烧气化装置的原理如图 E.3 所示。

图 E.3　生物燃料热电联供图

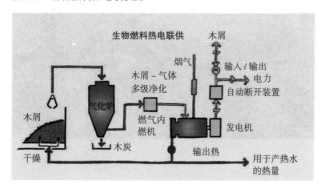

附录 F
景观

如图 F.1 所示，植被被公认拥有众多益处。无论是公共空间抑或是建筑物的环境都会因此而改善。

图 F.1　植被的益处

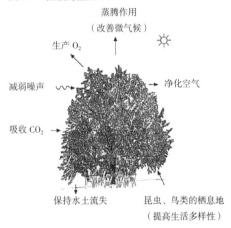

不过植被当真可以改善环境吗？当然是的，不过至于能够改变多少，要取决于地点、城市形态、种类、密度、气象条件以及许多其他因素。

光合作用可以用下列公式表述：

$$CO_2 + H_2O \xrightarrow{\text{光照}} CH_2O（糖类）+ O_2$$

植被

图 1.6 给出了草地与树林混合吸收的二氧化碳量——吸收很大程度上取决于植物的种类以及所在地的环境。光合作用当然需要光照；在夜晚，植物会呼吸并释放二氧化碳。

植物水分的散失，大部分情况下为蒸散，这会使植物变冷，降低空气温度，提升湿度。在城市社区中对于温度的确切作用很大程度上取决于环境。一项由绿色发现组织进行的实验得出了这样的结论，每减少0.8K 温度，将会在建筑物区域内提升 10% 的湿度。[1]

树木可以吸附空气中的颗粒，直到雨水将它们冲刷掉。其吸附的效果明显取决于树木的种类。研究[2]证明，一片连续的树木（比如森林）可以减少 13% 的颗粒物。

植被还可以降噪。举个例子，一个最小宽度为30m 森林公园可以减少 7—11dB 的噪声量（125—8000Hz）。[3] 在噪声源与人群间种植树木也可以在心理上降低受干扰的程度。

植被作为防风林的优点如图 F.2 所示

图 F.2　一片好的防护林带来的风量减少[4]

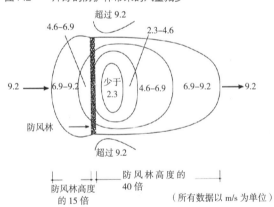

我们在规划城市时，毫无疑问应当保证树木不会真正在很大程度地妨碍被动太阳能的收集。图 F.3 展示的是一棵七叶树在 12 月仍可以遮挡大量太阳能。图F.4 给出了北美落叶树减少的透光量。

图 F.3　剑桥的一棵七叶树在 7 月与 12 月的对比[5]

图 F.4　各种落叶树减少的透光量（高度为近似表示）[6]

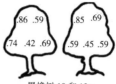

小白蜡树 5m　　　　山胡桃 14m　　　　黄樟木 8m　　　　黑橡树 10 和 12m

城市景观的维护，毫无疑问是需要规划的。假设树木被当做城市的基础的时候，它们就必须已经有 5—10 年的树龄，这样才能抵消在种植与维护过程中所排放的二氧化碳。[7] 来自美国的一项研究证明 [8]，一棵新种植的城市树木平均仅能存活 7 年左右。

最后，表 F.1 归纳了一系列原产于北欧和中欧的树种，它们抗污染，吸引鸟类和昆虫。大多数表现良好的都同属一个系列。

树木特点　　　　　　　　　　　　　　　　表 F.1

树木名称	大致高度（m）	本地物种	抗污染	吸引鸟类	吸引昆虫
落叶树					
柱状挪威枫	20—25	√	√		√
白桦	8—22	√			√
鹅耳枥	5—15	√		√	√
板栗水稻	10—35	√	√		√
豆卫矛	2—6	√	√	√	√
山毛榉	25—30	√			√
白蜡树	20—35	√	√		√
冬青	2—5	√	√	√	
女贞大麦	2—5	√	√	√	√
海棠樟子松	5—10	√			√
欧洲山杨	10—15	√	√		√
稠梨	5—10	√	√	√	√
刺李	1—5	√	√	√	√
无梗花栋	20—35	√	√		√
欧洲栎	30—35	√		√	√
白柳	10—20	√	√		√
黑接骨木	2—7	√	√		√
欧洲花楸	5—10	√			√
椴鱼腥草	25—30	√	√		√
韦伯纳姆马缨丹	2—5	√	√		√
针叶树					
刺柏	0.5—4	√	√	√	
樟子松	10—30	√			√
红豆杉	8—15	√			√
崖西花蓟马	15—20		√	√	

附录 G
材料

材料	主要能源需求（GJ/t）	
	世界其他地区	英国
极高能量		
铝	200—250	97
塑料	50—100	162
铜	100+	54
不锈钢	100+	75
高能量		
钢	30—60	48—50
铅、锌	25+	
玻璃	12—25	33
水泥	5—8	8
石膏板	8—10	3
中等能量		
石灰	3—5	
黏土砖瓦	2—7	2—3
石膏灰泥	1—4	
混凝土：		
原处	0.8—1.5	1.2
块	0.8—3.5	
预制	1.5—8	
灰沙砖	0.8—1.2	
木材	0.1—5	0.7
低能量		
沙	<0.5	0.1
粉煤灰、火山灰	<0.5	
泥土	<0.5	

注释

第 1 章　导言

1　Kahn, L. (1969) 'Silence and light: Louis I. Kahn at ETH (Zurich)', in Heinz Ronner, Sharad Jhaveri, and Alessandro Vassella, *Louis I. Kahn: Complete Work, 1935–74*, Institute for the History and Theory of Architecture. The Swiss Federal Institute of Technology, Zurich, 1977, pp. 447–49.

2　UNFPA (2007) *State of the World Population: Unleashing the Potential of Urban Growth*. Available: http://www.unfpa.org/swp/2007/english/introduction.html (accessed 7 January 2008).

3　Cited in Collins, G. and Collins, c. (1986) *Camillo Sitte: The Birth of Modern City Planning*. New York: Rizzoli.

4　Stern, N. (2007) *Stern Review on the Economics of Climate Change*. London: HM Treasury. Available: http://www.hm-treasury.gov.uk/independent_reviews/stern_review_economics_climate_change/stern_review_report.cfm (accessed 7 January 2008).

5　Abstracted from *Bo01 City of Tomorrow: Västra Hamnen, Malmö, Sweden*. Online. http://home.att.net/amcnet/bo01.html (accessed 7 January 2008).

6　In cities, heat is produced by people and equipment and this heat and solar radiation are absorbed in the buildings and streets; there is less heat loss by evaporation, and wind speeds are generally lower so heat is less easily carried away.

7　GLA (2006) *London's Urban Heat Island: A Summary for Decision Makers*. Available: http://www.london.gov.uk/mayor/environment/climate-change/docs/UHI_summary_report.pdf (accessed 7 January 2008).

8　For an alternative view, see Ridley, M. (2001) 'Technology and the environment: the case for optimism', *RSA Journal*, 2/4: 46–49.

9　Abstracted from BERR (2007) *Digest of United Kingdom Energy Statistics (DUKES) 2007*.

10　Commission of the European Communities (2000) *Action Plan to Improve Energy Efficiency in the European Community 2000–2006*. Available: http://eurlex.europa.eu/LexUriServ/LexUriServ.do?uri=COM:2000:0247:FIN:EN:PDF (accessed 2 February 2008).

11　*Digest of United Kingdom Energy Statistics 2007*, p. 13.

12　Available: http://www.merton.gov.uk/living/planning/plansandprojects/10percentpolicy.htm (accessed 1 February 2008) and http://www.themertonrule.org/map (accessed 1 February 2008).

13　Cited in Odum, E. (1971) *Fundamentals of Ecology*. London: Saunders.

14　Mellanby, K. (1975) *Can Britain Feed Itself?* London: Merlin.

15　Pearce, F. (1997) 'White bread is green', *New Scientist*, 6 December, p. 10. Based on 5004kWh/person/year (18,000MJ person/year).

16　See Bolin, B. (1970) 'The energy cycle of the biosphere', in *The Biosphere, Scientific American*, San Francisco: W. H. Freeman.

17　Banister, D. (2000) 'The tip of the iceberg: leisure and air travel', *Built Environment* 26(3): 226–35.

18　Thomas, R. (2005) *Environmental Design*. Abingdon: Taylor & Francis, p. 82. Conversion factor 0.9.

19　Ibid. Conversion factor 0.3 (note that more precise calculations will need to check if this factor has altered significantly).

20　Durnin, J.V.G.A. and Passmore, R. (1967) *Energy, Work and Leisure*. London: Heinemann.

21　Houghton, J. (1993) *Royal Commission on Environmental Pollution, Seventeenth Report: Incineration of Waste*. London: HMSO.

22　World Energy Council (2007) *2007 Survey of Energy Resources*. Available: http://www.worldenergy.org/documents/ser2007 final online version 1.pdf (accessed 24 November 2007). The annual solar radiation reaching the Earth's surface is approximately 3,400,000 EJ compared with the annual primary energy consumption of 450 EJ.

23　Alan Baxter, referring to his practice's work on the flood protection, Bristol. Private communication.

24　Mardaljevic, J. (2001) De Montfort University. 'ICUE: Irradiation mapping for complex urban environments'. Available: http://www.iesd.dmu.ac.uk/ jm/icue/ (accessed 23 November 2007).

25　Anon. (1990) 'Climate and site development. Part 3: Improving microclimate through design', *BRE Digest 350*, Garston: BRE.

26　National Consumer Council (2006) *I Will If You Will: Towards Sustainable Consumption*. NCC. ISBN: 1 899581 79 0.

27　The term 'magnificently equivocal' was applied to American Pastoral by J. Savigneau in 'Une Tragédie Ordinaire', *Le Monde*, 23 April 1999, p. vii.

第 2 章　城市规划设计

1　Urban Task Force (1999) *Towards an Urban Renaissance*. London: E & FN Spon.

2　Ibid., p. 66.

3　Government Office for the South East (1998) *Sustainable Residential Quality in the South East*. Guildford: Government Office for the South East.

4　Ibid.

5　The Prince's Foundation et al. (2000) *Sustainable Urban Extensions: Planned through Design*. London: The Prince's Foundation.

6　London Planning Advisory Committee et al. (1998) *Sustainable Residential Quality: New Approaches to Urban Living*. London: Greater London Authority.

7　London Planning Advisory Committee (2000) *Sustainable Residential Quality: Exploring the Housing Potential of Large Sites*. London: Greater London Authority.

8　Ibid.

9　Ibid.

10　Department of the Environment, Transport and the Regions (1998) *The Use of Density in Urban Planning*. London: DETR.

11　Adapted from *The London Plan 2008*. London: Greater London Authority.

第 3 章　交通

1　Bannister, D. (2000) 'The tip of the iceberg: leisure and air travel', *Built Environment*, 26(3): 229, Table 3.

2　Greater London Authority (2001) *The Mayor's Transport Strategy*. Available: http://www.london.gov.uk/mayor/strategies/transport/trans_strat.jsp (accessed 2 February 2008).

3　The amount of CO2 emitted by aviation is calculated as being that from fuel burnt 'during taxiing and take-off to a height of 1km within the Greater London boundary'. DEFRA, UK (2007) *London Energy and CO$_2$ Emissions Inventory*. London: DEFRA. The UK total is around 550 Mt CO$_2$.

4　Department for Transport (2004) 'National Travel Survey: 2002 (revised 2004)'. Available: http://www.dft.gov.uk/pgr/statistics/datatablespublications/personal/mainresults/nts2002/nationaltravelsurvey2002revi5243 (accessed 2 February 2008).

5　Greater London Authority (2001) *The Mayor's Transport Strategy*, Figure 2.11. Note the original source: *Informing Transport Health Impact Assessment in London*. London: AEA Technology/NHS Executive London, 2000, and TFL, 2001.

6　World Health Organisation. Available: http://www.who.int/violence_injury_prevention/media/news/23_04_2007/en/index.html (accessed 2 February 2008).

7　S. Stansfeld *et al.* (2003) 'Aircraft and road traffic noise and children's cognition and health', in *Proceedings of the 8th International Congress on Noise as a Public Health Problem*. Rotterdam: ICBEN.

8　Royal Commission on Environmental Pollution (1997) *Twentieth Report: Transport and the Environment: Developments since 1994*. London: RCEP, pp. 19–20.

9　World Commission on Environment and Development (1997) quoted by Department of the Environment (1997) *Planning Policy Guidance Note 1 (Revised): General Policy and Principles*. London: HMSO, p. 3, para. 4.

10　Royal Commission on Environmental Pollution (1997) *Twentieth Report: Transport and the Environment*, op. cit., Table 4.2.

11　Ibid., p. 52, Figure 2.21.

12　Department of the Environment, Transport and the Regions (2001) *Planning Policy Guidance Note 13: Transport*. London: HMSO. See also Department of the Environment, Transport and the Regions (1998) *Planning for Sustainable Development: Towards Better Practice*, Chapter 2 ('Realising the potential of existing urban areas') and Chapter 6 ('Incorporating other sustainability issues: parking').

13　Community Car Share Network (Summer 2001) *The Road Ahead: Community Car Share Network Newsletter*, issue 4.

14　English Partnerships and the Housing Corporation (2002) *Urban Design Principles: Urban Design Compendium*. London: English Partnerships, Table 4.1. Available: http://www.urbandesigncompendium.co.uk (accessed 2 February 2008).

15　Urban Task Force (1999) *Towards an Urban Renaissance*. London: E&FN Spon, Figure 1.3.

16　In Radburn, New Jersey, total segregation of pedestrian and car movement was produced in urban design. This became the ubiquitous approach to urban design in the UK in the 1950s and 60s.

17　Royal Commission on Environmental Pollution (1997) *Twentieth Report: Transport and the Environment*, op. cit.

18　Transport for London (2005) *Central London Congestion Charging: Impacts Monitoring: Third Annual Report*. Available: http://www.tfl.gov.uk/assets/downloads/ThirdAnnualReportFinal.pdf (accessed 2 February 2008).

19　For Home Zones, see Biddulph, M. (2001) *Homes Zones: A Planning and Design Handbook*. Bristol: The Policy Press. For 20mph zones, see Slower Speeds Initiative (2001) *Killing Speed: A Good Practice Guide to Speed Management*. Also Department for Transport, Traffic Advisory Leaflet 9/99 (1999). *20mph Speed Limits and Zones*. For Safe Routes to Schools, see DETR (1999) *School Travel Strategies and Plans: A Best Practice Guide for Local Authorities*. London: DETR.

第 4 章　城市中的景观与自然环境

1　Champion, T. et al. (1998) *Urban Exodus*. London: CPRE.

2　Welland, S. (2007) Available: http://www.carbonneutral.com/pages/whyweareinbusiness.asp (accessed 15 August 2007).

3　Fitch, J.M. and Bobenhausen, W. (1999) *American Building: The Environmental Forces That Shape It*. New York: Oxford University Press.

4　Lynch, K. (1971) *Site Planning*. Cambridge, MA: MIT Press.

5　Hewitt, M. (2001) 'Can trees cut pain?' *The Times*, 4 September, Section 2, p. 10.

6　Ibid.

7　Wauters, A. (1999) *Homeopathic Color Remedies*. California: Crossing Press.

8　CABE (2004) *The Value of Public Space*. London: CABE. Available: http://www.cabe.org.uk/AssetLibrary/2021.pdf (accessed 2 February 2008).

9　CABE (2005) *Does Money Grow on Trees?* London: CABE. Available: http://www.cabe.org.uk/AssetLibrary/2022.pdf (accessed 2 February 2008).

10　Stiftung Warentest (2006) Available: http://www.stiftung-warentest.de/online/bauen_finanzieren/test/1356200/1356200/1360862/1360865.html (accessed 15 August 2007).

11　Liddell, H. (2006) 'Eco-minimalism – less can be more', in *The Green Building Bible*, 3rd edn, Vol. 1. Green Building Press, p. 102.

12　Stadtentwicklungsbehörde (1997) *Der Grüne Faden*. Hamburg: Environmental Work's Group.

13　English Partnerships and the Housing Corporation (2002) Urban Design Principles: Urban Design Compendium. London: English Partnerships. Available: http://www.urbandesigncompendium.co.uk (accessed 2 February 2008).

14 Stadtentwicklungsbehörde und Umweltbehörde (1993) *Grünes Hamburg: Neue Ansätze und Strategies für eine ökologische Stadtentwicklung*. Hamburg: Hansestadt.

15 Edwards, B. and Hyett, P. (2001) *Rough Guide to Sustainability*. London: RIBA Publications.

16 Barkham, P. (2004) 'Why rain turns Father Thames into a dirty old man', *Guardian*, 27 August.

17 Haase. R. (1986) *Beiträge zur räumlichen Planung (14): Regenwasserversickerung in Wohngebieten: Flächenbedarf und Gestaltungsmöglichkeiten*. Hannover: Institut für Grünplanung und Gartenarchitektur.

18 Ibid.

19 Penn State University, College of Agricultural Sciences, Penn State Tour of German Green Roof Technology, 15–23 March 2001. Available: http://hortweb.cas.psu.edu/research/greenroof/background.html (accessed 15 August 2007).

20 See online http://www.livingroofs.org/livingpages/benwaterunoff.html (accessed 15 August 2007).

21 Haase. R. (1986) *Beiträge zur räumlichen Planung (14): Regenwasserversickerung in Wohngebieten: Flächenbedarf und Gestaltungsmöglichkeiten*. Hannover: Institut für Grünplanung und Gartenarchitektur.

22 Extracted from Aceston-Rook, P. (2006) 'Extensive green roofs',in *The Green Building Bible*, 3rd edn, Vol. 1. Green Building Press.

第 5 章　建筑设计

1 Vidler, A. (2001) 'A city transformed: designing "defensible space"', *The New York Times*, 23 September, p. 6.

2 Garnham, T. (1993) *Melsetter House*. London: Phaidon.

3 For further information on this building, see Ray, N. (1992) 'Crystal clear', *Architects' Journal*, 8 July, pp. 24–34.

4 Cited in Schulze, F. (1985) *Mies Van der Rohe*. Chicago: University of Chicago Press.

5 Steemers, K. (2000) *PRECis: Assessing the Potential for Renewable Energy in Cities*. Cambridge: University of Cambridge, the Martin Centre. The European Commission Joule III (DGX11), Contract JOR3 – CT97 – 0192.

6 Steemers, K. (2000) 'The paradox of the compact city', *Architects' Journal*, 2 November: 42–43.

7 See Notes 5 and 6.

8 Professor Klas Tham, speaking at the RIBA Conference 'Sustainability at the cutting edge', 22 October 2001.

9 Anon. (1995) *A Performance Specification for the Energy Efficient Office of the Future*. Garston: BRECSU, BRE.

10 DCLG (2006) *Approved Document E: Resistance to the Passage of Sound* (2003 edn). Available: http://tinyurl.com/2ed8v7 (accessed 20 December 2007).

11 DCLG (2007) *Code for Sustainable Homes Technical Guide*, Credit Hea 2.

Available: http://www.planningportal.gov.uk/uploads/code_for_sustainable_homes_techguide.pdf (accessed 20 December 2007).

12 Petty, M. (1995) 'There was something in the air', *Cambridge Weekly News*, 20 September, p. 6.

13 Palladio, A. (1997) *The Four Books on Architecture*. Cambridge, MA: The MIT Press.

14 Jean Nouvel speaking on French radio (France Inter), 21 December 2001.

15 Palmer, J. (1999) 'First contact', *Building Services*, 21(10): 31–34.

16 Garnham, T. (1999) 'Building – Alan Short in Manchester', *Architecture Today*, 99: 24–39.

17 Windsor, P. (1977) 'How wrong was Corbusier?' *The Architect*, April: 36–37.

18 Lawson, T.V. (2001) *Building Aerodynamics*. London: Imperial College Press.

第 6 章　能源和信息

1 World Energy Council (2007) *Energy and Climate Change*, pp. 6–7. Available: http://www.worldenergy.org/documents/wec study_energy_climate_change online.pdf (accessed 25 November 2007).

2 BERR (2007) *Digest of United Kingdom Energy Statistics (DUKES) 2007*. Norwich: Stationery Office Books.

3 Sustainable Consumption Roundtable (2005) *Seeing the Light: The Impact of Micro-generation on the Way We Use Energy*.

4 Off-site renewable energy contributions are only eligible towards achieving a 'Zero-carbon home' where these are directly supplied to the dwelling by private wire arrangement. DCLG (2007) 'Code for Sustainable Homes: Technical Guide'. Available: http://www.planningportal.gov.uk/uploads/code_for_sustainable_homes_techguide.pdf (accessed 28 October 2007).

5 Butti, K. and Perlin, J. (1981) *A Golden Thread*. London: Marion Boyars.

6 For more information, see http://www.beaufortcourt.com/ (accessed 25 January 2008).

7 See BERR, op. cit.

8 See online http://www.lowcarbonbuildings.org.uk/home/ (accessed 14 October 2007).

9 Greater London Authority (2006) *Sustainable Design and Construction: The London Plan Supplementary Planning Guidance*. London: GLA.

10 Lauber, V. and Mez, L. (2004) 'Three decades of renewable electricity policies in Germany', *Energy & Environment*, 15(4): 599–623.

11 Anon. (2006) 'Is the future bright for PVs?' *Building Services Journal*, November: 42.

12 Study by Ecofys and Delft University of Technology, cited in Timmers, G. (2001) 'Wind energy comes to town: small wind turbines in the urban environment', *Renewable Energy World*, May–June: 113–19.

13 Gandemer, J. and Guyot, A. (1983) *Wind Protection – The Aerodynamics and Practical Design of Windbreaks*, Project No. ED202.

14 Maidment, G. and Missenden, J. (2001) 'Sustainable cooling schemes for the London Underground railway network', paper presented at CIBSE National Conference 2001 (Part 1), London.

15 Environment Agency (2007) *Groundwater Levels in the Chalk-Basal Sands Aquifer of the London Basin*. London: Environment Agency.

16 The terms 'geothermal' and 'geo-exchange' have different meanings and should not be used interchangeably (see Glossary).

17 Jones, A. (2001) Woking: *Energy Services for the New Millennium*. Woking: Woking Borough Council.

18 Anon. (1999) *Selling CHP Electricity to Tenants – Opportunities for Social Housing Landlords*. DETR New Practice Report 113. Garston: BRE.

19 Online: http://www.woking.gov.uk/environment/climate/Greeninitiatives/sustainablewoking/fuelcell.pdf (accessed 2 February 2008).

20 Ling, M. (2001) 'Turning household waste into light and power', *EIBI*, May: 14.

21 Online: http://www.vauban.de/info/abstract4.html (accessed 29 October 2007).

22 Bullard, M. (2001) 'Economics of Miscanthus', in Jones, M. and Walsh, M. *Miscanthus for Energy and Fibre*. London: James and James, p. 164.

23 Lehmann, A., Russell, A. and Hoogers, G. (2001) 'Fuel cell power from biogas', *Renewable Energy World*, November–December: 77–85.

24 Kaltschmitt, M., Reinhardt, G.A. and Stelzer, T. (1996) 'LCA of biofuels under different environmental aspects', in Chartier *et al.*, *Biomass for Energy and the Environment – Proceedings of the 9th European Bioenergy Conference, Copenhagen*. Oxford: Elsevier.

25 Santos Oliveira, J.F. (2001) 'Environmental aspects of Miscanthus production', In Jones, M. and Walsh, M., *Miscanthus for Energy and Fibre*. London: James and James, pp. 172–78. Based on an energy balance of 37,252 kwh/ha for electricity generated from Miscanthus, by gasification.

26 Presentation by Nils Larsson, University of Lund at the Sustainable City Development Conference in Malmö, Sweden, 12–14 September 2007.

27 Online: http://www.fuel-cell-bus-club.com (accessed 27 August 2007).

28 Online: http://www.london.gov.uk/lhp/opportunities/olympics.jsp (accessed 27 August 2007).

第 7 章　材料

1 Lawton, J. (Chair) (2007) *Royal Commission on Environmental Pollution, Twenty-Sixth Report: The Urban Environment*. London: TSO, p. 2.

2 Anon. (2005) *Improving Public Services through Better Construction*. London: National Audit Office, p. 21.

3 Anderson, J. and Shiers, D.E. with Sinclair, M. (2005) *The Green Guide to Specification*. Oxford: Blackwell Science Ltd.

4 Online: http://www.sustainablehomes.co.uk/pdf/Embeng.pdf (accessed 29 November 2007).

5. Mootanah, D. (2005) *Researching Whole Life Value Methodologies for Construction*.

6 Anderson and Shiers, op. cit., pp. 7–8.

7 Bates, J. and Watkiss, P. (2006) *Policy Coverage of Environmental Impacts of Materials: A Report to the Department for Environment, Food and Rural Affairs*, Section 3.4.2. London: AEA Technology, DEFRA.

8 House of Commons, Environmental Audit Committee (2006) *Sustainable Timber, Second Report of Session 2004-05*, Vol. I. London: HMSO, p. 9.

9 Napper, S. (2007) 'Timber – renewable but not inexhaustible', *Sustainable Building*, April 2007, p. 10.

10 Online: http://www.proforest.net/cpet/evidence-of-compliances/category-a-evidence/approved-schemes (accessed 2 December 2007). For a review of the comparative merits of certification schemes, see online http://www.fern.org/pubs/reports/footprints.pdf (accessed 1 February 2008). FSC, online: www.fsc.org

11 Anderson, J., Bonfield, P., Edwards, S. and Mundy, J. (2002) 'Life cycle impacts of timber: a review of the environmental impacts of wood products in construction', *BRE Digest*, 470: 5.

12 Berge, B. (2005) *The Ecology of Building Materials*, p. 298.

13 Thomas, R. (2005) *Environmental Design*. Abingdon: Taylor & Francis, p. 194.

14 Strongman, C. (2007) 'Specifying for Sustainability', *AJ Specification*, 05.07, p. 37.

15 Anon. (2007) 'Alternative fuels and unusual ingredients lower emissions', *The Times*, Concrete Sustainability supplement, p. 4.

16 Online: http://www.sustainableconcrete.org.uk/pdf/Table_Embodied%20CO2_version%201.0.pdf (accessed 25 September 2007).

17 Online: http://www.litracon.hu/aboutus.php (accessed 29 September 2007).

18 Goho, A. (2005) 'Concrete nation: bright future for ancient material', *Science News*, 167(1): 6.

19 See Note 17.

20 Online: http://www.corusgroup.com/en/responsibility/sustainable_development/construction/ (accessed 26 November 2007).

21 Online: http://www.brighton.ac.uk/csbe/poster/pcmwall-linings.pdf (accessed 18 September 2008).

22 Egan, J. (1998) *Rethinking Construction: The Report of the Construction Task Force*. London: DETR.

23 Anon. (2000) *Building a Better Quality of Life: A Strategy for More Sustainable Construction*. London: Department of the Environment, Transport and the Regions, p. 10.

24 Anon. (2007) *Waste Strategy for England 2007*. London: Department for the Environment, Food and Rural Affairs, p. 11.

25 Lazarus, N. (2002) *Construction Materials Report, Toolkit for Carbon Neutral Developments – Part 1*. Surrey: The BedZED Construction Materials Report. BioRegional Development Group.

26 Addis, W. and Schouten, J. (2004) *Design for Deconstruction: Principles of Design to Facilitate Reuse and Recycling (C607)*. London: CIRIA.

第 8 章　水

1   Sumbler, M.G. (1996) *British Regional Geology: London and the Thames Valley*. London: HMSO, p. 147.

2   Environment Agency (2007) *South East England State of the Environment*. Bristol: EA. Available: http://www.environment-agency.gov.uk/commondata/acrobat/soe07final 1941006.pdf (accessed 1 February 2008).

3   National Audit Office (2005) *Report HC 73, Environment Agency: Efficiency in Water Resource Management*. London: National Audit Office.

4   Environment Agency (2006) *Underground, Under Threat: The State of Groundwater in England and Wales*. Bristol: EA. Available: http://publications.environment-agency.gov.uk/pdf/GEHO0906BLDB-e-e.pdf?lang= e (accessed 1 February 2008).

5   Monteith, J.L. (1973) *Principles of Environmental Physics*. London: Edward Arnold, pp. 65–67.

6   Environment Agency (2005) *Sustainable Homes: The Financial And Environmental Benefits*, Science Report SC040050/SR. Bristol: EA.

7   The DETR defines grey water as water from buildings that can be reused and goes on to say 'light grey water is rain water collected from roofs and used for toilet flushing and non-drinking water applications. Darker grey water is from sinks and baths which can be used for watering plants but would require extensive processing for other uses.' Anon. (1998) *Sustainable Development: Opportunities for Change Sustainable Construction*. London: DETR.

8   OFWAT (2006) 'Security of supply, leakage and water efficiency, 2005–06 report', Table 16.

9   DCLG (2007) 'Code for Sustainable Homes: Technical Guide'. Available: http://www.planningportal.gov.uk/uploads/code_for_sustainable_homes_techguide.pdf (accessed 28 October 2007).

10 For more information, see http://www.southbanksustainability.org.uk (accessed 9 October 2007).

11 Online: http://www.water.org.uk/home/policy/climate-change/briefing-paper (accessed 1 February 2008).

第 9 章　废弃物和资源

1   Department for Environment, Food and Rural Affairs (2007) *Waste Strategy for England 2007*. London: DEFRA. Available: http://www.defra.gov.uk/ENVIRONMENT/waste/strategy/strategy07/pdf/waste07-strategy.pdf (accessed 1 January 2008).

2   Department for Environment, Food and Rural Affairs (2007) *Statistical Release 435/07: Municipal Waste Management Statistics 2006/07*.

London: DEFRA, Available: http://www.defra.gov.uk/environment/statistics/wastats/bulletin07.htm (accessed 1 January 2008).

3   See DEFRA, Waste Strategy for England 2007, op. cit.

4   Online: http://www.smartwaste.co.uk (accessed 1 January 2008).

5   Houghton, J. (Chair) (1993) *Cm 2181, Royal Commission on Environmental Pollution, Seventeenth Report, Incineration of Waste*. London: HMSO, pp. 39–41.

6   These chambers can typically hold five times more waste than a 'eurobin' but require a special refuse vehicle. For more information, see online http://taylor-ch.co.uk/underground/5/index.html (accessed 29 September 2007).

7   Adapted from Figure 4.1 in DEFRA (2007) *Waste Strategy for England 2007*, op. cit.

8   British Standards Institution (1983) *BS 6297:1983: Design and Installation of Small Sewage Treatment Works and Cesspools*. London: British Standards Institution.

9   For more information, see: http://www.clivusmultrum.com (accessed 29 September 2007).

10 For details of the C.K. Choi building, see DTI (2005) 'Towards a low-carbon society – a mission to Canada and USA', pp. 80–83. Available: http://www.inreb.org/images/backgroundpdf/inreb test.pdf (accessed 27 January 2008).

11 Griggs, J. and Grant, N. (2000) 'Reed beds: application and specification', *Good Building Guide 42, Part 1*. Garston: Building Research Establishment.

12 Centre for Alternative Technology (1998), private communication.

第 11 章　库珀斯路住宅：再生

1   Lifetimes Homes Standards as defined by 'Meeting Part M and designing Lifetime Homes'. York: Joseph Rowntree Foundation, 1999.

2   Building Research Establishment (2000) Construction Research Communications Ltd, London. In April 2007, the Code for Sustainable Homes replaced EcoHomes for the assessment of new housing in England. The EcoHomes 'Very Good' score is approximately equal to Code Level 3. For further information, see http://www.homezones.org.uk/ (accessed 1 February 2008).

3   A home zone is a street for group of streets designed primarily to meet the interests of pedestrians and cyclists rather than motorists, opening up the street for social use. Legally, neither pedestrians nor vehicles have priority, but the road may be reconfigured to make it more favourable to pedestrians.

4   SAP = Standard Assessment Procedure. The SAP 2001 rating system is a method of predicting total energy requirements for dwellings irrespective of location or usage; the end result is a normalised energy rating for comparison purposes. The method is based upon the BREDEM energy model produced in 1985. The method produces a rating on a scale of 1–100 for Building Regulations purposes, although in reality

values of over 100 can be achieved. Note: the SAP scale was revised in SAP2005 where 100 now represents zero energy cost. It can be above 100 for dwellings that are net exporters of energy.

第 12 章 帕克芒特：街景和太阳能设计

1 Peace lines, as they are euphemistically known, have been built on the edges of the polarising sections of Belfast's northern and western neighbourhoods and extend in sections up to a kilometre long. Though started as impromptu barricades, they now form permanent walls demarcating the sectarian boundaries that have been drawn with increasingly harder lines since the escalation of 'The Troubles' in 1969.

2 McHale, S. (1999) 'Terror, territory and the Titanic', *Cambridge Architecture Journal*, Scroope 11. The patchwork of neighbourhoods has created urban characteristics that are highly unusual in the British Isles explaining in part, the Province's ambivalent attitude towards UK planning policy and guidance. The Belfast Urban Area Plan 2001 describes the city as 'neutral territory' and proposes a commitment to only 50 per cent of development on brownfield land. In Belfast, there are areas of undeveloped land which act as buffers between the communities and so there is question as to whether this blighted land, often in the shadow of the peace line walls can be included within a definition of brownfield land.

3 See Chapter 11, note 2.

4 Refer to 'Area Development Plans – Sustainable Cities Programme', produced by Napier University, which highlights the positive impact of public transport corridors, interchanges and railheads on overall energy efficiency and urban sustainability.

5 Thomas, R. (2001) *Photovoltaics and Architecture*. London: Spon Press.

6 See Chapter 11, note 4.

7 Brewerton, J. and Darton, D. (1997) *Designing Lifetime Homes*. York: The Joseph Rowntree Foundation.

8 Poundbury and Knottley Green, the exemplars of housing and planning guides up and down the country, supposedly hail a new era, but in the image of each and every historical period (except our own) all are thrown together to form incongruous housing 'theme parks'.

9 For feedback and comments of new occupiers, see RPA (2004) Parkmount Housing. Available: http://www.rparchitects.co.uk/publications/RPA_parkmount_housing.php (accessed 15 December 2007).

第 13 章 科因街住房：建筑的参与

1 Soukler King, C. (1982) 'Getting tough with economics', interview with Frank Gehry, *Designers West*, June.

2 Chen, A. (2001) 'Tent City', interview with Michael Rakowitz, *I.D. Magazine*, February.

3 Department for Transport, Local Government and the Regions (2000) *PPG3, Planning Policy Guidance note 3, Housing*. March, London: DETR.

This provides guidance on a range of issues relating to the provision of housing. It was replaced by *Planning Policy Statement 3: Housing (PPS3)* in November 2006. Available: http://www.communities.gov.uk/publications/planningandbuilding/pps3housing (accessed 19 January 2008).

第 14 章 城市背景下的可持续性设计：三个案例研究

1 David Suchet to Stephen Daldry, and copied to Max Fordham, in a letter of 21 June 1996.

2 Tim Lewers of Cambridge Architectural Research.

3 Edwards, A. (1990) 'The Design and Testing of Wind-assisted Gas Venting Headworks: Project Report', School of Physics and Materials: Lancaster University.

第 15 章 BEDZED：英国贝丁顿零能耗开发

1 Dunster, B. (2007) *The ZEDbook*. Abingdon: Taylor & Francis.

2 Storm van Leeuwen, J.W. (2008) 'Nuclear power – the energy balance: energy insecurity and greenhouse gases'. Available: http://www.stormsmith.nl (accessed 18 January 2008).

3 Vale, B. and Vale, R. (2000) *The New Autonomous House*. London: Thames and Hudson, p. 210.

4 Available at: http://www.statistics.gov.uk

5 Ibid.

6 The Urban Task Force (1999) *Towards an Urban Renaissance: Final Report of the Urban Task Force*. London: E&FN Spon, p. 46.

7 DETR (1996) *General Information Report No. 53: Building a Sustainable Future*. London: DETR, and SAFE Alliance Foodmiles campaign 1998.

8 See http://www.statistics.gov.uk (accessed 2 February 2008).

9 DCLG (2006) *Building a Greener Future: Towards Zero Carbon Development – Consultation*. Available: http://www.communities.gov.uk/documents/planningandbuilding/pdf/153125 (accessed 28 January 2008).

10 See the documentary *Who Killed the Electric Car?* 2006, Sony Pictures Home Entertainment.

11 Available: http://www.zedfactory.com (accessed 18 January 2008).

第 16 章 Bo01 和旗帜住区：瑞典马尔默地区生态城

1 Available: http://www.malmo.se/download/18.4a2cec6a10d0ba37c0b800012615/kvalprog_bo01_dn_eng.pdf. (accessed 4 December 2007).

2 Available: http://www.envac.net/docs/projects/405_Bo01%20Malm%F6.pdf (accessed 5 December 2007).

3 Available: http://www.malmo.se/download/18.7101b483110ca54a562800010420/westernharbour06.pdf (accessed 5 December 2007).

4 Online http://www.ekostaden.com (accessed 5 December 2007).

5 Persson. B. (2005) *Sustainable City of Tomorrow Bo01: Experiences of a Swedish Housing Exposition*. Stockholm: Swedish Research Council Formas.

6　In Europe, a dwelling is deemed to satisfy the PassivHaus criteria if the total energy demand for space heating and cooling is less than 15 kWh/m²yr treated floor area and the total primary energy use for all appliances, domestic hot water and space heating and cooling is less than 120 kWh/m²yr.

第 17 章　斯通布里奇：在城市住宅的传统与现代模式中寻找平衡

1　Europan is a biennial Europe-wide design competition for architects under 40, that seeks to address current issues in housing and urbanism on a range of real projects.

2　Panerai, P., Castex, J., Depaule, J-C. and Samuels, I. (2004) *Urban Forms: The Death and Life of the Urban Block*. Oxford: pp. 90–113.

3　The planning authority required compliance with the British Research Establishment's (BRE) Report 209: 'Site layout planning for daylight and sunlight'.

4　Ibid.

第 18 章　"斯托克韦尔制造"及德特福德码头

1　Greater London Authority (2004) 'Green light to clean power', in *The Mayor's Energy Strategy*. Available: http://www.london.gov.uk/mayor/strategies/energy/docs/energy_strategy04.pdf (accessed 27 January 2008).

2　Greater London Authority (2005) *2004 London Housing Capacity Study*. London: GLA, Annex 3: PTAL Map of London. Available: http://www.london.gov.uk/mayor/planning/capacity study/docs/housing_capacity study2004.pdf (accessed 27 January 2008).

3　Greater London Authority (2004) *The London Plan, Spatial Development Strategy for Greater London*. London: GLA. Available: http://www.london.gov.uk/mayor/strategies/sds/london plan/lon plan all.pdf (accessed 27 January 2008).

4　DEFRA (2007) 'Construction and demolition waste management: 1999 to 2005, England'. Online: http://www.defra.gov.uk/environment/statistics/waste/kf/wrkf09.htm (accessed 27 January 2008).

5　DCLG (2006) 'Code for sustainable homes: a step-change in sustainable home building practice'. Available: http://www.planningportal.gov.uk/uploads/code for sust homes.pdf (accessed 27 January 2008).

6　BRE (2005) Putting a Price on Sustainability. Watford: BRE.

7　DCLG (2006) 'Planning Policy Statement 25: Development and Flood Risk'. Available: http://www.communities.gov.uk/documents/planningandbuilding/pdf/planningpolicystatement25 (accessed 27 January 2008).

第 19 章　禧水都：加拿大温哥华奥运村

1　EcoDensity, see http://www.vancouver-ecodensity.ca/index.php (accessed 29 October 2007).

2　City of Vancouver (2007) *Southeast False Creek Official Development Plan*. Available: http://www.city.vancouver.bc.ca/commsvcs/bylaws/odp/SEFC.pdf (accessed 17 October 2007).

3　For more information, or to download the Green Building Strategy, see 'Vancouver Green Buildings', City of Vancouver. Online: http://vancouver.ca/commsvcs/southeast/greenbuildings/index.htm (accessed 26 October 2007).

4　CanMET National Inventory Report, 1990–2005: Greenhouse Gas Sources and Sinks in Canada. Table A9-1. Available: http://www.ec.gc.ca/pdb/ghg/inventory_report/2005_report/ta9_1_eng.cfm (accessed 1 February 2008).

5　US Green Building Council, see online: http://www.usgbc.org and Canada Green Building Council. Online: http://www.cagbc.org (accessed 29 October 2007).

6　LEED™ for Neighbourhood Development, see http://www.usgbc.org/DisplayPage.aspx?CMSPageID=148 (accessed 29 October 2007).

7　Smart Growth is an urban planning and transportation theory that concentrates growth in the centre of a city to avoid urban sprawl; and advocates compact, transit-oriented, walkable, bicycle-friendly land use, including mixed-use development with a range of housing choices. Online http://www.smartgrowth.ca and http://www.smartgrowth.org (accessed 29 October 2007).

8　New Urbanism is an American urban design movement that arose in the early 1980s. Its goal is to reform all aspects of real estate development and urban planning, from urban retrofits to suburban infill. New Urbanist neighbourhoods are designed to contain a diverse range of housing and jobs, and to be walkable. A growing movement, New Urbanism recognizes walkable, human-scaled neighbourhoods as the building blocks of sustainable communities and regions. Online http://www.newurbanism.org and http://www.cnu.org (accessed 29 October 2007).

9　The seven principles of Universal Design are (1) Equitable Use; (2) Flexibility in Use; (3) Simple, Intuitive Use; (4) Perceptible Information; (5) Tolerance for Error; (6) Low Physical Effort; and (7) Size and Space for Approach. Online: http://www.adaptenv.org and http://www.universaldesign.com (accessed 29 October 2007).

10　Darby, S. (2006) *The Effectiveness of Feedback on Energy Consumption: A Review for DEFRA of the Literature on Metering, Billing and Direct Displays*. Oxford: Environmental Change Institute, University of Oxford. Available: http://www.defra.gov.uk/environment/climatechange/uk/energy/research/pdf/energyconsump-feedback.pdf (accessed 18 October 2007).

附录 A　太阳能，温度和太阳光电

1　Thomas, R. (2001) *Photovoltaics and Architecture*. London: Spon.

2　Thomas, R. (2005) *Environmental Design*, 3rd edn. Abingdon: Taylor & Francis.

3　Bunn, R. (1998) 'Ground coupling explained', *Building Services Journal*, December: 22–27.

4　See Thomas, *Photovoltaics*, op. cit.

5　Adapted from online http://www.solarcentury.co.uk/knowledge base/ articles/pv_comparison table (accessed 1 February 2008).

附录 B　风能和水能

1　Rayment, R. (1976) *Wind Energy in the UK*. BRE CP 59/76. Garston: BRE.

2　Thomas, R. (2005) *Environmental Design*, 3rd edn. Abingdon: Taylor & Francis.

3　Timmers, G. (2001) 'Wind energy comes to town: small wind turbines in the urban environment', *Renewable Energy World*, May–June: 113–19.

4　Anon. (1985) 'Water-to-water heat pumps'. *Technical Information EC 4708/8.85*. London: The Electricity Council.

5　Cooper, E. (1990) 'Utilisation of groundwater in England and Wales', *Water and Sewerage*, pp. 51–54.

附录 C　大气质量

1　Liddament, M.W. (1997) 'External pollution: the effect on indoor air quality', in Rooley, R. (ed.) *Indoor Air Quality and the Workplace*. Cambridge: MidCareer College.

2　Department for Environment and Rural Affairs (2007) *The Air Quality Strategy for England, Scotland, Wales and Northern Ireland*, Vol. 1. London: DEFRA. Available: http://www.defra.gov.uk/environment/ airquality/strategy/pdf/air-qualitystrategy-vol1.pdf (accessed 2 February 2008).

3　Ibid.

4　Ibid.

5　Ibid.

6　Laxen, D.P.H. et al. (1987) 'Nitrogen dioxide distribution in street canyons', *Atmos. Environ. 21*.

7　1989–1903. Cited in Boucher, K. (1990/91) 'The monitoring of air pollutants in Athens with particular reference to nitrogen dioxide', *Energy and Buildings*, 15–16: 637–45.

附录 D　声学

1　DCLG (2004) 'Planning Policy Guidance Note 24: Planning and Noise'. Available: http://www.communities.gov.uk/documents/planningand- building/pdf/156558. (accessed 2 February 2008).

附录 E　燃料电池，涡轮机，发动机及其能量来源 *

1　Lehmann, A.K., Russell, A. and Hoogers, G. (2001) 'Fuel cell power from biogas', *Renewable Energy World*, November–December: 76–85.

2　Larminie, J. (2000) 'Fuel cells', *Ingenia*, 1(4): 43–47.3 Stephens, M. (2002) 'Diesel still rules the standby power world', *Electrical Review*, 22 January: 18–19.

4　Anon. (2002) 'Microturbine CHP set for London district heating', *eibi* (energy buildings and industry), January: 20.

5　Carbon Trust (2007) *Micro-CHP Accelerator: Interim Report*. London: Carbon Trust.

6　Brahic, C. (2007) 'Forget biofuels – burn oil and plant forests instead', *New Scientist*.

附录 F　景观

1　Dimoudi, A. and Nikolopoulou, M. (2000) 'Vegetation in the urban environment: microclimatic analysis and benefits', in *PRECis: Assessing the Potential for Renewable Energy in Cities*. Pikermi, Greece: Centre for Renewable Energy Sources.

2　Nowak, D.J. (1999) 'The effects of urban trees on air quality'.

3　Cited in Rayden, D. (2000) 'State of the art on environmental urban design and planning', in *PRECis: Assessing the Potential for Renewable Energy in Cities*. Project Coordination: The Martin Centre, University of Cambridge.

4　Anon. (1964) *The Farmer's Weather*. Ministry of Agriculture, Fisheries and Food, Bulletin No. 165. London: HMSO.

5　Littler, J. and Thomas, R. (1984) *Design with Energy: The Conservation and Use of Energy in Buildings*. Cambridge: Cambridge University Press.

6　Holzberlein, T.M. (1979) 'Don't let the trees make a monkey of you', in Proceedings of the Fourth National Passive Solar Conference. Newark, Delaware: ISES – American Section.

7　Hrivnak, J. (2004) 'Environmental analysis of landscape: the effects of trees in streets: street trees as noise and air pollution absorbers, a case study in Fulham, SW6 London', Cambridge Darwin College, Cambridge University.

8　Arnold, H.F. (1993) *Trees in Urban Design*. New York.

附录 G　材料

1　Thomas, R. (2005) *Environmental Design*, 3rd edn. Abingdon: Taylor & Francis.

---

*　原书缺注释3。——编者注

术语表

Acid rain 酸雨　此类污染主要是由化石燃料的燃烧和金属冶炼过程中排放出的硫氧化物（SOx）和氮氧化物（NOx）在大气中凝结成酸性物质后折返到地面。

Aerobic 有氧　有氧气的存在。

Anaerobic 无氧　没有氧气的存在。

BRE 建筑研究机构。是 EcoHomes 和 BREEAM 旗下的认证机构

Brownfield land 灰地。灰地土地通常指那种开发过后被废弃的、空置的或没有什么生态价值的土地。

Carnot efficiency 卡诺效率。卡诺的限制是一个热机最大效率，例如内燃发动机，并给予（TH-TC）/TH，TH 是热源温度，TC 是散热器的温度（K）。

CFC 氟利昂。一种臭氧层的消耗源，也是全球变暖的主要原因。

CSA 加拿大标准协会

dB 分贝

dBA 声压的度量单位，1 个单位即大约是人耳（A 级）的频率响应。通常用一个数字表示。

d.c. 直流电

Dioxin 二噁英。是一类化学品的名称，在高温环境下（火中）形成，其中含有致癌物质。

Electrolysis 电解。水的电解，在此过程中电流通过水产生了氢气和氧气。

Electromagnetic spectrum 电磁波谱。电磁波谱覆盖了从 X 射线到微波辐射的全部范围。太阳辐射这之间，即紫外线（290—400nm）、可见光（400—760nm）和红外线（760—2200nm）。

Energy 能源。有三种形式:（1）基本的，即化石燃料所含有的能源，如煤、石油、天然气或核能、水电；（2）传输，即燃料在释放（或生成）及传输允许产生的损耗；（3）有价值的，即传输的部分能源在经过能效装置后的有效性。

Environmental footprint 环境足迹　（碳足迹）是一个土地和水域的概念，即供一定人口生活所需的基本标准范围。

ETFE 聚氯乙烯

Foodmiles 食物里程。即食物从生产者运输到消费者之间距离。

FSC 森林管理委员会

Gasification 气化。见热裂解

Geo-exchange 地理交换。一种能源交换体系，有时是可见的，即取热或隔热，地球表面的能源获取主要是太阳能。

Geothermal 地热。这个词源于两个希腊词汇:"geo"的意思是指土地，"thermal"的意思是热量。该词通常用于描述地核中产生的热能是一种离地壳相对较近（250m 深）的重要资源，也因此这种能源可被利用起来。

GGBS 矿渣微粉。粒化高炉矿渣基础

GJ。10 亿焦耳（1GJ=278kWh）

Greenhouse gas 温室气体　一种能够吸收地球与大气层中释放出的红外线的气体。当空中温度低于地面温度时，这种气体又会释放出红外线。这种获取能量的连锁效应也表现为地球表面出现变暖趋势。水蒸气（H_2O），二氧化碳（CO_2），一氧化二氮（N_2O），甲烷（CH_4）和臭氧（O_3）是地球大气中的主要温室气体。

hm² 公顷。等于 $10000m^2$，2.47 英亩

Habitable room 居室。作为居住用的房间，包括厨房，但不包括浴室、客厅或杂物间。

HCFC 氢化含氯氟烃　是一种氟氯化碳，但没有什么危害。

Hz 赫兹（1Hz=1 周期/秒）

kcal 千卡

kW 千瓦

kWe 1 千瓦的电功率

kWh 千瓦小时

kWp 1 千瓦峰值。在标准测试条件下一组光伏组的输出功率

kWth 1 千瓦的热能

L_{A10}　以 A 声级分贝来计量时，是指时间超过 10% 的一种噪声级。

Low-E 低辐射　通常用于描述拥有 Low-E 涂层的玻璃，这种玻璃能够透过可见光，而红外线透不过，因此降低了透过窗户的整体热量。

MWh 百万瓦时（1000kWh）

nm 1 纳米

NR　NR（噪声级）曲线是一种使用倍频程（8 度）以简单的数字来描述噪声级别的方法。

Odt 纯干吨。指一吨不含水分的物质的重量值。

Ozone depletion potential 臭氧消耗潜能值。一种用于计量物质对臭氧层损害程度的计量值。

PCM　相变材料。

PEFC 森林认证体系认可计划

PFA 煤粉燃料灰

Pyrolysis 热裂解，尤其是生物质的。这个过程在 250℃以上的无氧环境下会产生一种固体（尤其是生物质）。这个过程会生成一种固体（通常是焦炭）、一种液体（生物油）以及一种低质能的气体。气化是热裂解的一种形式，是物质通过局部燃烧转化为可燃气体、挥发物及尘埃的过程。

RSL（Registered Social Landlord）是一个独立的物业组织，根据 1996 年的住房法注册成立。它们可能是一种工会组织，或是一种注册的慈善机构或公司。

Section 106 Agreement 第 106 条协议：即 1990 年城市和乡村规划法令，允许当地规划部门订立一项具有法律约束力的协议或与开发商明确规划的责任与义务，通常要求在执行规划任务的同时，尽量减少对当地社区的影响，或进行财政捐助，以提供社会福利。

Shell and core 壳与核是一种由后来的开发商提供的作为基础发展的技术要求，即包括建筑的基础结构、围护结构及服务。

Silicon 硅有两种类型：（1）P 型，即正向的 P 层硅；（2）N 型，即负向的 N 层硅。

Sound Reduction Index（SRI）声衰减指数（隔声指数）指声音穿过某物如墙、地板或屋顶，从一侧到另一侧时声压降低的指数。这主要取决于隔断物单位面积的质量。SRI 约等于 $20\log_{10}m$ 加 10dB，其中的 m 指质量，单位是 kg/m^2。

Supplementary Planning Guidance（SPG）补充规划指南在英格兰和威尔士，非法定地方当局制定的政策往往是决定一项规划申请的重要考虑因素。SPG 现已被补充规划文件（SPD）所替代，它具有法律地位，但不包括在法定的发展规划之中。

Tarmac 沥青碎石路面是 tarmacadam 的简称。一般这个词是指焦油或沥青路面，在美国有时也叫沥青或柏油路。

Temperature 温度。在国际单位制中的热力学温度单位是开尔文（K）。因此，热导率的单位就表示为瓦每米开尔文 [W/（m·K）]。然而，摄氏度也是通用的（℃）。以 K 为单位的绝对温度就等于摄氏度加 273，即 30℃ +273=303K。

Unitary Development Plan（UDP）单一发展计划这是一种地方当局确定某块区域适合建造住宅、工业、零售业或用于其他用途的计划，并制定相关政策用于决定是否批准开发计划。

U-value U- 值（传热系数）每温差单位面积热透过率

W 瓦特（1 瓦 =0.86 千卡 / 小时）

W/（m²·K）传热系数

Wp 瓦峰

Watershed 流域　水流流向最低点的一块区域

注意：为避免造成单位混淆，通常在讨论热电联供时会用到 kWe 和 kWth。

图版致谢

　　作者及出版单位对下列允许使用图版的个人及机构致以谢意。我们虽已尽力联系所有的版权持有人，但若有错误，也非常乐意在下一次印刷时予以改正。

A Models/John Ross Photography: 18.18; 18.20; 18.21
Alan Baxter & Associates: 3.3; 3.4; 3.12
Alexander, Anthony: 3.9; 3.10
Andersson, J. E.:16.5a; 16.7; 16.9; 16.10;
Arups: 15.15; 15.20; E.3
BBC Photo Library: 9.1
BDA ZEDfactory Ltd: Tables 15.2 & 15.1; 15.1; 15.2; 15.3; 15.4;
　　15.5; 15.6; 15.8; 15.9; 15.10; 15.11; 15.13; 15.14; 15.16;
　　15.17; 15.18; 15.21; 15.22; 15.23; ; 15.24, page 142
BEAR Architecten, The Netherlands, 'National Environmental
　　Education Centre': 6.11a
Binet, Helene: 3.6
Bodenham, Dave: 7.1
Borcke, Christina von: 4.1; 4.2; 4.3; 4.6; 4.7
Boucher, Keith: C.1
Building Services Journal: B.1
Cha, Jae: 13.4a
City of Malmö Planning Department: 1.3; 16.1; 16.2; 16.3; 16.12;
　　16.13; page 160
City of Vancouver: 19.1-19.4
Coin Street archive: 13.22, 13.23
Cook, Peter/VIEW: 1.1; 5.1
Commission of the European Communities, 1992: 6.19, A.1
Construction Resources: 8.4
Christiania Bikes – www.christianiabikes.com: 3.11
Crown Copyright: 3.7
Department for Communities and Local Government: 2.5; 2.6
DEFRA: 9.7
EarthEnergy Ltd. – www.earthenergy.co.uk: A.3a
E & F. N. Spon: 6.15b
ECD Architects: 1.6; 11.1–11.14; page 96
Editions Parenthèses: 17.3
Egbert H. Taylor & Company Ltd – www.taylor-ch.co.uk: 9.5
Electricity Council: B.2
Elemental Solutions: 9.9
English Partnerships: Tables 3.2, 3.3

Environment Agency: 6.17
Fawcett, Alex, Hoare Lea: 7.2
Fossum, Tor: 16.4
FXV Ltd: 18.5; 18.10; page 180
Gandemer, J., Guyot, A.: 6.13
Gilbert, Dennis / VIEW: 5.2; 6.11c
Gomberoff Bell Lyon Architects Group Inc. / Merrick Architecture
　　Borowski Lintott Sakumoto Fligg Ltd: 19.11
Greater London Authority: Table 3.1
Greater London Authority / Brunel University: 1.5
Grandorge, David: 17.4
Gunther, Karle / PSFU: 6.15
Hall, Janet, RIBA Library Photographs Collection: 6.18c
Hancock, Linda: 15.7; 15.12
Hawkins/Brown: 5.8b; 18.1; 18.2; 18.4; 18.6; 18.8; 18.9; 18.11;
　　18.12; 18.13; 18.14; 18.15; 18.16; 18.17; 18.19;
　　18.22–18.28; Tables 18.1-18.3
Hayes Davison/Hamiltons Architects: 6.14
Hrivnak, Jess: 4.4
ISES – American Section: F.4
Koehorst, Mark, Ecofys/Delft University: 6.16
Kosuth, Koseph/Sean Kelly Gallery, NY: 13.1c
Lawson, Ian: page 132
Litracon Bt 2003: 7.4
Llewelyn-Davies: 2.2; 2.3; 2.4; 4.5
London Planning Advisory Committee/Greater London Authority:
　　2.7; 2.8; 2.9; 2.10; 2.11
Los Angeles County Museum of Natural History: 6.4a, c
Max Fordham LLP: 1.2; 1.4a–f; 1.8; 1.9; 2.1; 3.1; 3.5; 3.8; 5.3;
　　5.4; 5.10; 5.11; 6.1; 6.5; 6.6; 6.7; 6.9; 6.11e; 7.3; 7.6; 8.1;
　　8.2; 8.6; 9.2; 9.3; 9.4; 9.10; 15.19; 16.6; 16.8; 17.18; A.6;
　　C.2; D.1; D.2; E.1; E.2; F.1; F.3
Mangold, D., University of Stuttgart: 6.8
Mannion, Micheline: 13.16
Mardaljevic, J., IESD, De Montfort University, Leicester, UK: 1.10
Marion Boyars Publishers: 6.4b
McMurtry, Colin, 3dpix: 12.6
Merrick Architecture Borowski Lintott Sakumoto Fligg Ltd:
　　19.5–19.10; 19.14
Millennium Water, Millennium SEFC Properties Ltd.: 19.15, page
　　196
NASA: 6.10

Phipps, Simon: 18.7
Polypipe Sanitary Systems: 8.5
Rakowitz, Michael, White Columns: 13.2
Recollective Consulting: 19.12; 19.13
Richard Partington Architects: A.12
RIBA Library Photographs Collection: 6.18 a, b
Royal Commission on Environmental Pollution: 9.6
RPA: 12.1; 12.3; 12.4; 12.5; 12.7; 12.9; 12.12; 12.13
RPA/Llewelyn Davies: 12.2
Ruff, Steve: 13.4b
Sayer, Phil: 13.12; 13.19; 13.21
Short & Associates: 14.1; 14.2; 14.3; 14.8; 14.9; 14.10; 14.11;
    14.13; 14.14; 14.15
Short, Alan: 14.5; 14.6; 14.7; 14.12
Sillén, Michael: 16.5b
Simpson, John, SEA Design/Peter Kirby: 18.3
Siza, Alvaro: 17.15; 17.16
Soar, Timothy: 12.8, 12.10, 12.11, 12.14–12.18, page 106
Sportworks Northwest Inc.: 3.2
Sternberg, Morley von: 13.11; 13.14; 13.15
Sumner, Edmund: 13.17
Swedish Research Council Formas: 16.11a, b
Terence O'Rourke Ltd: 17.1
Tomkins, Haworth: 13.6; 13.8; 13.9; 13.10a, b; 13.18; 13.20
University of Wales: 14.4
Vector Foiltec Ltd: 7.5
Vile, Philip: 13.13; 13.24; 13.25; page 116
Water & Sewerage Journal: B.3
Waterlines Technical Brief: 9.8
Witherford Watson Mann Architects: 0.1; 17.2; 17.5–17.11;
    17.13, 17.14, 17.17; page 170
Zaha Hadid Architects: *Nuova Stazione Alta Velocita di Napoli-
    Afragola design*: Zaha Hadid & Patrik Schumacher: 6.12

致谢对象简介

Anthony Alexander　Alan Baxter & Associates 协会的理事，他开创了深度研究和交流计划项目，尤其专注于可持续性。他曾为伦敦和中国香港做过可持续性战略研究工作，并为英国政府的碳挑战计划项目作出贡献。

Patrick Clarke （理科博士），Llewelyn Davies Yeang 协会的理事，他主导了许多关于可持续性、设计和城市品质的规划政策制定和研究。他最近的工作聚焦于探索城市区域如何适应新的发展来促进更多可持续的城市生活方式。

Eva Dalman（建筑学硕士），"马尔默城市规划"项目的建筑师和规划师。她也是西港项目的项目经理，目前正从事西港地区的一项主要咨询业务实践，这项工作涉及开发商、城市管理者和普通大众。

Bill Dunster　爱丁堡大学毕业生，在成立 Bill Dunster 建筑事务所之前效力于麦克·霍普金斯事务所。他致力于城市建筑零能耗的项目研究，包括贝丁顿零能耗开发项目，位于萨里的贝丁顿城市乡村。

William Filmer-Sankey　Alan Baxter & Associates 协会的理事，效力于其中的城市设计与保护团队。

Graham Haworth　在诺丁汉大学和剑桥大学攻读建筑学，并与 Steve Tompkins 在 1991 年一起成立了麦克·霍普金斯事务所。其项目实践的创造性思维集中于新建筑带来积极改变和支持强有力社会及文化进程的可能性。他在伦敦 Young-Vic 剧院的项目被列进 2007 年斯特林奖的候选名单。

Adrian Hornsby　城市设计领域的一名作家和研究者。他曾在欧洲和中国就创新社区作过演讲，是《中国梦》（010 出版社，2008）一书的共同作者，他对于中国高速的城市化有着社会学和环境学方面的深刻研究。

Rachel Moscovich　是温哥华一家建筑设计有限公司（Merrick Architecture Borowski Lintott Sakumoto Fligg）的可持续性分析师。她拥有多伦多约克大学伯纳德学院的学士学位，同时还是一名 LEED AP。

Richard Partington　是成立于 1998 年的 Richards Partington 建筑事务所的负责人。他现在主要致力于 Belfast、Newcastle、Woolwich 及 York 的城市再生与城市设计项目。

Adam Ritchie　在 1998 年以一名建筑服务工程师的身份加入了 Max Fordham 合伙有限责任公司。他目前领导可持续城市设计小组的项目实践，包括了大量特别关注可再生能源利用的再生项目。

Sarah Royse （理学士，英国注册工程师）在 2002 年加入 Max Fordham 合伙有限责任公司之前在杜伦大学学习物理和数学。她是英国注册工程师协会能源性能小组的筹划指导委员会委员，并且是咨询工程师发展协会管理团队的一员。她获得了 ACE/NCE 年度青年咨询师的称号，目前还是 Inbuilt 公司的主力可持续咨询师。

Alan Short　拥有在剑桥大学和哈佛大学的学习经历。他是 Short & Associates 事务所的掌门人，同时还是剑桥大学的建筑学教授和剑桥大学克莱尔霍学院的董事。

Randall Thomas ［欧洲工程师 博士（建筑）、特许工程师、英国注册工程师协会高级会员、美国采暖，制冷与空调工程师学会会员］是 Max Fordham 合伙有限责任公司一名有着 25 年工作经验的咨询师，他对建筑和城市进行环境方法的研究。目前，他是伦敦金斯顿大学可持续环境设计教授，同时还是建筑学会可持续城市设计课程的组织者。他还是剑桥大学皇家工程艺术学院的一名客座教授。

Robert Thorne　是 Alan Baxter & Associates 协会的理事，帮助带领城市设计和保护团队。他曾是《场所、街道和交通》（Places, Streets and Movement）（DETR，1998）一书和《获取品质街景》（Achieving Quality Streetscapes）（CABE/DETR，2002）一书的主要作者，并致力于《城市设计纲要》（Urban Design

Compendium）（English Partnership，2002）一书的撰写。

Katie Tonkinson　是霍金斯／布朗事务所的成员。自从在 2002 年加入到该团队以来，她致力于大型交通方案的设计，比如托特纳姆球场路车站，目前在手还有几个再生项目，比如：位于伦敦大都会码头的一处二级建筑。

David Turrent　在曼彻斯特大学学习，并在 1980 年创建 ECD 事务所之前致力于私人项目和当地政府项目的实践。他获得了很多低能耗建筑的奖项，并且是英国皇家建筑师学会可持续委员会的会员，同时还是 CABE Enabling Panel 的一员，并且是《可持续建筑》（Sustainable Architecture）（RIBA, 2007）一书的编辑。

Christina von Borcke　自由职业者，城市设计师和景观建筑师。她拥有加拿大不列颠哥伦比亚大学景观建筑学的学士学位，拥有牛津布鲁克斯大学城市设计（Dist.）的硕士学位。她的主要工作为通过总体规划和城市设计为可持续发展项目营造景观场景。

Cecilia von Schéele　在瑞典隆德大学学习政治科学。她目前在马尔默城市规划部门从事 Flaghussen 开发项目。

Chris Watson　在剑桥大学学习建筑学，并参加过多个项目的工作，包括在 Tim Ronalds 事务所参与获奖的哈克尼帝国剧院项目。在 2001 年组建了 Witherford Watson Mann 事务所，克里斯已经成为了英国国际特赦组织总部项目的联合设计师，并跻身白教堂艺术画廊。

译后记

自 2006 年我国发布"绿色建筑评价标准"以来，绿色建筑的理念已得到行业内广泛的认识和赞同。伴随绿色建筑的影响深入人心，绿色理念在建筑产品、建筑技术、建筑开发企业、人民生活中都产生了一定的影响。人们越来越发觉绿色建筑的发展离不开绿色城市的建设，因此我国各地都开展大规模生态城建设，我国也正在成为世界上绿色生态城区建设数量最多、建设规模最大、发展速度最快的国家之一。

我们上海现代建筑设计（集团）有限公司一直致力于"创意成就梦想"，将建设我们美好的城市家园视为己任，并于近年来一直专注于绿色建筑领域的设计技术发展。早在 2005 年浦东机场二期，现代设计集团就重视建筑节能方面的应用；在上海世博会召开之时，现代设计集团更是全面投入，在绿色节能技术（如太阳能光伏发电、水源热泵、土壤源热泵、垂直绿化、雨水回用等）方面进行了大量的研究和全面应用。截至 2012 年 12 月，现代设计集团参与的项目中共有 23 个获得绿色建筑评价标识，18 项为上海市项目，占到上海市总绿色建筑数量的 32%，此外还获得美国 LEED 等其他认证体系的绿色建筑设计标识 15 项。

2010 年我们有幸阅读并翻译了《可持续城市设计》一书，深感本书对于我国绿色生态城市的建设具有很大的帮助和借鉴作用。《可持续城市设计》主要阐述了可持续城市设计的概念以及所包含的关键要素，并论述解决城市可持续问题的措施方法包括城市规划设计、交通、能源、景观、水、材料、废弃物等方面；工程案例分析说明了所述的那些原则是如何被应用到实际情况中的，案例主要来自英国和欧洲大陆其他地区。工程案例分析强调了项目进行过程中，设计者、施工者与终极用户——通常不是设计客户——之间对话的重要性。本书不仅传达了可持续城市设计的原则和方法，而且还通过回顾每一个工程案例项目，对设计的每一个部分的成功或失败之处进行评价，使我们可以从中吸取经验教训。

本书译校工作由上海现代建筑设计（集团）有限公司技术中心承担，参加翻译的人员有：田炜、夏麟、王潇俊、陈湛、李海峰、瞿燕、闫晓逢、胡国霞、丁建华、陶祎珺、金丽婷、隋郁、马骞、张家华、杨钦、崔家春、王瑾、安东亚、潘钧俊、卢旦、徐哲恬，校对工作主要由夏麟、王潇俊、陈湛承担完成。我们非常感谢对本书的译校工作作出无私、真诚奉献的所有工作人员，包括其他单位和个人。限于时间及水平，有不当之处，敬请读者批评指正。

上海现代建筑设计（集团）有限公司
2013 年 11 月 1 日